编审委员会名单

主　任　张现林

副主任　赵士永　安占法　孟文清　王全杰　邵英秀

委　员　（按姓名汉语拼音排序）

安占法　河北建工集团有限责任公司

陈东佐　山东华宇工学院

丁志宇　河北劳动关系职业学院

谷洪雁　河北工业职业技术学院

郭　增　张家口职业技术学院

李　杰　新疆交通职业技术学院

刘国华　无锡城市职业技术学院

刘良军　石家庄铁路职业技术学院

刘玉清　信阳职业技术学院

孟文清　河北工程大学

邵英秀　石家庄职业技术学院

王俊昆　河北工程技术学院

王全杰　广联达科技股份有限公司

吴学清　邯郸职业技术学院

徐秀香　辽宁城市建设职业技术学院

张现林　河北工业职业技术学院

赵士永　河北省建筑科学研究院

赵亚辉　河北政法职业学院

"十三五"应用型人才培养O2O创新规划教材

工程造价管理

GONGCHENG ZAOJIAGUANLI

谷洪雁　布晓进　贾真　主编

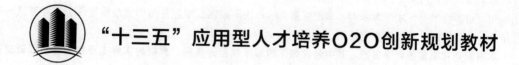

化学工业出版社

·北京·

本书共分为七个模块，系统阐述了工程造价的构成、工程造价的计价依据和计价模式，以及建设项目在决策阶段、设计阶段、招投标阶段、施工阶段、竣工验收阶段的工程造价管理。在编写过程中坚持"理论够用，培养应用型人才"为原则，紧密联系实际，注重案例教学，并与国家注册造价工程师考试内容密切结合，为学生的长远发展奠定基础。

本书配套有丰富的数字资源，其中包含相关的国家规范、规程，典型的实际工程案例等，可通过扫描书中二维码获取。

本书可作为应用型本科学校和高职高专院校建筑工程专业与工程管理类专业用书，也可作为工程造价从业人员资格考试指导用书，同时还可作为工程技术人员造价管理参考资料。

图书在版编目（CIP）数据

工程造价管理/谷洪雁，布晓进，贾真主编.—北京：化学工业出版社，2018.2（2021.2重印）

ISBN 978-7-122-31264-8

Ⅰ.①工… Ⅱ.①谷…②布…③贾… Ⅲ.①建筑造价管理 Ⅳ.①TU723.3

中国版本图书馆 CIP 数据核字（2017）第 325410 号

责任编辑：李仙华 张双进 提 岩　　　　　　　　　装帧设计：王晓宇
责任校对：王素芹

出版发行：化学工业出版社（北京市东城区青年湖南街 13 号 邮政编码 100011）
印　　装：三河市延风印装有限公司
787mm×1092mm 1/16 印张 13½ 字数 320 千字 2021 年 2 月北京第 1 版第 3 次印刷

购书咨询：010-64518888　　　　　　　　　售后服务：010-64518899
网　　址：http://www.cip.com.cn
凡购买本书，如有缺损质量问题，本社销售中心负责调换。

定　　价：36.00 元

本书编写人员名单

主　编　谷洪雁　布晓进　贾　真

副主编　薛　杰　杜慧慧　刘　玉　高旭辉

参　编　刘　芳　梁沛　杨文婧　张华英　莫俊明

主　审　张现林

　　教育部在高等职业教育创新发展行动计划（2015—2018 年）中指出"要顺应'互联网+'的发展趋势，应用信息技术改造传统教学，促进泛在、移动、个性化学习方式的形成。针对教学中难以理解的复杂结构、复杂运动等，开发仿真教学软件"。党的十九大报告中指出，要深化教育改革，加快教育现代化。为落实十九大报告精神，推动创新发展行动计划——工程造价骨干专业建设，河北工业职业技术学院联合河北工程技术学院、河北劳动关系职业学院、张家口职业技术学院、新疆交通职业技术学院等院校与化学工业出版社，利用云平台、二维码及 BIM 技术，开发了本系列 O2O 创新教材。

　　该系列丛书的编者多年从事工程管理类专业的教学研究和实践工作，重视培养学生的实际技能。他们在总结现有文献的基础上，坚持"理论够用，应用为主"的原则，为工程管理类专业人员提供了清晰的思路和方法，书中二维码嵌入了大量的学习资源，融入了教育信息化和建筑信息化技术，包含了最新的建筑业规范、规程、图集、标准等参考文件，丰富的施工现场图片，虚拟三维建筑模型，知识讲解、软件操作、施工现场施工工艺操作等视频音频文件，以大量的实际案例举一反三、触类旁通，并且数字资源会随着国家政策调整和新规范的出台实时进行调整与更新。不仅为初学人员的业务实践提供了参考依据，也为工程管理人员学习建筑业新技术提供了良好的平台，因此，本系列丛书可作为应用技术型院校工程管理类及相关专业的教材和指导用书，也可作为工程技术人员的参考资料。

　　"十三五"时期，我国经济发展进入新常态，增速放缓，结构优化升级，驱动力由投资驱动转向创新驱动。我国建筑业大范围运用新技术、新工艺、新方法、新模式，建设工程管理也逐步从粗犷型管理转变为精细化管理，进一步推动了我国工程管理理论研究和实践应用的创新与跨越式发展。这一切都向建筑工程管理人员提出了更为艰巨的挑战，从而使得工程管理模式"百花齐放、百家争鸣"，这就需要我们工程管理专业人员更好地去探索和研究。衷心希望各位专家和同行在阅读此系列丛书时提出宝贵的意见和建议，共同把建筑行业的工作推向新的高度，为实现建筑业产业转型升级做出更大的贡献。

河北省建设人才与教育协会副会长

2017 年 10 月

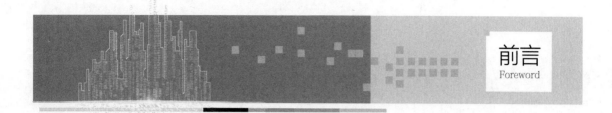

前言
Foreword

　　"工程造价管理"是工程造价、工程管理等专业的核心课程，具有综合性和实践性强的特点。 本书根据国家最新颁发的有关工程造价管理方面的政策、法规，按照中国建设工程造价管理协会组织制定的《建设项目全过程造价咨询规程》（CECA/GC 4—2009）的要求，结合《建设工程工程量清单计价规范》（GB 50500—2013）、《建设项目设计概算编审规程》（CECA/GC 2—2015）、《中华人民共和国标准施工招标文件》（2010 版）、《建设工程质量保证金管理办法》(建质[2017]138 号)等规范规程编写。

　　本书共分为七个模块，系统阐述了工程造价的构成、工程造价的计价依据和计价模式，以及建设项目在决策阶段、设计阶段、招投标阶段、施工阶段、竣工验收阶段的工程造价管理。 在编写过程中坚持"理论够用，培养应用型人才"为原则，紧密联系实际，注重案例教学，并与国家注册造价工程师考试内容密切结合，为学生的长远发展奠定基础。

　　本书配套有丰富的数字资源，其中包含相关的国家规范、规程，典型的实际工程案例等，可通过扫描书中二维码获取。其中：某市综合展览馆项目可行性研究报告案例、《建设工程工程量清单计价规范》（GB 50500—2013）、《建设项目投资估算编审规程》（CECA/GC 1—2015）、《建设项目设计概算编审规程》（CECA/GC 2—2015）、《中华人民共和国招标投标法》、《中华人民共和国招标投标法实施条例》、《房屋建筑和市政工程标准施工招标文件》（2010 年版）、《建设工程施工合同》（示范文本）、施工招标文件范本、建设工程质量管理条例以及**配套的电子课件、习题解答**，读者可登录网址www.cipedu.com.cn，输入本书名，选择电子资料包，自行下载。

　　本书由河北工业职业技术学院谷洪雁、石家庄天宇建设监理有限公司布晓进、河北工业职业技术学院贾真担任主编，由国网河北省电力有限公司建设公司薛杰、河北工程技术学院杜慧慧、河北工业职业技术学院刘玉、河北工业职业技术学院高旭辉担任副主编，另外，河北工业职业技术学院刘芳、河北天山建筑工程有限公司梁沛、河北工程技术学院杨文婧、河北工业职业技术学院张华英、新疆交通职业技术学院莫俊明参与了教材的编写。 谷洪雁撰写大纲并对全书进行了统稿，河北工业职业技术学院张现林担任本书的主审。

　　本书在编写过程中参考了近几年出版的相关书籍中的优秀内容，在此对有关作者一并表示感谢！

　　限于编者水平，书中不妥之处欢迎广大读者批评指正。

编者

2017 年 11 月

二维码1

课程简介

目录
CONTENTS

二维码资源目录

序号	内容	页码
二维码 1	课程简介	前言
二维码 2	工程造价构成讲解	6
二维码 3	建筑安装工程费用项目组成（2013）	6
二维码 4	河北省建筑安装工程费用组成（2012）	19
二维码 5	工程计价模式讲解	38
二维码 6	河北省建筑、安装、市政、装饰装修工程费用标准	39
二维码 7	工程定额计价案例	41
二维码 8	工程量清单计价案例	42
二维码 9	建设工程价款结算暂行办法	167
二维码 10	建设工程质量保证金管理办法（2017）	195

模块一　工程造价基本内容

知识目标

- 了解工程造价和工程造价管理的概念
- 掌握建设工程项目造价的构成
- 熟悉建设工程计价的概念、特点及类型

技能目标

- 会计算国产及进口设备价格
- 会计算预备费、建设期贷款利息

学习重点

- 工程造价的构成及建筑安装工程费的构成
- 预备费、建设期贷款利息

　　工程造价管理是指综合运用管理学、经济学和工程技术等方面的知识与技能，对工程造价进行预测、计划、控制、核算、分析和评价等的过程。实施工程造价管理，首先需要明确工程造价的基本内容、工程造价的构成；其次理解工程造价管理的原则。本模块主要介绍工程造价的含义、工程造价管理的含义、工程造价构成等内容。

1.1　工程造价及计价特征

1.1.1　工程造价的含义

　　工程造价通常是指工程项目在建设期（预计或实际）支出的建设费用，由于所处的角度不同，工程造价有不同的含义。

　　第一层含义从投资者角度分析，是指建设一项工程预期开支或实际开支的全部固定资产投资费用，包括设备工器具购置费、建筑安装工程费、工程建设其他费、预备费、建设期贷

1

款利息和固定资产投资方向调节税费用。

第二层含义是从市场交易角度分析，工程造价是指在承发包交易活动中形成的建筑安装工程费用或建设工程总费用。这里的工程既可以是整个建设工程项目，也可以是一个或几个单项工程或单位工程，还可以是其中一个分部工程，如建筑安装工程、装饰装修工程等。

由于工程造价具有大额性、个别性和差异性、动态性、层次性及兼容性等特点，所以工程计价的内容、方法及表现形式也就各不相同。业主或其委托的咨询单位编制的建设项目的投资估算价、设计概算价、标底价、承包商或分包商提出的报价都是工程计价的不同表现形式。

1.1.2 工程计价特征

1.1.2.1 计价的单件性

建设工程产品的个别差异性决定了每项建设项目都必须单独计算造价。每项建设项目都有其特点、功能与用途，因而导致其结构不同。项目所在地的气象、地质、水文等自然条件不同，建设的地点、社会经济等都会直接或间接地影响建设项目的计价。因此，每一个建设项目都必须根据其具体情况进行单独计价，任何建设项目的计价都是按照特定空间一定时间来进行的。即便是完全相同的建设项目由于建设地点或建设时间不同，仍必须进行单独计价。

1.1.2.2 计价的多次性

建设项目建设周期长、规模大、造价高，这就要求在工程建设的各个阶段多次计价，并对其进行监督和控制，以保证工程造价计算的准确性和控制的有效性。多次性计价的特点决定了工程造价不是固定、唯一的，而是随着工程的进行逐步接近实际造价的过程。对于大型建设项目，其计价过程如图1.1所示。

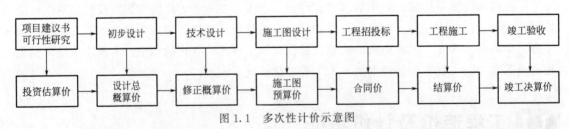

图 1.1 多次性计价示意图

（1）投资估算 是指在编制项目建议书、进行可行性研究阶段，根据投资估算指标、类似工程的造价资料、现行的设备材料价格并结合工程的实际情况，对拟建项目的投资需要量进行估算。投资估算是可行性研究报告的重要组成部分，是判断项目可行性、进行项目决策、筹资、控制造价的主要依据之一。经批准的投资估算是工程造价的目标限额，是编制概预算的基础。

（2）设计总概算 是指在初步设计阶段，根据初步设计的总体布置，采用概算定额或概算指标等编制项目的总概算。设计总概算是初步设计文件的重要组成部分。经批准的设计总概算是确定建设项目总造价、编制固定资产投资计划、签订建设项目承包合同和贷款合同的依据，是控制拟建项目投资的最高限额。概算造价可分为建设项目概算总造价、单项工程概算综合造价和单位工程概算造价三个层次。

（3）修正概算　是指当采用三阶段设计时，在技术设计阶段随着对初步设计的深化，建设规模、结构性质、设备类型等方面可能要进行必要的修改和变动，因此初步设计概算随之需要做必要的修正和调整。但一般情况下，修正概算造价不能超过概算造价。

（4）施工图预算　是指在施工图设计阶段，根据施工图纸以及各种计价依据和有关规定编制施工图预算，它是施工图设计文件的重要组成部分。经审查批准的施工图预算是签订建筑安装工程承包合同、办理建筑安装工程价款结算的依据，它比概算造价或修正概算造价更为详尽和准确，但不能超过设计概算造价。

（5）合同价　是指工程招投标阶段，在签订总承包合同、建筑安装工程施工承包合同、设备材料采购合同时，由发包方和承包方共同协商一致作为双方结算基础的工程合同价格。合同价属于市场价格的性质，它是由发承包双方根据市场行情共同议定和认可的成交价格，但并不等同于最终决算的实际工程造价。

（6）结算价　是指在合同实施阶段，以合同价为基础，同时考虑实际发生的工程量增减、设备材料价差等影响工程造价的因素，按合同规定的调价范围和调价方法对合同价进行必要的修正和调整，确定结算价。结算价是该单项工程的实际造价。

（7）竣工决算，是指在竣工验收阶段，根据工程建设过程中实际发生的全部费用，由建设单位编制竣工决算，反映工程的实际造价和建成交付使用的资产情况，作为财产交接、考核交付使用财产和登记新增资产价值的依据，它才是建设项目的最终实际造价。

以上说明，工程的计价过程是一个由粗到细、由浅入深、由粗略到精确，多次计价最后达到实际造价的过程。各计价过程之间是相互联系、相互补充、相互制约的关系，前者制约后者，后者补充前者。

1.1.2.3　计价的组合性

工程造价的计算是逐步组合而成的，一个建设项目总造价由各个单项工程造价组成，一个单项工程造价由各个单位工程造价组成，一个单位工程造价按分部分项工程计算得出，这充分体现了计价组合的特点。可见，工程计价过程是：分部分项工程造价→单位工程造价→单项工程造价→建设项目总造价。

1.1.2.4　计价方法的多样性

工程造价在各个阶段具有不同的作用，而且各个阶段对建设项目的研究深度也有很大的差异，因而工程造价的计价方法是多种多样的。在可行性研究阶段，工程造价的计价多采用设备系数法、生产能力指数估算法等。在设计阶段，尤其是施工图设计阶段，设计图纸完整，细部构造及做法均有大样图，工程量已能准确计算，施工方案比较明确，则多采用定额法或实物法计算。

1.1.2.5　计价依据的复杂性

由于工程造价的构成复杂、影响因素多，且计价方法也多种多样，因此计价依据的种类也很多，主要可分为以下七类。

（1）设备和工程量的计算依据，包括项目建议书、可行性研究报告、设计文件等。

（2）计算人工、材料、机械等实物消耗量的依据，包括各种定额。

（3）计算工程资源单价的依据，包括人工单价、材料单价、机械台班单价等。

（4）计算设备单价的依据。

（5）计算各种费用的依据。

（6）政府规定的税、费依据。

（7）调整工程造价的依据，如造价文件规定、物价指数、工程造价指数等。

1.2 工程造价管理的基本内容

1.2.1 工程造价管理的基本内涵

1.2.1.1 工程造价管理

工程造价管理是指综合运用管理学、经济学和工程技术等方面的知识与技能，对工程造价进行预测、计划、控制、核算、分析和评价等的过程。工程造价管理既涵盖宏观层次的工程建设投资管理，也涵盖微观层次的工程项目费用管理。

（1）工程造价的宏观管理 工程造价的宏观管理是指政府部门根据社会经济发展需求，利用法律、经济和行政等手段规范市场主体的价格行为、监控工程造价的系统活动。

（2）工程造价的微观管理 工程造价的微观管理是指工程参建主体根据工程计价依据和市场价格信息等预测、计划、控制、核算工程造价的系统活动。

1.2.1.2 建设工程全面造价管理

按照国际造价管理联合会（ICEC）给出的定义，全面造价管理（TCM）是指有效地利用专业知识与技术，对资源、成本、盈利和风险进行筹划和控制。建设工程全面造价管理包括全寿命周期造价管理、全过程造价管理、全要素造价管理和全方位造价管理。

（1）全寿命周期造价管理 建设工程全寿命期造价是指建设工程初始建造成本和建成后的日常使用成本之和，包括策划决策、建设实施、运行维护及拆除回收等各阶段费用。由于在建设工程全寿命期的不同阶段，工程造价存在诸多不确定性，因此，全寿命期造价管理主要是作为一种实现建设工程全寿命期造价最小化的指导思想，指导建设工程投资决策及实施方案的选择。

（2）全过程造价管理 全过程造价管理是指覆盖建设工程策划决策及建设实施各阶段的造价管理。包括：策划决策阶段的项目策划、投资估算、项目经济评价、项目融资方案分析；设计阶段的限额设计、方案比选、概预算编制，招投标阶段的标段划分、发承包模式及合同形式的选择、招标控制价或标底编制；施工阶段的工程计量与结算、工程变更控制、索赔管理；竣工验收阶段的结算与决算等。

（3）全要素造价管理 影响建设工程造价的因素有很多。为此，控制建设工程造价不仅仅是控制建设工程本身的建造成本，还应同时考虑工期成本、质量成本、安全与环境成本的控制，从而实现工程成本、工期、质量、安全、环保的集成管理。全要素造价管理的核心是按照优先性原则，协调和平衡工期、质量、安全、环保与成本之间的对立统一关系。

（4）全方位造价管理　建设工程造价管理不仅仅是建设单位或承包单位的任务，而应是政府建设主管部门、行业协会、建设单位、设计单位、施工单位以及有关资讯机构的共同任务。尽管各方的地位、利益、角度等有所不同，但必须建立完善的协同工作机制，才能实现建设工程造价的有效控制。

1.2.2　工程造价管理的主要内容及原则

1.2.2.1　工程造价管理的主要内容

在工程建设全过程各个不同阶段，工程造价管理有着不同的工作内容，其目的是在有限建设方案、设计方案、施工方案的基础上，有效控制建设工程项目的实际费用支出。

（1）工程项目策划阶段　按照有关规定编制和审核投资估算，经有关部门批准，即可作为拟建工程项目的控制造价；基于不同的投资方案进行经济评价，作为工程项目决策的重要重依据。

（2）工程设计阶段　在限额设计、优化设计方案的基础上编制和审核工程概算、施工图预算。对于政府投资工程而言，经有关部门批准的工程概算，将作为拟建工程项目造价的最高限额。

（3）工程发承包阶段　进行招标策划，编制和审核工程量清单、招标控制价或标底，确定投标报价及其策略，直至确定承包合同价。

（4）工程施工阶段　进行工程计量及工程款支付管理，实施工程费用动态监控，处理工程变更和索赔，编制和审核工程结算、竣工决算，处理工程保修费用等。

1.2.2.2　工程造价管理的基本原则

实施有效的工程造价管理，应遵循以下三项原则。

（1）以设计阶段为重点的全过程造价管理　工程造价管理贯穿于工程建设全过程的同时，应注重工程设计阶段的造价管理。工程造价管理的关键在于前期决策和设计阶段，而在项目投资决策后，控制工程造价的关键就在于设计。建设工程全寿命期费用包括工程造价和工程交付使用后的日常开支（含经营费用、日常维护修理费用、使用期内大修理和局部更新费用），以及该工程使用期满后的报废拆除费用等。

长期以来，我国往往将控制工程造价的主要精力放在施工阶段——审核施工图预算、结算建筑安装工程价款，对工程项目策划决策和设计阶段的造价控制重视不够。为有效地控制工程造价，应将工程造价管理的重点转到工程项目策划决策和设计阶段。

（2）主动控制与被动控制相结合　长期以来，人们一直把控制理解为目标值与实际值的比较，以及当实际值偏离目标值时，分析其产生偏差的原因，并确定下一步对策。但这种立足于调查—分析—决策基础之上的偏离—纠偏—再偏离—再纠偏的控制是一种被动控制，这样做只能发现偏离，不能预防可能发生的偏离。为尽量减少甚至避免目标值与实际值的偏离，还必须立足于事先主动采取控制措施，实施主动控制。也就是说，工程造价控制不仅要反映投资决策，反映工程设计、发包和施工，被动地控制工程造价，更要能动地影响投资决策，影响工程设计、发包和施工，主动地控制工程造价。

（3）技术与经济相结合　要有效地控制工程造价，应从组织、技术经济等多方面采取措施。从组织上采取措施，包括明确项目组织结构，明确造价控制人员及其任务，明确管理职能分工；从技术上采取措施，包括重视设计多方案选择，严格审查初步设计、技术设计、施工图设计、施工组织设计，深入研究节约投资的可能性；从经济上采取措施，包括动态比较造价的计划值与实际值，严格审核各项费用支出，采取对节约投资的有力奖励措施等。

应该看到，技术与经济相结合是控制工程造价最有效的手段。应通过技术比较、经济分析和效果评价，正确处理技术先进与经济合理之间的对立统一关系，力求在技术先进条件下的经济合理、在经济合理基础上的技术先进，将控制造价观念渗透到各项设计和施工技术措施之中。

二维码2

工程造价构成讲解

1.3 工程造价构成

1.3.1 建筑工程项目造价的构成

我国现行工程造价构成主要内容为建设项目总投资（包括固定资产投资和流动资产投资两部分），建设项目总投资中的固定资产投资与建设项目的工程造价在量上相等。也就是说，工程造价由建筑安装工程费用、设备及工器具购置费用、工程建设其他费用、预备费、建设期贷款利息、固定资产投资方向调节税构成，具体构成内容如图1.2所示。

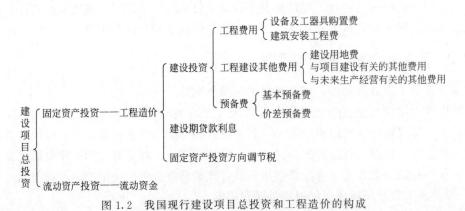

图 1.2　我国现行建设项目总投资和工程造价的构成

1.3.2 建筑安装工程费

根据住房和城乡建设部、财政部关于印发《建筑安装工程费用项目组成》（建标［2013］44号文）的通知，建筑安装工程费用项目按费用构成要素组成划分为人工费、材料费、施工机具使用费、企业管理费、利润、规费和税金（见图1.3）；为指导工程造价专业人员计算建筑安装工程造价，将建筑安装工程费用按工程造价形成顺序划分为分部分项工程费、措施项目费、其他项目费、规费和税金（见图1.4）。

二维码3

建筑安装工程费用
项目组成（2013）

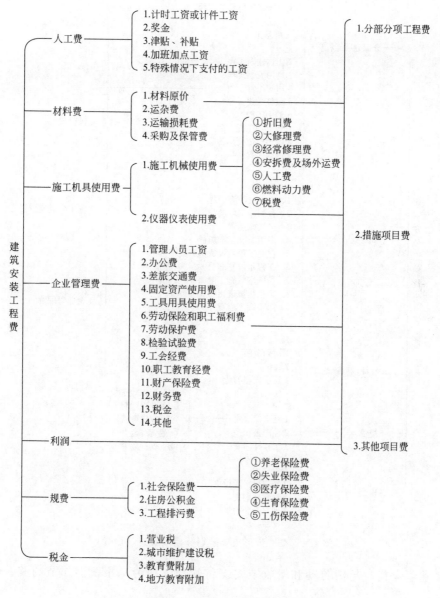

图 1.3 按费用构成要素划分建筑安装工程费

1.3.2.1 建筑安装工程费用项目组成（按费用构成要素划分）

建筑安装工程费按照费用构成要素划分：由人工费、材料费（包含工程设备，下同）、施工机具使用费、企业管理费、利润、规费和税金组成。其中人工费、材料费、施工机具使用费、企业管理费和利润包含在分部分项工程费、措施项目费、其他项目费中。

（1）人工费 是指按工资总额构成规定，支付给从事建筑安装工程施工的生产工人和附属生产单位工人的各项费用。内容包括以下几点。

① 计时工资或计件工资：是指按计时工资标准和工作时间或对已做工作按计件单价支付给个人的劳动报酬。

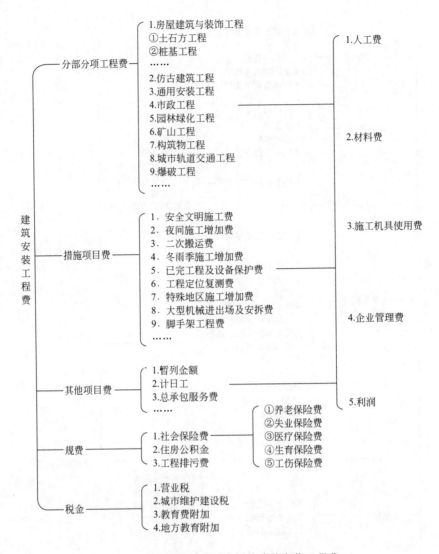

图 1.4　按造价形成要素划分建筑安装工程费

②　奖金：是指对超额劳动和增收节支支付给个人的劳动报酬。如节约奖、劳动竞赛奖等。

③　津贴补贴：是指为了补偿职工特殊或额外的劳动消耗和因其他特殊原因支付给个人的津贴，以及为了保证职工工资水平不受物价影响支付给个人的物价补贴。如流动施工津贴、特殊地区施工津贴、高温（寒）作业临时津贴、高空津贴等。

④　加班加点工资：是指按规定支付的在法定节假日工作的加班工资和在法定日工作时间外延时工作的加点工资。

⑤　特殊情况下支付的工资：是指根据国家法律、法规和政策规定，因病、工伤、产假、计划生育假、婚丧假、事假、探亲假、定期休假、停工学习、执行国家或社会义务等原因按计时工资标准或计时工资标准的一定比例支付的工资。

（2）材料费　是指施工过程中耗费的原材料、辅助材料、构配件、零件、半成品或成品、工程设备的费用。内容包括以下几点。

① 材料原价：是指材料、工程设备的出厂价格或商家供应价格。

② 运杂费：是指材料、工程设备自来源地运至工地仓库或指定堆放地点所发生的全部费用。

③ 运输损耗费：是指材料在运输装卸过程中不可避免的损耗。

④ 采购及保管费：是指为组织采购、供应和保管材料、工程设备的过程中所需要的各项费用。包括采购费、仓储费、工地保管费、仓储损耗。

工程设备是指构成或计划构成永久工程一部分的机电设备、金属结构设备、仪器装置及其他类似的设备和装置。

（3）施工机具使用费　是指施工作业所发生的施工机械、仪器仪表使用费或其租赁费。

1）施工机械使用费：以施工机械台班耗用量乘以施工机械台班单价表示，施工机械台班单价应由下列七项费用组成。

① 折旧费：指施工机械在规定的使用年限内，陆续收回其原值的费用。

② 大修理费：指施工机械按规定的大修理间隔台班进行必要的大修理，以恢复其正常功能所需的费用。

③ 经常修理费：指施工机械除大修理以外的各级保养和临时故障排除所需的费用。包括为保障机械正常运转所需替换设备与随机配备工具附具的摊销和维护费用，机械运转中日常保养所需润滑与擦拭的材料费用及机械停滞期间的维护和保养费用等。

④ 安拆费及场外运费：安拆费指施工机械（大型机械除外）在现场进行安装与拆卸所需的人工、材料、机械和试运转费用以及机械辅助设施的折旧、搭设、拆除等费用；场外运费指施工机械整体或分体自停放地点运至施工现场或由一施工地点运至另一施工地点的运输、装卸、辅助材料及架线等费用。

⑤ 人工费：指机上司机（司炉）和其他操作人员的人工费。

⑥ 燃料动力费：指施工机械在运转作业中所消耗的各种燃料及水、电等。

⑦ 税费：指施工机械按照国家规定应缴纳的车船使用税、保险费及年检费等。

2）仪器仪表使用费：是指工程施工所需使用的仪器仪表的摊销及维修费用。

（4）企业管理费　是指建筑安装企业组织施工生产和经营管理所需的费用。内容包括以下几点。

① 管理人员工资：是指按规定支付给管理人员的计时工资、奖金、津贴补贴、加班加点工资及特殊情况下支付的工资等。

② 办公费：是指企业管理办公用的文具、纸张、账表、印刷、邮电、书报、办公软件、现场监控、会议、水电、烧水和集体取暖降温（包括现场临时宿舍取暖降温）等费用。

③ 差旅交通费：是指职工因公出差、调动工作的差旅费、住勤补助费，市内交通费和误餐补助费，职工探亲路费，劳动力招募费，职工退休、退职一次性路费，工伤人员就医路费，工地转移费以及管理部门使用的交通工具的油料、燃料等费用。

① 固定资产使用费：是指管理和试验部门及附属生产单位使用的属于固定资产的房屋、设备、仪器等的折旧、大修、维修或租赁费。

⑤ 工具用具使用费：是指企业施工生产和管理使用的不属于固定资产的工具、器具、家具、交通工具和检验、试验、测绘、消防用具等的购置、维修和摊销费。

⑥ 劳动保险和职工福利费：是指由企业支付的职工退职金、按规定支付给离休干部的经费，集体福利费、夏季防暑降温、冬季取暖补贴、上下班交通补贴等。

⑦ 劳动保护费：是企业按规定发放的劳动保护用品的支出。如工作服、手套、防暑降温饮料以及在有碍身体健康的环境中施工的保健费用等。

⑧ 检验试验费：是指施工企业按照有关标准规定，对建筑以及材料、构件和建筑安装物进行一般鉴定、检查所发生的费用，包括自设试验室进行试验所耗用的材料等费用。不包括新结构、新材料的试验费，对构件做破坏性试验及其他特殊要求检验试验的费用和建设单位委托检测机构进行检测的费用，对此类检测发生的费用，由建设单位在工程建设其他费用中列支。但对施工企业提供的具有合格证明的材料进行检测不合格的，该检测费用由施工企业支付。

⑨ 工会经费：是指企业按《中华人民共和国工会法》规定的全部职工工资总额比例计提的工会经费。

⑩ 职工教育经费：是指按职工工资总额的规定比例计提，企业为职工进行专业技术和职业技能培训，专业技术人员继续教育、职工职业技能鉴定、职业资格认定以及根据需要对职工进行各类文化教育所发生的费用。

⑪ 财产保险费：是指施工管理用财产、车辆等的保险费用。

⑫ 财务费：是指企业为施工生产筹集资金或提供预付款担保、履约担保、职工工资支付担保等所发生的各种费用。

⑬ 税金：是指企业按规定缴纳的房产税、车船使用税、土地使用税、印花税等。

⑭ 其他：包括技术转让费、技术开发费、投标费、业务招待费、绿化费、广告费、公证费、法律顾问费、审计费、咨询费、保险费等。

（5）利润 是指施工企业完成所承包工程获得的盈利。

（6）规费 是指按国家法律、法规规定，由省级政府和省级有关权力部门规定必须缴纳或计取的费用。包括以下几点。

1）社会保险费

① 养老保险费：是指企业按照规定标准为职工缴纳的基本养老保险费。

② 失业保险费：是指企业按照规定标准为职工缴纳的失业保险费。

③ 医疗保险费：是指企业按照规定标准为职工缴纳的基本医疗保险费。

④ 生育保险费：是指企业按照规定标准为职工缴纳的生育保险费。

⑤ 工伤保险费：是指企业按照规定标准为职工缴纳的工伤保险费。

2）住房公积金：是指企业按规定标准为职工缴纳的住房公积金。

3）工程排污费：是指按规定缴纳的施工现场工程排污费。

其他应列而未列入的规费，按实际发生计取。

（7）税金 是指国家税法规定的应计入建筑安装工程造价内的营业税、城市维护建设税、教育费附加以及地方教育附加。

1.3.2.2 建筑安装工程费用项目组成（按造价形成划分）

建筑安装工程费按照工程造价形成由分部分项工程费、措施项目费、其他项目费、规费、税金组成，分部分项工程费、措施项目费、其他项目费包含人工费、材料费、施工机具使用费、企业管理费和利润。

（1）分部分项工程费 是指各专业工程的分部分项工程应予列支的各项费用。

① 专业工程：是指按现行国家计量规范划分的房屋建筑与装饰工程、仿古建筑工程、

通用安装工程、市政工程、园林绿化工程、矿山工程、构筑物工程、城市轨道交通工程、爆破工程等各类工程。

② 分部分项工程：指按现行国家计量规范对各专业工程划分的项目。如房屋建筑与装饰工程划分的土石方工程、地基处理与桩基工程、砌筑工程、钢筋及钢筋混凝土工程等。各类专业工程的分部分项工程划分见现行国家或行业计量规范。

（2）措施项目费　是指为完成建设工程施工，发生于该工程施工前和施工过程中的技术、生活、安全、环境保护等方面的费用。内容包括以下几点。

1）安全文明施工费

① 环境保护费：是指施工现场为达到环保部门要求所需要的各项费用。

② 文明施工费：是指施工现场文明施工所需要的各项费用。

③ 安全施工费：是指施工现场安全施工所需要的各项费用。

④ 临时设施费：是指施工企业为进行建设工程施工所必须搭设的生活和生产用的临时建筑物、构筑物和其他临时设施费用。包括临时设施的搭设、维修、拆除、清理费或摊销费等。

2）夜间施工增加费：是指因夜间施工所发生的夜班补助费、夜间施工降效、夜间施工照明设备摊销及照明用电等费用。

3）二次搬运费：是指因施工场地条件限制而发生的材料、构配件、半成品等一次运输不能到达堆放地点，必须进行二次或多次搬运所发生的费用。

4）冬雨季施工增加费：是指在冬季或雨季施工需增加的临时设施、防滑、排除雨雪，人工及施工机械效率降低等费用。

5）已完工程及设备保护费：是指竣工验收前，对已完工程及设备采取的必要保护措施所发生的费用。

6）工程定位复测费：是指工程施工过程中进行全部施工测量放线和复测工作的费用。

7）特殊地区施工增加费：是指工程在沙漠或其边缘地区、高海拔、高寒、原始森林等特殊地区施工增加的费用。

8）大型机械设备进出场及安拆费：是指机械整体或分体自停放场地运至施工现场或由一个施工地点运至另一个施工地点，所发生的机械进出场运输及转移费用及机械在施工现场进行安装、拆卸所需的人工费、材料费、机械费、试运转费和安装所需的辅助设施的费用。

9）脚手架工程费：是指施工需要的各种脚手架搭、拆、运输费用以及脚手架购置费的摊销（或租赁）费用。

措施项目及其包含的内容详见各类专业工程的现行国家或行业计量规范。

（3）其他项目费

① 暂列金额：是指建设单位在工程量清单中暂定并包括在工程合同价款中的一笔款项。用于施工合同签订时尚未确定或者不可预见的所需材料、工程设备、服务的采购，施工中可能发生的工程变更、合同约定调整因素出现时的工程价款调整以及发生的索赔、现场签证确认等的费用。

② 计日工：是指在施工过程中，施工企业完成建设单位提出的施工图纸以外的零星项目或工作所需的费用。

③ 总承包服务费：是指总承包人为配合、协调建设单位进行的专业工程发包，对建设单位自行采购的材料、工程设备等进行保管以及施工现场管理、竣工资料汇总整理等服务所

需的费用。

（4）规费：定义同上。

（5）税金：定义同上。

1.3.3 设备及工器具购置费

设备及工器具购置费用是由设备购置费和工具、器具及生产家具购置费组成的，它是固定资产投资中的积极部分。在生产性工程建设中，设备及工、器具购置费用占工程造价比重的增大，意味着生产技术的进步和资本有机构成的提高。

（1）设备购置费

设备购置费是指达到固定资产标准，为建设项目购置或自制的各种国产或进口设备、工具、器具的购置费用。它由设备原价和设备运杂费构成。

$$设备购置费＝设备原价＋设备运杂费 \tag{1-1}$$

式(1-1)中，设备原价指国产设备或进口设备的原价；设备运杂费指除设备原价之外的关于设备采购、运输、途中包装及仓库保管等方面支出费用的总和。

1）设备原价

① 国产设备原价。国产设备原价一般指的是设备制造厂的交货价或订货合同价。它一般根据生产厂或供应商的询价、报价、合同价确定，或采用一定的方法计算确定。国产设备原价分为国产标准设备原价和国产非标准设备原价。

a.国产标准设备原价。国产标准设备是指按照主管部门颁布的标准图纸和技术要求，由我国设备生产厂批量生产的，符合国家质量检测标准的设备。国产标准设备原价有两种，即带有备件的原价和不带有备件的原价。在计算时，一般采用带有备件的原价。

b.国产非标准设备原价。国产非标准设备是指国家尚无定型标准，各设备生产厂不可能在工艺过程中采用批量生产，只能按一次订货，并根据具体的设计图纸制造的设备。非标准设备原价有多种不同的计算方法，如成本计算估价法、系列设备插入估价法、分部组合估价法、定额估价法等。但无论采用哪种方法都应该使非标准设备计价接近实际出厂价，并且计算方法要简便。

按成本计算估价法，非标准设备的原价可用下面的公式表达：

单台非标准设备原价＝{[（材料费＋加工费＋辅助材料费）×（1＋专用工具费率）×

（1＋废品损失费率）＋外购配套件费]×（1＋包装费率）－

外购配套件费}×（1＋利润率）＋销项税额＋非标准设备设计费＋

$$外购配套件费 \tag{1-2}$$

📖 **例 1.1** 某工厂采购一台国产非标准设备，制造厂生产该台设备所用材料费 20 万元，加工费 2 万元，辅助材料费 4000 元，制造厂为制造该设备，在材料采购过程中发生进项增值税额 3.5 万元。专用工具费率 1.5%，废品损失费率 10%，外购配套件费 5 万元，包装费率 1%，利润率为 7%，增值税率为 17%，非标准设备设计费 2 万元，求该国产非标准设备的原价。

解 专用工具费 =（20＋2＋0.4）×1.5% = 0.336（万元）

废品损失费 =（20＋2＋0.4＋0.336）×10% = 2.274（万元）

包装费 =（20＋2＋0.4＋0.336＋2.274＋5）×1% = 0.300（万元）

利润 = (20 + 2 + 0.4 + 0.336 + 2.274 + 0.3) × 7% = 1.772(万元)

销项税额 = (20 + 2 + 0.4 + 0.336 + 2.274 + 5 + 0.3 + 1.772) × 17% = 5.454(万元)

该国产非标准设备的原价 = 20 + 2 + 0.4 + 0.336 + 2.274 + 0.3 + 1.772 + 5.454 + 2 + 5

= 39.536(万元)

② 进口设备原价的构成及计算

进口设备的原价是指进口设备的抵岸价，即抵达买方边境港口或边境车站，且交完关税等税费后形成的价格。进口设备抵岸价的构成与进口设备的交货方式有关。

a.进口设备的交货方式。进口设备的交货方式可分为内陆交货类、目的地交货类、装运港交货类。

内陆交货类即卖方在出口国内陆的某个地点完成交货任务。在交货地点，卖方及时提交合同规定的货物和有关凭证，并承担交货前的一切费用和风险；买方按时接收货物，交付货款，承担接货后的一切费用和风险，并自行办理出口手续和装运出口。货物的所有权也在交货后由卖方转移给买方。

目的地交货类即卖方在进口国的港口或内地交货，包括目的港船上交货价、目的港船边交货价（FOS）和目的港码头交货价（关税已付）及完税后交货价（进口国的指定地点）等几种交货价。它们的特点是：买卖双方承担的责任、费用和风险是以目的地约定交货点为分界线，只有当卖方在交货点将货物置于买方控制下才算交货，才能向买方收取货款。这种交货方式对卖方来说承担的风险较大，在国际贸易中卖方一般不愿采用。

装运港交货类即卖方在出口国装运港完成交货任务。主要有装运港船上交货价（FOB），习惯称离岸价格；运费在内价（CFR）和运费、保险费在内价（CIF），习惯称到岸价格。它们的特点是：卖方按照约定的时间在装运港交货，只要卖方把合同规定的货物装船后提供货运单据便完成交货任务，可凭单据收回货款。

装运港船上交货价（FOB）是我国进口设备采用最多的一种货价。采用船上交货价时卖方的责任是：在规定的期限内，负责在合同规定的装运港口将货物装上买方指定的船只，并及时通知买方；负担货物装船前的一切费用和风险，负责办理出口手续；提供出口国政府或有关方面签发的证件；负责提供有关装运单据。买方的责任有：负责租船或订舱，支付运费，并将船期、船名通知卖方；负担货物装船后的一切费用和风险；负责办理保险及支付保险费，办理在目的港的进口和收货手续；接受卖方提供的有关装运单据，并按合同规定支付货款。

b.进口设备抵岸价的构成及计算。

进口设备采用最多的是装运港船上交货价（FOB），其抵岸价的构成可概括如下。

（a）进口设备的货价。一般可采用下列公式计算：

$$货价 = 离岸价 × 人民币外汇牌价 \tag{1-3}$$

（b）国际运费。我国进口设备大部分采用海洋运输，小部分采用铁路运输，个别采用航空运输。进口设备国际运费计算公式为：

$$国际运费 = 离岸价 × 运费率 \tag{1-4}$$

或

$$国际运费 = 运量 × 单位运价 \tag{1-5}$$

其中，运费率或单位运价参照有关部门或进出口公司的规定执行。

（c）运输保险费。对外贸易货物运输保险是由保险人（保险公司）与被保险人（出口人或进口人）订立保险契约，在被保险人交付议定的保险费后，保险人根据保险契约的规定对货物在运输过程中发生的承保责任范围内的损失给予经济上的补偿。计算公式为：

$$运输保险费 = \frac{离岸价 + 国际运费}{1 - 保险费率} \times 保险费率 \tag{1-6}$$

其中，保险费率按保险公司规定的进口货物保险费率计算。

（d）银行财务费。一般是指中国银行手续费。计算公式为：

$$银行财务费 = 离岸价 \times 人民币外汇牌价 \times 银行财务费率 \tag{1-7}$$

（e）外贸手续费。指按商务部规定的货物和物品征收的一种税，外贸手续费率一般取1.5%。计算公式为：

$$外贸手续费 = 到岸价 \times 人民币外汇牌价 \times 外贸手续费率 \tag{1-8}$$

其中，

$$到岸价 = 离岸价 + 国际运费 + 运输保险费 \tag{1-9}$$

（f）关税。关税是由海关对进出国境或关境的货物和物品征收的一种税。计算公式为：

$$关税 = 到岸价格 \times 人民币外汇牌价 \times 进口关税税率 \tag{1-10}$$

到岸价格作为关税的计征基数时，通常又可称为关税完税价格。

（g）增值税。增值税是我国政府对从事进口贸易的单位和个人，在进口商品报关进口后征收的税种。我国增值税条例规定，进口应税产品均按组成计税价格和增值税税率直接计算应纳税额。即：

$$进口产品增值税额 = 组成计税价格 \times 增值税税率 \tag{1-11}$$

$$组成计税价格 = 到岸价 \times 人民币外汇牌价 + 关税 + 消费税 \tag{1-12}$$

（h）消费税。对部分进口设备（如轿车、摩托车等）征收，一般计算公式为：

$$消费税 = \frac{到岸价 \times 人民币外汇牌价 + 关税}{1 - 消费税率} \times 消费税率 \tag{1-13}$$

其中，消费税税率根据规定的税率计算。

（i）车辆购置税。进口车辆需缴进口车辆购置税，其公式如下：

$$进口车辆购置税 = (关税完税价格 + 关税 + 消费税 + 增值税) \times 进口车辆税率 \tag{1-14}$$

2）设备运杂费　设备运杂费通常由下列各项构成。

① 运费和装卸费。国产设备由设备制造厂交货地点起至工地仓库（或施工组织设计指定的需要安装设备的堆放地点）止所发生的运费和装卸费；进口设备则由中国到岸港口或边境车站起至工地仓库（或施工组织设计指定的需安装设备的堆放地点）止所发生的运费和装卸费。

② 包装费。在设备原价中没有包含的，为运输而进行的包装支出的各种费用。

③ 设备供销部门的手续费。按有关部门规定的统一费率计算。

④ 采购与仓库保管费。指采购、验收、保管和收发设备所发生的各种费用，包括设备采购人员、保管人员和管理人员的工资、工资附加费、办公费、差旅交通费、设备供应部门办公和仓库所占固定资产使用费、工具用具使用费、劳动保护费、检验试验费等。这些费用可按主管部门规定的采购与保管费费率计算。

例1.2 从某国进口设备，重量1000t，装运港船上交货价为400万美元，工程建设项目位于国内某省会城市。如果国际运费标准为300美元/t，海上运输保险费率为0.3%，银行财务费率为0.5%，外贸手续费率为1.5%，关税税率为22%，增值税的税率为17%，消费税税率10%，银行外汇牌价为1美元＝6.8元人民币，请对该设备的原价进行估算。

解　　进口设备货价FOB＝400×6.8＝2720(万元，人民币，下同)

$$国际运费 = 300 \times 1000 \times 6.8 = 204(万元)$$

$$运输保险费 = \frac{2720 + 204}{1 - 0.3\%} \times 0.3\% = 8.80(万元)$$

$$到岸价 = CIF = FOB + 运费 + 运输保险费 = 2720 + 204 + 8.80 = 2932.8(万元)$$

$$银行财务费 = 2720 \times 0.5\% = 13.6(万元)$$

$$外贸手续费 = 2932.8 \times 1.5\% = 43.99(万元)$$

$$关税 = 2932.8 \times 22\% = 645.22(万元)$$

$$消费税 = \frac{2932.8 + 645.22}{1 - 10\%} \times 10\% = 397.56(万元)$$

$$增值税 = (2932.8 + 645.22 + 397.56) \times 17\% = 675.85(万元)$$

$$进口设备原价 = 13.6 + 43.99 + 645.22 + 397.56 + 675.85 + CIF$$
$$= 1776.22 + 2932.8 = 4709.02(万元)$$

（2）工具、器具及生产家具购置费

工具、器具及生产家具购置费，是指新建或扩建项目初步设计规定的，保证初期正常生产必须购置的不够固定资产标准的设备、仪器、工卡模具、器具、生产家具和备品备件等的购置费用。其一般计算公式为：

$$工具、器具及生产家具购置费 = 设备购置费 \times 定额费率 \tag{1-15}$$

1.3.4　工程建设其他费

工程建设其他费用是指应在建设项目的建设投资中开支的，为保证工程建设顺利完成和交付使用后能够正常发挥效用而发生的固定资产其他费用、无形资产费用和其他资产费用。

（1）固定资产其他费用　固定资产其他费用是固定资产费用的一部分。具体包括以下几点。

1）建设单位管理费。

建设单位管理费是指建设项目从立项、筹建、建设、联合试运转、竣工验收、交付使用及后评估等全过程管理所需费用。内容包括：建设单位开办费、建设单位经费等。

2）建设用地费。

任何一个建设项目都固定于一定地点与地面相连接，必须占用一定量的土地，也就必然要发生为获得建设用地而支付的费用，这就是土地使用费。它是指通过划拨方式取得土地使用权而支付的土地征用及迁移补偿费，或者通过土地使用权出让方式取得土地使用权而支付的土地使用权出让金。

① 土地征用及迁移补偿费。土地征用及迁移补偿费，是指建设项目通过划拨方式取得无限期的土地使用权，依照《中华人民共和国土地管理法》等规定所支付的费用。其总和一般不得超过被征土地年产值的30倍，土地年产值则按该地被征用前三年的平均产量和国家规定的价格计算。其内容包括：土地补偿费，青苗补偿费和被征用土地上的房屋、水井、树木等附着物补偿费，安置补助费，缴纳的耕地占用税或城镇土地使用税，土地登记费及征地管理费，征地动迁费，水利水电工程水库淹没处理补偿费等。

② 土地使用权出让金。土地使用权出让金，指建设项目通过土地使用权出让方式，取得有限期的土地使用权，依照《中华人民共和国城镇国有土地使用权出让和转让暂行条例》

规定，支付的土地使用权出让金。

3）可行性研究费。

可行性研究费是指在建设项目前期工作中，编制和评估项目建议书、可行性研究报告所需的费用。

4）研究试验费。

研究试验费是指为建设项目提供和验证设计参数、数据、资料等所进行的必要的试验费用以及设计规定在施工中必须进行试验、验证所需的费用。包括自行或委托其他部门研究试验所需人工费、材料费、设备及仪器使用费等。

5）勘察设计费。

勘察设计费是指委托勘察设计单位进行工程水文地质勘察、工程设计所发生的各项费用。包括：工程勘察费、初步设计费、施工图设计费、设计模型制作费。

6）环境影响评价费。

环境影响评价费是指按照《中华人民共和国环境保护法》、《中华人民共和国环境影响评价法》等规定，为全面、详细评价本建设项目对环境可能产生的污染或造成的重大影响所需的费用。包括编制环境影响报告书、环境影响报告表以及对环境影响报告书、环境影响报告表进行评估等所需的费用。

7）劳动安全卫生评价费。

劳动安全卫生评价费是指按照劳动部《建设项目（工程）劳动安全卫生监察规定》和《建设项目（工程）劳动安全卫生预评价管理办法》的规定，为预测和分析建设项目存在的职业危险、危害因素的种类和危险危害程度，并提出先进、科学、合理可行的劳动安全卫生技术和管理对策所需的费用。包括编制建设项目劳动安全卫生预评价大纲和劳动安全卫生预评价报告书以及为编制上述文件所进行的工程分析和环境现状调查等所需费用。

8）场地准备及临时设施费。

建设项目场地准备费是指建设项目为达到工程开工条件进行的场地平整和对建设场地余留的有碍于施工建设的设施进行拆除清理费用。

建设单位临时设施费是指为满足施工建设需要而提供到场界区的、未列入工程费用的临时水、电、路、气、通信等其他工程费用和建设单位的现场临时建（构）筑物的搭设、维修、拆除、摊销或建设期间租赁费用，以及施工期间专用公路或桥梁的加固、养护、维修费用。

9）引进技术和进口设备其他费用。

引进技术和进口设备其他费用，包括出国人员费用、国外工程技术人员来华费用、技术引进费、分期或延期付款利息、担保费以及进口设备检验鉴定费。

10）工程保险费。

工程保险费是指建设项目在建设期间根据需要实施工程保险所需的费用。包括以各种建筑工程及其在施工过程中的物料、机器设备为保险标的的建筑工程一切险，以安装工程中的各种机器、机械设备为保险标的的安装工程一切险，以及机器损坏保险等。

11）联合试运转费。

联合试运转费是指新建企业或新增加生产能力的过程，在交付生产前按照设计文件规定的工程质量标准和技术要求，进行整个生产线或装置的负荷联合试运转或局部联合试车发生的费用净支出（试运转支出大于收入的差额部分）。费用内容包括：试运转所需的原料、燃料、油料和动力的费用，机械使用费用，低值易耗品及其他物品的购置费用和施工单位参加联合试运转人员的工资等。

12）特殊设备安全监督检验费。

特殊设备安全监督检验费是指在施工现场组装的锅炉及压力容器、压力管道、消防设备、燃气设备、电梯等特殊设备和设施，由安全监察部门按照有关安全监察条例和实施细则以及设计技术要求进行安全检验，应由建设项目支付的、向安全监察部门缴纳的费用。

13）市政公用设施费。

市政公用设施费是指使用市政公用设施的建设项目，按照项目所在地省一级人民政府有关规定建设或缴纳的市政公用设施配套费用，以及绿化工程补偿费用。

（2）无形资产费用　无形资产费用系指直接形成无形资产的建设投资。主要是指专利及专有技术使用费。

（3）其他资产费用　其他资产费用系指建设投资中除形成固定资产和无形资产以外的部分，主要包括生产准备及开办费等。

生产准备及开办费是指建设项目为保证正常生产（或营业、使用）而发生的人员培训费、提前进场费以及投产使用必备的生产办公、生活家具用具及工器具等购置费用。

1.3.5　预备费

按我国现行规定，预备费包括基本预备费和涨价预备费。

（1）基本预备费　基本预备费是指在初步设计及概算内难以预料的工程费用。

基本预备费是按设备及工器具购置费、建筑安装工程费用和工程建设其他费用三者之和为计取基础，乘以基本预备费费率进行计算。

基本预备费＝（设备及工器具购置费＋建筑安装工程费用＋工程建设其他费用）×

　　　　　基本预备费费率

(1-16)

基本预备费费率的取值应执行国家及部门的有关规定。

（2）涨价预备费　涨价预备费是指建设项目在建设期间内由于价格等变化引起工程造价变化的预测预留费用。涨价预备费的测算方法，一般根据国家规定的投资综合价格指数，按估算年份价格水平的投资额为基数，采用复利方法计算。计算公式为：

$$PF = \sum_{t=0}^{n} I_t \left[(1+f)^m (1+f)^{0.5} (1+f)^{t-1} - 1 \right] \tag{1-17}$$

式中　PF——涨价预备费；

n——建设期年份数；

I_t——建设期中第 t 年的投资计划额，包括设备及工器具购置费、建筑安装工程费、工程建设其他费用及基本预备费；

f——年均投资价格上涨率；

m——建设前期年限。

例1.3　某建设项目建筑安装工程费 5000 万元，设备购置费 3000 万元，工程建设其他费用 2000 万元，已知基本预备费费率 5%，项目建设前期年限为 1 年，建设期为 3 年，各年投资计划额为：第一年完成投资 20%，第二年 60%，第三年 20%。年均投资价格上涨率为 6%，求建设项目建设期间涨价预备费。

解　　　基本预备费 ＝ (5000 + 3000 + 2000) × 5% ＝ 500(万元)

$$静态投资 = 5000 + 3000 + 2000 + 500 = 10500(万元)$$

$$建设期第一年完成投资\ I_1 = 10500 \times 20\% = 2100(万元)$$

第一年涨价预备费为：$PF_1 = I_1[(1+f)(1+f)^{0.5} - 1] = 191.81(万元)$

$$第二年完成投资\ I_2 = 10500 \times 60\% = 6300(万元)$$

第二年涨价预备费为：$PF_2 = I_2[(1+f)(1+f)^{0.5}(1+f) - 1] = 987.93(万元)$

$$第三年完成投资\ I_3 = 10500 \times 20\% = 2100(万元)$$

第三年涨价预备费为：$PF_3 = I_3[(1+f)(1+f)^{0.5}(1+f)^2 - 1] = 475.17(万元)$

1.3.6 建设期贷款利息

建设期贷款利息包括向国内银行和其他非银行金融机构贷款、出口信贷、外国政府贷款、国际商业银行贷款以及在境内外发行的债券等在建设期间内应偿还的借款利息。

当总贷款是分年均衡发放时，建设期利息的计算可按当年借款在年中支用考虑，即当年贷款按半年计息，上年贷款按全年计息。计算公式为：

$$q_j = \left(P_{j-1} + \frac{1}{2}A_j\right) \cdot i \tag{1-18}$$

式中　q_j——建设期第 j 年应计利息；

　　P_{j-1}——建设期第 $(j-1)$ 年末贷款累计金额与利息累计金额之和；

　　A_j——建设期第 j 年贷款金额；

　　i——年利率。

例 1.4　某新建项目，建设期为 3 年，分年均衡进行贷款，第一年贷款 300 万元，第二年贷款 600 万元，第三年贷款 400 万元，年利率为 12%，建设期内利息只计息不支付，计算建设期利息。

解　在建设期，各年利息计算如下：

$$q_1 = \frac{1}{2}A_1 \cdot i = \frac{1}{2} \times 300 \times 12\% = 18(万元)$$

$$q_2 = \left(P_1 + \frac{1}{2}A_2\right) \cdot i = \left(300 + 18 + \frac{1}{2} \times 600\right) \times 12\% = 74.16(万元)$$

$$q_3 = \left(P_2 + \frac{1}{2}A_3\right) \cdot i = \left(318 + 600 + 74.16 + \frac{1}{2} \times 400\right) \times 12\% = 143.06(万元)$$

所以，建设期利息 $= q_1 + q_2 + q_3 = 18 + 74.16 + 143.06 = 235.22$（万元）

1.3.7 固定资产投资方向调节税

为了贯彻国家产业政策，控制投资规模，引导投资方向，调整投资结构，加强重点建设，促进国民经济持续、稳定、协调发展，对在我国境内进行固定资产投资的单位和个人开征或暂缓征收固定资产投资方向调节税。

投资方向调节税根据国家产业政策和项目经济规模实行差别税率，税率为 0%、5%、10%、15%、30% 五个档次。差别税率按两大类设计，一是基本建设项目投资，二是更新改造项目投资。对前者设计了四档税率，即 0%、5%、15%、30%；对后者设计了两档税率，即 0%、10%。

（1）基本建设项目投资适用的税率

① 国家急需发展的项目投资，如农业、林业、水利、能源、交通、通信、原材料，科教、地质、勘探、矿山开采等基础产业和薄弱环节的部门项目投资，适用零税率。

② 对国家鼓励发展但受能源、交通等制约的项目投资，如钢铁、化工、石油、水泥等部分重要原材料项目，以及一些重要机械、电子、轻工工业和新型建材的项目，实行 5% 税率。

③ 为配合住房制度改革，对城乡个人修建、购买住宅的投资实行零税率；对单位修建、购买一般性住宅投资，实行 5% 的低税率；对单位用公款修建、购买高标准独门独院、别墅式住宅投资，实行 30% 的高税率。

④ 对楼堂馆所以及国家严格限制发展的项目投资，课以重税，税率为 30%。

⑤ 对不属于上述四类的其他项目投资，实行中等税负政策，税率 15%。

（2）更新改造项目投资适用的税率

① 为了鼓励企事业单位进行设备更新和技术改造，促进技术进步，对国家急需发展的项目投资，予以扶持，适用零税率；对单纯工艺改造和设备更新的项目投资，适用零税率。

② 对不属于上述提到的其他更新改造项目投资，一律适用 10% 的税率。

（3）注意事项 为贯彻国家宏观调控政策，扩大内需，鼓励投资，根据国务院的决定，对《中华人民共和国固定资产投资方向调节税暂行条例》规定的纳税义务人，其固定资产投资应税项目自 2000 年 1 月 1 日起新发生的投资额，暂停征收固定资产投资方向调节税。但该税种并未取消。

二维码4

河北省建筑安装
工程费用组成
（2012）

技能训练

一、单项选择题

1. 工程造价的第一种含义是从投资者或业主的角度定义的，按照该定义，工程造价是指（　　）。

A. 建设项目总投资　　　　　　　B. 建设项目固定资产投资

C. 建设工程其他投资　　　　　　D. 建筑安装工程投资

2. 建设工程造价有两种含义，从业主和承包商的角度可以分别理解为（　　）。

A. 建设工程固定资产投资和建设工程承发包价格

B. 建设工程总投资和建设工程承发包价格

C. 建设工程总投资和建设工程固定资产投资

D. 建设工程动态投资和建设工程静态投资

3. 作为工程建筑市场交易的主要对象的工程造价中最活跃的部分称为（　　）。

A. 土地使用权拍卖价　　　　　　B. 设计报价

C. 建筑安装工程造价　　　　　　D. 设备、工器具的购置费

4. 工程之间千差万别，在用途、结构、造型、坐落位置等方面都有很大的不同，工程内容和实物形态的个别差异性决定了工程造价的（　　）特点。

A. 动态性　　　　B. 单个性　　　　C. 层次性　　　　D. 阶段性

5. 按照我国现行工程造价构成的规定，下列属于工程建设其他费用的是（　　）。

A. 基本预备费   B. 税金

C. 建设期利息   D. 与未来企业生产有关的其他费用

6. 大型施工机械进出场及安拆费属于（　　　）。

A. 施工机械使用费   B. 措施费

C. 企业管理费   D. 规费

7. 建筑安装工程中的税金是指（　　　）。

A. 营业税、增值税和教育费附加

B. 营业税、固定资产投资方向调节税和教育费附加

C. 营业税、城乡维护建设税和教育费附加

D. 营业税、增值税和城乡维护建设税

二、多项选择题

1. 根据我国现行的建设项目投资构成，建设项目投资由（　　　）两部分组成。

A. 无形资产投资   B. 固定资产投资   C. 流动资产投资

D. 其他资产投资   E. 递延资产投资

2. 国产标准设备原价一般是指（　　　）。

A. 设备制造厂的交货价   B. 建设项目的工地交货价   C. 设备预算价

D. 设备成套公司的订货合同价   E. 设备成本价

3. 下列费用属于建筑安装工程措施费的是（　　　）。

A. 大型机械设备进出场及安拆费 B. 构成工程实体的材料费

C. 二次搬运费   D. 施工排水降水费

E. 环境保护费

4. 下列（　　　）等应列入建筑安装工程直接工程费中的人工费。

A. 生产工人劳动保护费   B. 生产工人探亲假期的工资

C. 生产工人的退休工资   D. 生产工人福利费

E. 生产职工教育经费

5. 下列费用中，（　　　）属于建筑安装工程间接费。

A. 企业管理费   B. 工程监理费   C. 建设单位管理费

D. 住房公积金   E. 勘察设计费

6. 建设项目验收前应进行联合试运转，下列费用中，应计入联合试运转费用的有（　　　）。

A. 单台设备试车的费用   B. 所需的原料、燃料和动力费用

C. 机械使用费用   D. 低值易耗品及其他物品的购置费用

E. 施工单位参加联合试运转人员的工资

三、思考题

1. 简述工程造价的含义。

2. 简述工程造价管理的含义。

3. 简述工程造价管理的原则。

4. 简述我国现行建筑工程项目造价的构成。

四、案例题

1. 已知某进口工程设备 FOB 价为 50 万美元，美元与人民币汇率为 1：8，银行财务费

率为 0.2%，外贸手续费率为 1.5%，关税税率为 10%，增值税率为 17%。求该进口设备抵岸价。

2.某建设项目，经投资估算确定的工程费用与工程建设其他费用合计为 2000 万元，项目建设前期为 0 年，项目建设期为 2 年，每年各完成投资计划 50%，在基本预备费费率为 5%，年均投资价格上涨率为 10% 的情况下，求该项目建设期的涨价预备费。

3.某新建项目，建设期为 3 年，分年均衡进行贷款，第一年贷款 1000 万元，第二年贷款 1800 万元，第三年贷款 1200 万元。年利率为 10%，建设期内只计息不支付，求该项目建设期贷款利息。

模块二 工程造价计价依据和计价模式

> ## 知识目标

- 熟悉工程造价计价依据的分类
- 了解工程建设定额的概念，熟悉工程建设定额的几种分类
- 掌握预算定额、概算定额和估算指标的编制原则、作用
- 熟悉人工、材料、机械台班定额消耗量的确定方法及其单价、定额基价的组成和编制方法
- 掌握定额计价和清单计价的概念及区别，熟悉两种计价模式的计价程序
- 了解工程造价信息、资料积累与造价指数的内容及应用

> ## 技能目标

- 能够进行人工、材料、机械台班定额消耗量的测算
- 能够进行人工、材料、机械台班单价的计算
- 能够依据有关资料进行定额计价和清单计价

> ## 学习重点

- 施工定额、预算定额、概算定额的区别和联系
- 人工、材料、机械台班定额消耗量的确定
- 人工、材料、机械台班单价的计算
- 定额计价和清单计价两种模式的计价程序

由于影响工程造价的因素很多，为了准确反映工程项目的投资，因此工程造价计价主要以国家或地方的相关规章规程和政策标准、工程量清单计价和工程量计算规则、工程定额、相关工程造价信息为依据。本模块主要介绍了工程造价依据的分类，工程建设定额的分类，人工、材料、机械台班定额消耗量的确定方法及其单价、定额基价的组成和编制方法，工程计价的两种模式，工程造价信息与造价指数等内容。

2.1 工程造价计价依据

工程造价计价依据是以计算造价的各类基础资料的总称。由于影响工程造价的因素很多，每一项工程的造价都要根据工程的用途、类别、结构特征、建设标准、所在地区和坐落地点、市场价格信息，以及政府的相关工程造价政策文件等做具体计算。因此工程造价计价主要以国家或地方的相关规章规程和政策标准、工程量清单计价和工程量计算规则、工程定额、相关工程造价信息为依据。

工程造价计价依据必须满足以下要求。

① 准确可靠，符合实际；

② 可信度高，有权威性；

③ 数据化表达，便于计算；

④ 定性描述清晰，便于正确利用。

2.1.1 以用途分类的计价依据

工程造价的计价依据按用途分类，概括起来可以分为 7 大类 18 小类。

（1）规范工程计价的依据

① 国家标准类。如《建设工程工程量清单计价规范》（GB 50500—2013）、《房屋建筑与装饰工程工程量计算规范》（GB 50854—2013）、《通用安装工程工程量计算规范》（GB 50856—2013）、《市政工程工程量计算规范》（GB 50857—2013）、《建筑工程建筑面积计算规范》（GB/T 50353—2013）等。

② 行业协会标准规程类。如中国建设工程造价管理协会发布的《建设项目投资估算编审规程》（CECA/GC 1—2015）、《建设项目设计概算编审规程》（CECA/GC 2—2015）、《建设项目工程结算编审规程》（CECA/GC 3—2010）、《建设项目全过程造价咨询规程》（CECA/GC 4—2009）等。

（2）计算设备数量和工程量的依据

① 可行性研究资料。

② 初步设计、扩大初步设计、施工图设计图纸和资料。

③ 工程变更及施工现场签证。

（3）计算分部分项工程人工、材料、机械台班消耗量及费用的依据

① 概算指标、概算定额、预算定额。如 2012 年河北省建筑工程消耗量定额、2012 年河北省安装工程消耗量定额。

② 人工单价。

③ 材料预算单价。

④ 机械台班单价。

⑤ 工程造价信息。

（4）计算建筑安装工程费用的依据

① 费用定额。如《河北省建筑、安装、市政、装饰装修工程费用标准》（HEBGFB-1-2012）。

② 价格指数。

（5）计算设备费的依据

设备价格、运杂费率等。

（6）计算工程建设其他费用的依据

① 用地指标。

② 各项工程建设其他费用定额等。

（7）和计算造价相关的法规和政策

① 包含在工程造价内的税种、税率。如 2016 年 5 月 1 日起建筑行业开始执行增值税，替代营业税。

② 与产业政策、能源政策、环境政策、技术政策和土地等资源利用政策有关的取费标准。

③ 利率和汇率。

④ 其他计价依据。

2.1.2 以使用对象分类的计价依据

（1）规范建设单位计价行为的依据　如可行性研究资料、用地指标、工程建设其他费用定额。

（2）规范建设单位（业主）和承包商双方计价行为的依据　如《建筑安装工程费用项目组成》（建标［2013］44 号）、《建设工程价款结算暂行办法》（财建［2014］369 号）、《建设工程工程量清单计价规范》（GB 50500—2013）等；初步设计、扩大初步设计、施工图设计图纸和资料；工程变更及施工现场签证；概算指标、概算定额、预算定额；人工单价；材料预算单价；机械台班单价；工程造价信息；间接费定额；设备价格、运杂费率等；包含在工程造价内的税种、税率；利率和汇率；其他计价依据。

2.2 工程建设定额及其分类

定额就是一种规定的额度，或称数量标准。工程建设定额就是国家、行业或地区颁发的用于在正常施工条件下完成某一合格工程所消耗的人工、材料、施工机械台班、工期天数及相关费率等的数量标准。工程建设定额反映了在一定社会生产力水平的条件下，建设工程施工的管理和技术水平。

在建筑安装施工生产中，根据需要而采用不同的定额。例如用于企业内部管理的企业定额；为了计算工程造价，需要使用预算定额、费用定额、概算定额、估算指标等。因此，工程建设定额可以按照不同的原则和方法进行分类。

2.2.1　按定额反映的生产要素消耗内容分类

（1）劳动消耗定额　劳动消耗定额规定了在正常施工技术和组织条件下，某工种某等级的工人生产单位合格产品所需消耗的劳动时间（以工日计），或是在单位时间内生产合格产品的数量。劳动消耗定额的主要表现形式是时间定额，但同时也表现为产量定额。时间定额与产量定额互为倒数。

（2）材料消耗定额　材料消耗定额是在正常施工技术和组织条件下，生产单位合格产品所必须消耗的原材料、成品、半成品、构配件、燃料、水、电等资源的消耗量。

（3）机具消耗定额　机具消耗定额由机械台班消耗定额与仪器仪表消耗定额组成。机械台班消耗定额是在正常施工技术和组织条件下，利用某种机械，生产单位合格产品所必须消耗的机械工作时间（以台班计），或是在单位时间内机械完成合格产品的数量。机械台班消耗定额的主要表现形式是机械时间定额，但同时也表现为产量定额。施工仪器仪表消耗定额与机械台班消耗定额类似。

2.2.2　按定额的不同用途分类

2.2.2.1　施工定额

施工定额是施工企业内部使用的定额，它是完成一定计量单位的某一施工过程或基本工序所需消耗的人工、材料、施工机具台班数量标准。主要直接用于工程的施工管理，作为编制工程施工组织设计、施工预算、施工作业计划、签发施工任务单、限额领料及结算计件工资或计量奖励工资等的依据。施工定额既是企业投标报价的依据，也是企业测算施工成本的基础，同时，它的项目划分很细，是工程定额中分项最细、定额子目最多的一种定额，也是编制预算定额的基础。

2.2.2.2　预算定额

预算定额是建筑工程预算定额和安装工程预算定额的总称。它是编制工程预结算时计算和确定一个计量单位合格分项工程或结构构件的人工、材料、机械台班数量及其费用标准。预算定额是一种计价性定额。它是以施工定额为基础的综合扩大编制的，同时也是编制概算定额的基础。

（1）预算定额的编制原则

① 社会平均水平的原则。

预算定额理应遵循价值规律的要求，按生产该产品的社会平均必要劳动时间来确定其价值。这就是说，在正常施工条件下，以平均的劳动强度、平均的技术熟练程度，在平均的技术装备条件下，完成单位合格产品所需的劳动消耗量就是预算定额的消耗量水平。这种以社会平均劳动时间来确定的定额水平，就是通常所说的社会平均水平。

② 简明适用的原则。

定额的简明与适用是统一体中的两个方面，如果只强调简明，适用性就差；如果只强调适用，简明性就差。因此预算定额要在适用的基础上力求简明。

（2）预算定额的编制依据

① 全国统一劳动定额、全国统一基础定额。

② 现行的设计规范、施工验收规范、质量评定标准和安全操作规程。

③ 通用的标准图和已选定的典型工程施工图纸。

④ 推广的新技术、新结构、新材料、新工艺。

⑤ 施工现场测定资料、实验资料和统计资料。

⑥ 现行预算定额及基础资料和地区材料预算价格、工资标准及机械台班单价。

（3）预算定额的作用

① 是编制施工图预算、确定工程造价的依据；

② 是合理编制建筑安装工程招标控制价、投标报价的依据；

③ 是建筑单位拨付工程价款、建设资金、与施工企业进行竣工结算的依据；

④ 是施工企业编制施工组织设计，确定劳动力、材料、机械台班需用量计划和统计完成工程量的依据；

⑤ 是施工企业实施经济核算制、考核工程成本的参考依据；

⑥ 是对设计方案和施工方案进行技术经济评价的依据；

⑦ 是编制概算定额的基础。

（4）预算定额消耗量指标的确定　根据劳动消耗定额、材料消耗定额、机械台班消耗定额来确定消耗量指标。

1）按选定的典型工程施工图及有关资料计算工程量。计算工程量的目的是为了综合组成分项工程各实物量的比重，以便采用劳动消耗定额、材料消耗定额、机械台班消耗定额计算出综合后的消耗量。

2）人工消耗指标的确定。预算定额中的人工消耗指标是指完成该分项工程必须消耗的各种用工。包括基本用工、材料超运距用工、辅助用工和人工幅度差。

① 基本用工。基本用工指完成该分项工程的主要用工。如砌砖工程中的砌砖、调制砂浆、运砖等的用工。将劳动消耗定额综合成预算定额的过程中，还要增加砌附墙烟囱孔、垃圾道等的用工。

② 材料超运距用工。预算定额中的材料、半成品的平均运距要比劳动定额的平均运距远。因此超过劳动消耗定额运距的材料要计算超运距用工。

③ 辅助用工。辅助用工指施工现场发生的加工材料等的用工。如筛砂子、淋石灰膏的用工。

④ 人工幅度差。人工幅度差主要指正常施工条件下，劳动定额中没有包含的用工因素。例如各工种交叉作业配合工作的停歇时间，工程质量检查和工程隐蔽、验收等所占的时间。

3）材料消耗指标的确定。由于预算定额是在基础定额的基础上综合而成的，所以其材料用量也要综合计算。

4）施工机械台班消耗指标的确定。预算定额的施工机械台班消耗指标的计量单位是台班。按现行规定，每个工作台班按机械工作 8h 计算。

2.2.2.3 概算定额

概算定额是完成单位合格扩大分项工程或扩大结构构件所消耗的人工、材料、机械台班的数量及其费用标准。它是一种计价性定额，是预算定额的综合扩大，每一扩大分项概算定额都包含了数项预算定额。概算定额的项目划分粗细与扩大初步设计的深度相适应，它是编制扩大初步设计概算、确定建设项目投资额的依据。

（1）概算定额的主要作用

① 是扩大初步设计阶段编制设计概算和技术设计阶段编制修正概算的依据；

② 是对设计项目进行技术经济分析和比较的基础资料之一；

③ 是编制建设项目主要材料计划的参考依据；

④ 是编制概算指标的依据；

⑤ 是编制招标控制价和投标报价的依据。

（2）概算定额的编制依据

① 现行的预算定额；

② 选择的典型工程施工图和其他有关资料；

③ 人工工资标准、材料预算价格和机械台班预算价格。

2.2.2.4 概算指标

概算指标是以整个建筑物或构筑物为对象，以"m^2"、"m^3"或"座"等为计量单位确定消耗人工、材料、机械台班的数量及费用标准。它是概算定额的扩大与合并，是一种计价性定额。

（1）概算指标的主要作用

① 是基本建设管理部门编制投资估算和编制基本建设计划，估算主要材料用量计划的依据；

② 是设计单位编制初步设计概算、选择设计方案的依据；

③ 是考核基本建设投资效果的依据。

（2）概算指标的主要内容和形式　概算指标的内容和形式没有统一的格式。一般包括以下内容。

① 工程概况。包括建筑面积、建筑层数、建筑地点、时间、工程各部位的结构及做法等。

② 工程造价及费用组成。

③ 每平方米建筑面积的工程量指标。

④ 每平方米建筑面积的工料消耗指标。

2.2.2.5 投资估算指标

投资估算指标是以独立的单项工程或完整的工程项目为对象，编制和计算建设总投资及其各项费用构成的一种定额。它是在项目建议书和可行性研究阶段编制投资估算、计算投资需要量时使用的一种定额，是以预算定额、概算定额为基础的综合扩大。投资估算指标的正确制定对于提高投资估算的准确度，以及建设项目的合理评估、正确决策具有重要意义。

投资估算指标涉及建设前期、建设实施期和竣工验收交付使用期等各个阶段的费用支出，内容因行业不同各异，一般可分为建设项目综合指标、单项工程指标和单位工程指标三个层次。

（1）建设项目综合指标　是按规定应列入建设项目总投资的从立项筹建开始至竣工验收交付使用的全部投资额，包括单项工程投资、工程建设其他费用和预备费等。它一般以项目的综合生产能力单位投资表示，如"元/t"、"元/kW"；或以使用功能表示，如医院床位：元/床。

（2）单项工程指标 是按规定应列入能独立发挥生产能力或使用效益的单项工程内的全部投资额，包括建筑工程费、安装工程费、设备及生产工器具购置费和其他费用。它一般以单项工程生产能力单位投资表示。如，变电站：元/kV·A；供水站：元/m³；办公室、仓库、宿舍、住宅等房屋则区别不同结构形式，以"元/m²"表示。

（3）单位工程指标 按规定应列入能独立设计、施工的工程项目的费用，即建筑安装工程费用。

上述各种定额间的联系与区别，如表2.1所示。

表2.1 各种定额间联系与区别

定额分类 对比内容	施工定额	预算定额	概算定额	概算指标	投资估算指标
对象	施工过程或 基本工序	分项工程或 结构构件	扩大的分项工程或 扩大的结构构件	单位工程	建设项目或单项 工程或单位工程
用途	编制施工预算	编制施工图预算	编制扩大初 步设计概算	编制初步 设计概算	编制投资估算
项目划分	最细	细	较粗	粗	最粗
定额水平	平均先进	平均			
定额性质	生产性定额	计价性定额			

2.2.3 按定额的编制单位和执行范围分类

（1）全国统一定额 由国家建设行政主管部门综合全国各专业工程的生产技术与施工组织管理情况而编制的、在全国范围内执行的定额。如《全国统一安装工程预算定额》等。

（2）地区统一定额 由各省、直辖市、自治区建设行政主管部门考虑地区特点和全国统一定额做适当调整和补充编制的，在其管辖的行政区域内执行的定额。如各省、市、自治区的《建筑工程预算定额》等。

（3）行业定额 由各行业部门根据本行业情况编制的、只在本行业和相同专业性质的范围内使用的定额。如交通运输部发布的《公路工程预算定额》等。

（4）企业定额 由施工单位根据本企业的施工技术、机械装备和管理水平编制的人工、材料、机械台班等的消耗标准。它在企业内部使用，是企业综合素质的标志。企业定额水平一般应高于国家现行的各定额，才能满足施工企业发展和市场竞争的需要。在工程量清单计价模式下，企业定额是本企业投标报价的计价依据。

（5）补充定额 当现行定额项目不能满足生产需要时，根据现场实际情况一次性补充定额，并报当地造价管理部门批准或备案。

2.2.4 按照专业分类

由于工程建设涉及众多的专业，不同的专业所含的内容也不同，因此就确定人工、材料、机具台班消耗数量标准的工程定额来说，也需按不同的专业进行编制和执行。

（1）建筑工程定额　按专业对象分为建筑及装饰工程定额、房屋修缮工程定额、市政工程定额、铁路工程定额、公路工程定额、矿山井巷工程定额等。

（2）安装工程定额　按专业对象分为电气设备安装工程定额、机械设备安装工程定额、热力设备安装工程定额、通信设备安装工程定额、化学工业设备安装工程定额、工业管道安装工程定额、工艺金属结构安装工程定额等。

上述各种定额虽然适用于不同的情况和用途，但是它们是一个互相联系、有机的整体，在实际工作中配合使用。

2.3 人工、材料、机械台班定额消耗量

建筑安装施工过程与其他物质生产过程一样，也包括生产力三要素，即劳动者（人工）、劳动对象（材料）、劳动工具（机具），也就是说，施工过程是由不同工种、不同技术等级的建筑安装工人使用各种劳动工具（手动工具、小型工具、大中型机械和仪器仪表等），按照一定的施工工序和操作方法，直接或间接地作用于各种劳动对象（各种建筑、装饰材料、半成品、预制品和各种设备、零配件等），使其按照人们预定的目的，生产出建筑、安装以及装饰合格产品的过程。

建筑安装施工过程中的人工、材料、机械台班消耗量均以劳动消耗定额、材料消耗定额、机械台班消耗定额的形式来表现，它是工程计价最基础的定额，是编制地方和行业部门编制预算定额的基础，也是个别企业依据其自身的消耗水平编制企业定额的基础。

2.3.1 劳动消耗定额

2.3.1.1 劳动消耗定额的概念

劳动消耗定额又称人工定额，指在正常施工条件下，某等级工人在单位时间内完成合格产品的数量或完成单位合格产品所需的劳动时间。按其表现形式的不同，可分为时间定额和产量定额。是确定工程建设定额人工消耗量的主要依据。

2.3.1.2 劳动消耗定额的分类及其关系

（1）劳动消耗定额的分类

劳动消耗定额分为时间定额和产量定额。

1）时间定额。时间定额是指某工种某一等级的工人或工人小组在合理的劳动组织等施工条件下，完成单位合格产品所必须消耗的工作时间。

2）产量定额。产量定额是指某工种某一等级的工人或工人小组在合理的劳动组织等施工条件下，在单位时间内完成合格产品的数量。

（2）时间定额与产量定额的关系

时间定额与产量定额互为倒数的关系，即：

$$时间定额 = \frac{1}{产量定额} \tag{2-1}$$

2.3.1.3 工作时间

完成任何施工过程，都必须消耗一定的工作时间。工作时间是指工作班的延续时间。建筑安装企业工作班的延续时间为8h（每个工日），午休时间不包括在内。

研究施工中的工作时间最主要的目的是确定施工的时间定额和产量定额，其前提是对工作时间按其消耗性质进行分类。工作时间消耗无非包含两种情况，一种是必须消耗的时间，一种是损失的时间。

对工作时间消耗的分析，可以按工人工作时间的消耗和工人所使用的机械工作时间消耗来进行。

（1）工人工作时间的消耗 工人在工作班内消耗的工作时间，按消耗的性质分为必须消耗的时间和损失的时间。如图2.1所示。

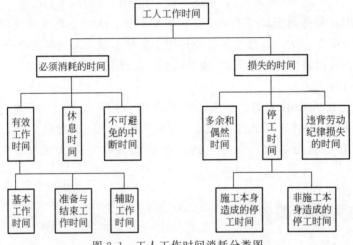

图2.1 工人工作时间消耗分类图

1）必须消耗的时间。

① 准备与结束工作时间。工人在执行任务前的准备工作（包括工作地点、劳动工具、劳动对象的准备）和完成任务后的整理工作时间。如熟悉图纸、准备相应的工具、事后清理施工现场。

② 基本工作时间。工人完成产品的某个施工工艺过程的工作时间。基本工作时间的长短与工作量的大小成正比。如砌砖施工过程的挂线、铺灰浆、砌砖等。

③ 辅助工作时间。是为了保证基本工作顺利完成所消耗的辅助性工作时间。它不能使产品的形状、大小、性质或位置发生变化。如修磨校验工具、移动工作梯、工人转移工作地点等。

④ 休息时间。工人在工作过程中为恢复体力所必需的短暂休息和生理需要的时间消耗。

⑤ 不可避免的中断时间。由于施工工艺特点所引起的工作中断时间。如汽车司机等候装货的时间，安装工人等候构件起吊等。

2）损失的时间。

① 多余和偶然时间。是工人进行了任务以外而又不能增加产品数量的工作所消耗的时

间。如重砌质量不合格的墙体。

② 停工时间。是施工组织不善、材料供应不及时、工作面准备不足、工作地点组织不良等施工本身原因造成的停工，或停水、停电等非施工原因造成的停工所消耗的时间。

③ 违背劳动纪律损失的时间。在工作班内工人迟到、早退、闲谈、办私事等原因造成的工时损失。

(2) 机械工作时间消耗　在机械施工过程中，工人使用机械消耗的工作时间，按消耗的性质分为必须消耗的时间和损失的时间。如图 2.2 所示。

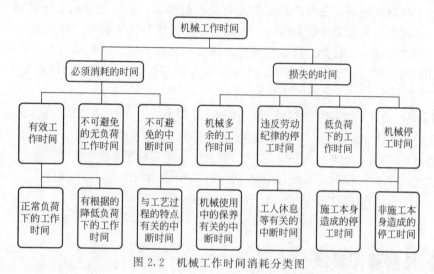

图 2.2　机械工作时间消耗分类图

1) 必须消耗的时间。

① 有效工作时间。包括正常负荷下的工作时间、有根据地降低负荷下的工作时间。如汽车运输重量轻而体积大的货物，造成不能按载重吨位进行拉货而不得不降低其负荷的情况。

② 不可避免的无负荷工作时间。由施工过程的特点或机械结构的特点所造成的无负荷工作时间。如起重机吊完构件后返回构件堆放地点的时间等。

③ 不可避免的中断时间。是与工艺过程的特点、机械使用中的保养、工人休息等有关的中断时间。如汽车装卸货物的停车时间，给机械加油的时间，工人休息时的停机时间。

2) 损失的时间。

① 机械多余的工作时间。指机械完成任务内未包括的工作而延续的时间和正常负荷下所做的多余时间。如工人没有及时供料而使机械空运转的延续时间、混凝土搅拌机搅拌混凝土时超过规定搅拌时间的情况。

② 机械停工时间。分为施工本身造成和非施工本身造成的停工时间。前者主要是由于施工组织不好而引起的停工现象，如未及时给机械加水加油而引起的停工；后者多是由于气候条件影响所引起的停工，如下大雨时压路机的停工。

③ 违反劳动纪律的停工时间。由于工人迟到、早退等原因引起的机械停工时间。

④ 低负荷下的工作时间。由于工人或技术人员的过错所造成机械在降低负荷情况下进行工作的时间，如工人装车的混凝土不满所引起的搅拌车在降低负荷情况下延缓的工作时间。

2.3.1.4 劳动消耗定额的编制方法

（1）经验估计法 经验估计法是根据定额员、技术员、生产管理人员和老工人的实际工作经验，对生产某一产品或完成某项工作所需的人工、机械台班、材料数量进行分析、讨论和估算，并最终确定定额耗用量的一种方法。

（2）统计计算法 统计计算法是一种运用过去统计资料确定定额的方法。

（3）技术测定法 技术测定法是通过对施工过程的具体活动进行实地观察，详细记录工人和机械的工作时间消耗、完成产品数量及有关影响因素，并将记录结果予以研究、分析，去伪存真，整理出可靠的原始数据资料，为制定定额提供科学依据的一种方法。

（4）比较类推法 比较类推法也叫典型定额法。比较类推法是在相同类型的项目中，选择有代表性的典型项目，然后根据测定的定额用比较类推的方法编制其他相关定额的一种方法。

例 2.1 通过计时观察资料得知：人工挖二类土 $1m^3$ 的基本工作时间为 6h，辅助工作时间占工序作业时间的 2%，准备与结束工作时间、不可避免的中断时间、休息时间分别占工作日的 3%、2%、18%。则该人工挖二类土的时间定额是多少？

解　基本工作时间 $= 6h/8h = 0.75(工日/m^3)$（注：8h 为 1 个工日）

工序作业时间 $= 0.75/(1-2\%) = 0.765(工日/m^3)$

时间定额 $= 0.765/(1-3\%-2\%-18\%) = 0.994(工日/m^3)$

2.3.2 材料消耗定额

2.3.2.1 材料消耗定额的概念

材料消耗定额是指先进合理的施工条件和合理使用材料的情况下，生产质量合格的单位产品所必须消耗的建筑安装材料的数量标准。

2.3.2.2 材料的消耗量

施工中材料的消耗量可分为必需的材料消耗和损失的材料两类，是在合理用料的条件下，生产合格产品所需消耗的材料，它包括：

① 直接用于建筑安装工程上的材料；

② 不可避免产生的施工废料；

③ 不可避免的材料施工操作损耗。

其中直接构成建筑安装工程实体的材料编制材料消耗净用量定额，不可避免的施工废料和材料施工操作损耗量编制材料损耗量定额。

材料消耗量、损耗量、损耗率通常采用以下公式：

$$损耗率 = \frac{损耗量}{净用量} \times 100\% \tag{2-2}$$

$$消耗量 = 净用量 + 损耗量 = 净用量 \times (1 + 损耗率) \tag{2-3}$$

2.3.2.3 编制材料消耗定额的基本方法

（1）现场技术测定法 用该方法主要是为了取得编制材料损耗定额的资料。材料消耗中的净用量比较容易确定，但材料消耗中的损耗量不能随意确定，需通过现场技术测定来区分哪些属于难于避免的损耗，哪些属于可以避免的损耗，从而确定出较准确的材料损耗量。

（2）实验室试验法　试验法是在实验室内采用专用的仪器设备，通过试验的方法来确定材料消耗定额的一种方法，用这种方法提供的数据，虽然精确度高，但容易脱离现场实际情况。

（3）统计法　现场统计法中通过对现场用料的大量统计资料进行分析计算的一种方法。用该方法可获得材料消耗的各项数据，用以编制材料消耗定额。

（4）理论计算法　理论计算法是运用一定的计算公式计算材料消耗量，确定消耗定额的一种方法。这种方法较适合计算块状、板状、卷状等材料的消耗量。

2.3.3　机械台班消耗定额

机械台班消耗定额是施工机械生产率的反映，编制高质量的机械台班消耗定额是合理组织机械化施工，有效地利用施工机械，进一步提高机械生产率的必备条件。编制机械台班消耗定额，主要掌握以下基本方法。

（1）拟定正常的施工条件　机械操作与人工操作相比，劳动生产率在更大程度上受施工条件的影响，所以更要重视拟定正常的施工条件。

（2）确定机械纯工作 1h 正常生产率　确定机械正常生产率必须先确定机械纯工作 1h 的劳动生产率。因为只有先取得机械纯工作 1h 正常生产率，才能根据机械利用系数计算出施工机械台班定额。

机械纯工作时间，就是指机械必须消耗的净工作时间，它包括正常工作负荷下，有根据降低负荷下、不可避免的无负荷时间和不可避免的中断时间。机械纯工作 1h 的正常生产率，就是在正常施工条件下，由具备一定技能的技术工人操作施工机械净工作 1h 的劳动生产率。

① 对于循环动作机械，确定机械纯工作 1h 正常生产率的计算公式如下：

$$\text{机械一次循环的正常延续时间} = \sum\left(\text{循环各组成部分正常延续时间}\right) - \text{交叠时间} \tag{2-4}$$

$$\text{机械纯工作 1h 正常循环次数} = \frac{60 \times 60(\text{s})}{\text{一次循环的正常延续时间}} \tag{2-5}$$

$$\text{机械纯工作 1h 正常生产率} = \text{机械纯工作 1h 正常循环次数} \times \text{一次循环生产的产品数量} \tag{2-6}$$

② 对于连续动作机械，确定机械纯工作 1h 正常生产率的计算公式如下：

$$\text{连续动作机械纯工作 1h 正常生产率} = \frac{\text{工作时间内生产的产品数量}}{\text{工作时间(h)}} \tag{2-7}$$

（3）确定施工机械的时间利用系数　机械的时间利用系数就是机械在工作班内工作时间的利用率，指机械在一个台班内的净工作时间与工作班延续时间之比。机械时间利用系数与工作班内的工作状况有着密切的关系。

确定机械正常利用系数。首先，要计算工作班在正常状况下，准备与结束工作、机械开动、机械维护等工作所必须消耗的时间，以及机械有效工作的开始与结束时间；然后，再计算机械工作班的纯工作时间；最后确定机械正常利用系数。

$$\text{机械时间利用系数} = \frac{\text{机械在一个工作班内纯工作时间}}{\text{一个工作班延续时间(8h)}} \tag{2-8}$$

（4）计算机械台班消耗定额 计算机械台班消耗定额是编制机械台班消耗定额的最后一步。在确定了机械工作正常条件、机械纯工作 1h 时间正常生产率和机械时间利用系数后，就可以采用下列公式计算施工机械的产量定额：

$$\frac{施工机械台班}{产量定额} = \frac{机械纯工作 1h}{正常生产率} \times \frac{工作班}{延续时间} \times \frac{机械时间}{利用系数} \qquad (2\text{-}9)$$

例 2.2 某工程现场采用出料容量 500L 的混凝土搅拌机，每一次循环中，装料、搅拌、卸料、中断需要的时间分别为 1min、3min、1min、1min，机械时间利用系数为 0.9，求该机械的台班产量定额。

解 该搅拌机一次循环的正常延续时间 = 1 + 3 + 1 + 1 = 6(min)

该搅拌机纯工作 1h 循环次数 = 60/6 = 10(次)

该搅拌机纯工作 1h 正常生产率 = 10 × 500 = 5000(L) = 5(m³)

该搅拌机台班产量定额 = 5 × 8 × 0.9 = 36(m³/台班)

2.4 人工、材料、机械台班单价及定额单价

预算定额中人工、材料、机械台班消耗量确定后，就需要确定人工、材料、机械台班的单价。人工单价即工日单价、人工日工资单价。

$$人工费 = \sum (工日消耗量 \times 日工资单价) \qquad (2\text{-}10)$$

2.4.1 人工日工资单价

人工日工资单价是指施工企业平均技术熟练程度的生产工人在每工作日（国家法定工作时间内）按规定从事施工作业应得的日工资总额。合理确定人工日工资单价是正确计算人工费和工程造价的前提和基础。

2.4.1.1 人工日工资单价组成内容

按照住房和城乡建设、财政部印发的《建筑安装工程费用项目组成》（建标〔2013〕44号）的方法计算，人工日工资单价由以下费用组成。

（1）计时工资或计件工资 是指按计时工资标准和工作时间或对已做工作按计件单价支付给个人的劳动报酬。

（2）奖金 是指对超额劳动和增收节支支付给个人的劳动报酬。如节约奖、劳动竞赛奖等。

（3）津贴补贴 是指为了补偿职工特殊或额外的劳动消耗和因其他特殊原因支付给个人的津贴，以及为了保证职工工资水平不受物价影响支付给个人的物价补贴。如流动施工津贴、特殊地区施工津贴、高温（寒）作业临时津贴、高空津贴等。

（4）特殊情况下支付的工资 是指根据国家法律、法规和政策规定，因病、工伤、产假、计划生育假、婚丧假、事假、探亲假、定期休假、停工学习、执行国家或社会义务等原因按计时工资标准或计时工资标准的一定比例支付的工资。

2.4.1.2　人工日工资单价确定方法

（1）人工日工资单价的计算　依据以下公式：

$$年平均每月法定工作日 = \frac{全年日历日 - 法定假日}{12} \qquad (2\text{-}11)$$

$$人工日工资单价 = \frac{生产工人平均月工资（计时、计件）+ 平均月\left(奖金 + 津贴补贴 + \begin{array}{c}特殊情况下\\支付的工资\end{array}\right)}{年平均每月法定工作日}$$

$$(2\text{-}12)$$

（2）人工日工资单价的管理　市场经济条件下，施工企业主要参考建筑劳务市场来确定人工日工资单价，以此确定人工费并进行投标报价。但我国对人工日工资有一定的政策性，因此工程造价管理机构确定日工资单价应通过市场调查，根据工程项目的技术要求，参考实物工程量人工单价综合分析确定，最低日工资单价不得低于工程所在地人力资源和社会保障部门所发布的最低工资标准的：普工 1.3 倍、一般技工 2 倍、高级技工 3 倍。

2.4.2　材料单价

在建筑工程中，材料费约占总造价的 60%～70%，在金属结构工程中所占比重还要大。因此，合理确定材料价格构成，正确计算材料单价，有利于合理确定和有效控制工程造价。材料单价是指建筑材料从其来源地运到施工工地仓库，直至出库形成的综合平均价格。

$$材料费 = \sum（材料消耗量 \times 材料单价） \qquad (2\text{-}13)$$

2.4.2.1　材料单价的组成

按照住房和城乡建设部、财政部印发的《建筑安装工程费用项目组成》（建标［2013］44号），材料单价由以下费用组成。

（1）材料原价　是指材料、工程设备的出厂价格或商家供应价格。

（2）运杂费　是指材料、工程设备自来源地运至工地仓库或指定堆放地点所发生的全部费用。

（3）运输损耗费　是指材料在运输装卸过程中不可避免的损耗。

（4）采购及保管费　是指为组织采购、供应和保管材料、工程设备的过程中所需要的各项费用。包括采购费、仓储费、工地保管费、仓储损耗。

2.4.2.2　材料单价的计算

依据以下公式：

$$材料单价 = \{（材料原价 + 运杂费）\times [1 + 运输损耗率(\%)]\} \times [1 + 采购保管费率(\%)]$$

$$(2\text{-}14)$$

2.4.3　机械台班单价

施工机械使用费是根据施工中耗用的机械台班数量和机械台班单价确定的。施工机械台班耗用量按有关定额规定计算。施工机械台班单价是指一台施工机械在正常运转条件下，一个工作班中所发生的全部费用（每台班按 8h 工作制计算）。正确制定施工机械台班单价是合理确定和控制工程造价的重要方面。

$$施工机械使用费＝\sum（施工机械台班消耗量×机械台班单价） \tag{2-15}$$

2.4.3.1 施工机械台班单价的组成

按照住房和城乡建设部、财政部印发的《建筑安装工程费用项目组成》（建标［2013］44号），机械台班单价由以下费用组成。

（1）折旧费 指施工机械在规定的使用年限内，陆续收回其原值的费用。

（2）大修理费 指施工机械按规定的大修理间隔台班进行必要的大修理，以恢复其正常功能所需的费用。

（3）经常修理费 指施工机械除大修理以外的各级保养和临时故障排除所需的费用。包括为保障机械正常运转所需替换设备与随机配备工具附具的摊销和维护费用，机械运转中日常保养所需润滑与擦拭的材料费用及机械停滞期间的维护和保养费用等。

（4）安拆费及场外运费 安拆费指施工机械（大型机械除外）在现场进行安装与拆卸所需的人工、材料、机械和试运转费用以及机械辅助设施的折旧、搭设、拆除等费用；场外运费指施工机械整体或分体自停放地点运至施工现场或由一施工地点运至另一施工地点的运输、装卸、辅助材料及架线等费用。

（5）人工费 指机上司机（司炉）和其他操作人员的人工费。

（6）燃料动力费 指施工机械在运转作业中所消耗的各种燃料及水、电等。

（7）税费 指施工机械按照国家规定应缴纳的车船使用税、保险费及年检费等。

2.4.3.2 台班单价的计算

依据以下公式：

$$机械台班单价＝台班折旧费＋台班大修费＋台班经常修理费＋台班安拆费及场外运费＋$$
$$台班人工费＋台班燃料动力费＋台班车船税费 \tag{2-16}$$

2.4.4 预算定额基价

2.4.4.1 预算定额基价的概念及组成

预算定额基价亦称分项工程单价，一般是指在一定使用期范围内建筑安装单位产品的不完全价格。它只包含了人工、材料、机械台班的费用，只能算出直接工程费。也称工料单价。

按照《建设工程工程量清单计价规范》（GB 50500—2013）的要求，也可编出建筑安装产品的完全费用单价，这种单价除了包括人工、材料、机械台班三项费用外，还包括管理费、利润等费用，形成工程量清单项目的综合单价的基价。目前，我国采用工程量清单项目综合单价进行招投标及工程的预决算。

2.4.4.2 预算定额基价的计算

预算定额基价的编制方法，简单说就是工、料、机的消耗量和工、料、机单价的结合过程。其中，人工费是由预算定额中每一分项工程各种用工数，乘以地区人工工日单价之和算出；材料费是由预算定额中每一分项工程的各种材料消耗量，乘以地区相应材料预算价格之和算出；机具费是由预算定额中每一分项工程的各种机械台班消耗量，乘以地区相应施工机械台班预算价格之和，以及仪器仪表使用费汇总后算出。上述单价均为不含增值税进项税额的价格。

分项工程预算定额基价的计算公式：

$$\text{分项工程预算定额基价}=\text{人工费}+\text{材料费}+\text{机具使用费} \tag{2-17}$$

其中：

$$\text{人工费}=\sum(\text{现行预算定额中各种人工工日用量}\times\text{人工日工资单价})$$

$$\text{材料费}=\sum(\text{现行预算定额中各种材料耗用量}\times\text{相应材料单价})$$

$$\text{机具使用费}=\sum(\text{现行预算定额中机械台班用量}\times\text{机械台班单价})+$$
$$\sum(\text{仪器仪表台班用量}\times\text{仪器仪表台班单价})$$

预算定额基价是根据现行定额和当地的价格水平编制的，具有相对的稳定性。但是为了适应市场价格的变动，在编制预算时，必须根据工程造价管理部门发布的调价文件对固定的工程预算单价进行修正。修正后的工程单价乘以根据图纸计算出来的工程量，就可以获得符合实际市场情况的人工费、材料费、机具使用费。

例 2.3 某预算定额基价的编制过程如表 2.2 所示。

表 2.2 某预算定额基价表（计量单位：10m³）

定额编号				3-1		3-2		3-3	
项目		单位	单价/元	砖基础		混水砖墙			
						1/2 砖		3/4 砖	
				数量	合价	数量	合价	数量	合价
基价				2036.50		2382.93		2353.05	
其中	人工费			495.18		845.88		824.88	
	材料费			1513.46		1514.01		1503.00	
	机具使用费			27.86		23.04		25.17	
名称		单位	单价	数量					
综合工日		工日	42.00	11.790	495.180	20.140	845.880	19.640	824.880
材料	水泥砂浆 M5	m³	—	—	—	(1.950)		(2.130)	
	水泥砂浆 M10	m³	—	(2.360)		—		—	
	标准砖	千块	230.00	5.236	1204.280	5.641	1297.430	5.510	1267.300
	水泥 32.5 级	kg	0.32	649.000	207.680	409.500	131.040	447.300	143.136
	中砂	m³	37.15	2.407	89.420	1.989	73.891	2.173	80.727
	水	m³	3.85	3.137	12.077	3.027	11.654	3.075	11.839
机械	灰浆搅拌机 200L	台班	70.89	0.393	27.860	0.325	23.040	0.355	25.166

其中定额子目 3-1 的定额基价计算过程如下：

定额人工费＝42×11.790＝495.18(元)

定额材料费＝230×5.236+0.32×649.000+37.15×2.407+3.85×3.137

＝1513.46(元)

定额机具使用费＝70.89×0.393＝27.86（元）

定额基价＝495.18＋1513.46＋27.86＝2036.50（元）

定额子目3-2、3-3的定额基价计算方法同上，请自行计算后，与表2.2对照一下。

二维码5

工程计价模式讲解

2.5 工程造价计价模式

2.5.1 工程造价计价的基本方法

如果一个建设项目的设计方案已经确定，常用的是分部组合计价法。

任何一个建设项目都可以分解为一个或几个单项工程，任何一个单项工程都是由一个或几个单位工程所组成。单位工程可以按照结构部位、路段长度及施工特点或施工任务分解为分部工程。分解成分部工程后，从工程计价的角度，还需要把分部工程按照不同的施工方法、材料、工序及路段长度等，加以更为细致的分解，划分为更为简单细小的分项工程。按照计价需要，将分项工程进一步分解或适当组合，就可以得到基本构造单元了。

工程造价计价的主要思路就是将建设项目细分至最基本的构造单元，找到了适当的计量单位及当时当地的单价，就可以采取一定的计价方法，进行分部组合汇总，计算出相应工程造价。

工程造价计价可以用以下公式表达：

$$\frac{\text{分部分项工程费}}{\text{（或措施项目费）}}=\sum[\text{基本构造单元工程量（定额项目或清单项目）×相应单价}]\quad(2\text{-}18)$$

工程造价的计价可分为工程计量和工程计价两个环节。

2.5.1.1 工程计量

工程计量工作包括工程项目的划分和工程量的计算。

（1）工程项目的划分　单位工程基本构造单元的确定，即划分工程项目。编制工程概算预算时，主要是按工程定额进行项目的划分；编制工程量清单时主要是按照清单工程量计算规范规定的清单项目进行划分。

（2）工程量的计算　就是按照工程项目的划分和工程量计算规则，就不同的设计文件对工程实物量进行计算。工程实物量是计价的基础，不同的计价依据有不同的计算规则规定。目前，工程量计算规则包括两大类：一是各类工程定额规定的计算规则；二是各专业工程量计算规范附录中规定的计算规则。

2.5.1.2 工程计价

工程计价包括工程单价的确定和总价的计算。

（1）工程单价　是指完成单位工程基本构造单元的工程量所需要的基本费用。工程单价包括工料单价和综合单价。

1）工料单价仅包括人工、材料、机具使用费，是各种人工消耗量、各种材料消耗量、各类施工机具台班消耗量与其相应单价的乘积。

2）综合单价除包括人工、材料、机具使用费外，还包括可能分摊在单位工程基本构造单元的费用。根据我国现行有关规定，又可以分成清单综合单价与全费用综合单价两种。清单综合单价中除包括人工、材料、机具使用费用外，还包括企业管理费、利润和一定风险因素；全费用综合单价中除包括人工、材料、机具使用费外，还包括企业管理费、利润、规费和税金。

综合单价根据国家、地区、行业定额或企业定额消耗量和相应生产要素的市场价格，以及定额或市场的取费费率来确定。

（2）工程总价　是指经过规定的程序或办法逐级汇总形成的相应工程造价。根据采用的单价内容和计算程序不同，工程造价计价分为两种模式：定额计价模式、工程量清单计价模式。

1）定额计价模式（工料单价法）。首先依据相应计价定额的工程量计算规则计算项目的工程量，然后依据定额的人、材、机要素消耗量和单价计算各个项目的直接费，然后再计算直接费合价。最后再按照相应的取费程序计算其他各项费用，汇总后形成相应工程造价。

用这种方法计算和确定工程造价过程简单、快速、比较准确，也有利于工程造价管理部门的管理。但预算定额中工、料、机的消耗量是根据"社会平均水平"综合测定的，费用标准是根据不同地区平均测算的，因此企业采用这种模式报价时就会表现为平均主义，企业不能结合项目具体情况、自身技术优势、管理水平和材料采购渠道价格进行自主报价，不能充分调动企业加强管理的积极性，也不能充分体现市场公平竞争的基本原则。

2）工程量清单计价模式（综合单价法）。若采用全费用综合单价（完全综合单价）。首先依据相应工程量计算规范规定的工程量计算规则计算工程量，并依据相应的计价依据确定综合单价，然后用工程量乘以综合单价，并汇总即可得出分部分项工程费（以及措施项目费），最后再按相应的办法计算其他项目费，汇总后形成相应工程造价。我国现行的《建设工程工程量清单计价规范》(GB 50500—2013) 中规定的清单综合单价属于非完全综合单价，当把规费和税金计入非完全综合单价后即形成完全综合单价。

采用工程量清单计价，能够反映出承建企业的工程个别成本，有利于企业自主报价和公平竞争；同时，实行工程量清单计价，工程量清单作为招标文件和合同文件的重要组成部分，对于规范招标人计价行为，在技术上避免招标中弄虚作假和暗箱操作，以及保证工程款的支付结算，都会起到重要作用。

2.5.2 工程定额计价模式

（1）第一阶段：收集资料

① 设计图纸。设计图纸要求成套不缺，附带说明书以及必需的通用设计图。在计价前要完成设计交底和图纸会审程序。

② 现行计价依据、材料价格、人工工资标准、施工机械台班使用定额以及有关费用调整的文件等。

③ 工程协议或合同。

④ 施工组织设计（施工方案）或技术组织措施等。

⑤ 工程计价手册。如各种材料手册、常用计算公式和数据、概算指

二维码6

河北省建筑、
安装、市政、
装饰装修工程
费用标准

标等各种资料。

（2）第二阶段：熟悉图纸和现场

① 熟悉图纸。看图计量是计价的基本工作，只有在看懂图纸和熟悉图纸后，才能对工程内容、结构特征、技术要求有清晰的概念，才能在计价时做到项目全、计量准、速度快。因此在计价之前，应该留有一定时间，专门用来阅读图纸，特别是一些现代高级民用建筑。

② 注意施工组织设计有关内容。不同的施工组织设计，就会形成不同的工程造价，因此应特别注意施工组织设计中影响工程费用的因素。

③ 结合现场实际情况。在图纸和施工组织设计仍不能完全表示时，必须深入现场，进行实际观察，以补充上述的不足。例如，土方工程的土壤类别，现场有无障碍物需要拆除和清理。在新建和扩建过程中，有些项目或工程量，依据图纸无法计算时，必须到现场实际测量。

（3）第三阶段：计算工程量

1）计算工程量一般可按下列具体步骤进行。

① 根据施工图示的工程内容和定额项目，列出需计算工程量的分部分项；

② 根据一定的计算顺序和计算规则，列出计算式；

③ 根据施工图示尺寸及有关数据，代入计算式进行数学计算；

④ 按照定额中的分部分项的计量单位对相应的计算结果的计量单位进行调整，使之一致。

2）工程量的计算，要根据图纸所标明的尺寸、数量以及附有的设备明细表、构件明细表来计算。一般应注意下列几点。

① 要严格按照计价依据的规定和工程量计算规则，结合图纸尺寸进行计算，不能随意地加大或缩小各部位尺寸。

② 为了便于核对，计算工程量一定要注明层次、部位、轴线编号及断面符号。计算式要力求简单明了，按一定程序排列，填入工程量计算表，以便查对。

③ 尽量采用图中已经通过计算注明的数量和附表。如门窗表、预制构件表、钢筋表、设备表、安装主材表等，必要时查阅图纸进行核对。

④ 计算时要防止重复计算和漏算。在计价之前先看懂图纸，弄清各页图纸的关系及细部说明。一般也可按照施工次序，由上而下，由外而内，由左而右，事先草列分部分项名称，依次进行计算。在计算中发现有新的项目，随时补充进去，防止遗忘。也可以采用分页图纸逐张清算的办法，以便先减少一部分图纸数量，集中精力计算比较复杂的部分。计算工程量，有条件的尽量分层、分段、分部位来计算，最后将同类项加以合并，编制工程量汇总表。

（4）第四阶段：套定额单价　正确套取定额项目，也是工程造价计价的关键。计算直接工程费套价应注意以下事项。

① 分项工程名称、规格和计算单位必须与定额中所列内容完全一致。即以定额中找出与之相适应的项目编号，查出该项工程的单价。套单价要求准确、实用，且与施工现场相符。

② 定额换算。根据定额进行换算，即以某分项定额为基础进行局部调整。如材料品种改变和数量增加，混凝土和砂浆强度等级与定额规定不同，使用的施工机具种类型号不同，原定额工日需增加的系数等。有的项目允许换算，有的项目不允许换算，均按定额规定

执行。

③ 补充定额编制。当施工图纸的某些设计要求与定额项目特征相差甚远，既不能直接套用也不能换算、调整时，必须编制补充定额。

（5）第五阶段：编制工料分析表　根据用工工日及材料数量计算出各分部分项工程所需的人工及材料数量，相加汇总便得出该单位工程所需要的各类人工和材料的数量。

（6）第六阶段：费用计算　将所列项工程实物量全部计算出来后，就可以按所套用的相应定额单价计算直接工程费，进而计算直接费、间接费、利润及税金等各种费用，并汇总得出工程造价。

其具体计算原则和方法如下。

①　　　　　　　　工料单价＝人工费＋材料费＋施工机具使用费　　　　　（2-19）

其中，　　　　　　人工费＝Σ（人工工日数量×人工单价）

材料费＝Σ（材料消耗量×材料单价）

施工机具使用费＝Σ（施工机械台班消耗量×机械台班单价）＋

Σ（仪器仪表台班消耗量×仪器仪表台班单价）

②　　　　单位工程直接费＝Σ（工程量×工料单价）　　　　　　　　　（2-20）

③　单位工程概预算造价费＝单位工程直接费＋间接费＋利润＋税金　　　（2-21）

④　单项工程概预算＝Σ单位工程概预算造价＋设备、工器具购置费　　　（2-22）

⑤　建设项目全部工程概预算造价＝Σ单项工程概预算造价＋预备费＋

工程建设其他费＋建设期利息＋流动资金　　（2-23）

（7）第七阶段：复核　工程计价完成后，需对工程量计算、套价、各项费用取费和人、材、机价格调整等方面进行全面复核，以便及时发现差错，提高成果质量。

（8）第八阶段：编制说明　编制说明是说明工程计价的有关情况，包括编制依据、工程性质、内容范围、设计图纸号、所用计价依据、有关部门的调价文件号、套用单价或补充定额子目的情况及其他需要说明的问题。

二维码7

工程定额计价案例

2.5.3　工程量清单计价模式

工程量清单计价的程序、方法与定额计价模式基本一致，只是第四阶段、第五阶段、第六阶段有所不同。具体如下。

（1）第四阶段：工程量清单项目组价　组价的方法和注意事项与工程定额计价法相同，每个工程量清单项目包括一个或几个子目，每个子目相当于一个定额子目。所不同的是，工程量清单项目套价的结果是计算该清单项目的综合单价，并不是计算该清单项目的直接工程费。

（2）第五阶段：分析综合单价　工程量清单应按照《建设工程工程量清单计价规范》（GB 50500—2013）规定的工程量计算规则进行计算。一个工程量清单项目由一个或几个定额子目组成，将各定额子目的综合单价汇总累加，再除以该清单项目的工程数量，即可求得该清单项目的综合单价。

（3）第六阶段：费用计算　在工程量计算、综合单价分析经复查无误后，即可进行分部分项工程费、措施项目费、其他项目费、规费和税金的计算，从而汇总得出工程造价。

其具体计算原则和方法如下。

① 分部分项工程费＝∑（分部分项工程量×相应分部分项工程项目综合单价） （2-24）

式中，综合单价是指完成一个规定清单项目所需的人工费、材料费、机械费、企业管理费和利润，以及一定范围内的风险费用。

② 措施项目费＝∑各措施项目费 （2-25）

③ 其他项目费＝暂列金额＋暂估价＋计日工＋总承包服务费 （2-26）

二维码8

工程量清单计价案例

④ 单位工程造价＝分部分项工程费＋措施项目费＋
其他项目费＋规费＋税金 （2-27）

⑤ 单项工程造价＝∑单位工程造价 （2-28）

⑥ 建设项目总造价＝∑单项工程造价 （2-29）

2.5.4 定额计价与工程量清单计价两种模式的比较

（1）单位工程造价构成形式不同　按定额计价时单位工程造价由直接费、间接费、利润、税金构成，计价时先计算直接费，再以直接费（或其中的人工费）为基数计算各项费用、利润、税金，汇总为单位工程造价。工程量清单计价时，造价由工程量清单费用（＝∑清单工程量×项目综合单价）、措施项目清单费用、其他项目清单费用、规费、税金五部分构成，这种划分是将施工过程中的实体性消耗和措施性消耗分开，对于措施性消耗费用只列出项目名称，由投标人根据招标文件要求和施工现场情况、施工方案自行确定，以体现出以施工方案为基础的造价竞争；对于实体性消耗费用，则列出具体的工程数量，投标人要报出每个清单项目的综合单价。

（2）分项工程单价构成不同　按定额计价时分项工程的单价是工料单价，即只包括人工、材料、机械费，工程量清单计价分项工程单价一般为综合单价，除了人工、材料、机械费，还要包括管理费（现场管理费和企业管理费）、利润和必要的风险费。采用综合单价便于工程款支付、工程造价的调整和工程结算，也避免了因为"取费"产生的一些无谓纠纷。综合单价中的直接费、管理费、利润由投标人根据本企业实际支出及利润预期、投标策略确定，是施工企业实际成本费用的反映，是工程的个别价格。综合单价的报出是一个个别计价、市场竞争的过程。

（3）单位工程项目划分不同　按定额计价的工程项目划分即预算定额中的项目划分，一般土建定额有几千个项目，其划分原则是按工程的不同部位、不同材料、不同工艺、不同施工机械、不同施工方法和材料规格型号，划分十分详细。工程量清单计价的工程项目划分较之定额项目的划分有较大的综合性，新规范中土建工程只有177个项目，它考虑工程部位、材料、工艺特征，但不考虑具体的施工方法或措施，如人工或机械、机械的不同型号等，同时对于同一项目不再按阶段或过程分为几项，而是综合到一起，如混凝土，可以将同一项目的搅拌（制作）、运输、安装、接头灌缝等综合为一项，门窗也可以将制作、运输、安装、刷油、五金等综合到一起，这样能够减少原来定额对于施工企业工艺方法选择的限制，报价时有的自主性。工程量清单中的量应该是综合的工程量，而不是按定额计算的"预算工程量"。综合的量有利于企业自主选择施工方法并以之为基础竞价，也能使企业摆脱对定额的依赖，建立起企业内部报价及管理的定额和价格体系。

（4）计价依据不同　这是清单计价和按定额计价的最根本区别。按定额计价的唯一依据就是定额，而工程量清单计价的主要依据是企业定额，包括企业生产要素消耗量标准、材料价格、施工机械配备及管理状况、各项管理费支出标准等。目前可能多数企业没有企业定额，但随着工程量清单计价形式的推广和报价实践的增加，企业将逐步建立起自身的定额和相应的项目单价，当企业都能根据自身状况和市场供求关系报出综合单价时，企业自主报价、市场竞争（通过招投标）定价的计价格局也将形成，这也正是工程量清单所要促成的目标。工程量清单计价的本质是要改变政府定价模式，建立起市场形成造价机制，只有计价依据个别化，这一目标才能实现。

2.6　工程造价信息

工程造价信息是一切有关工程造价的特征、状态及其变动的消息的组合。在工程承发包市场和工程建设过程中，工程造价总是在不停地运动着、变化着，并呈现出种种不同特征。人们对工程承发包市场和工程建设过程中工程造价运动的变化，是通过工程造价信息来认识和掌握的。

2.6.1　工程造价信息的管理

为便于对工程造价信息的管理，有必要按一定的原则和方法进行区分和归集，并做到及时发布。从广义上说，所有对工程造价的确定和控制过程起作用的资料都可以称为是工程造价信息。例如各种定额资料、标准规范、政策文件等。但最能体现工程造价信息变化特征，并且在工程价格的市场机制中起重要作用的工程造价信息主要包括以下几类。

（1）人工价格　包括各类技术工人、普工的月工资、日工资、时工资标准，各单位实物工程量人工价格（如平整场地市场人工价格为 6.48 元$/m^2$；人工回填土市场人工价格为 17.82 元$/m^3$）等；

（2）材料、设备价格　包括各种建筑材料、装修材料、安装材料和设备等市场价格；

（3）机械台班价格　包括各种施工机械台班价格，或其租赁价格；

（4）综合单价　包括各种分部分项工程清单项目中标的综合单价，这是实行工程量清单计价后出现的又一类新的造价信息；

（5）其他　包括各种脚手架、模板等周转性材料的租赁价格等。

工程造价信息是当前工程造价最为重要的计价依据之一。因此，及时地、准确地收集、整理、发布工程造价信息，已成为工程造价管理机构日常中最重要的工作之一。

2.6.2　工程造价指数

2.6.2.1　工程造价指数概念

工程造价指数是反映一定时期由于价格变化对工程造价影响程度的一种指标，它是调整工程造价价差的依据。工程造价指数反映了报告期与基期相比的价格变动趋势，利用它可以研究实际工作中的下列问题。

① 可以利用工程造价指数分析价格变动趋势及其原因。

② 可以利用工程造价指数估计宏观经济变化对工程造价的影响。

③ 工程造价指数是工程承发包双方进行工程估价和结算的重要依据。

2.6.2.2 工程造价指数的分类

根据住房和城乡建设部、财政部印发的《建筑安装工程费用项目组成》(建标［2013］44号)，工程造价指数包括以下几种。

(1) 各种单项价格指数 这其中包括了反映各类工程的人工费、材料费、施工机具使用费报告期价格对基期价格的变化程度的指标。可利用它研究主要单项价格变化的情况及其发展变化的趋势。其计算过程可以简单表示为报告期价格与基期价格之比。以此类推，可以把各种费率指数也归于其中，例如企业管理费指数，甚至工程建设其他费用指数等。这些费率指数的编制可以直接用报告期费率与基期费率之比求得。很明显，这些单项价格指数都属于个体指数，其编制过程相对比较简单。

(2) 设备、工器具价格指数 设备、工器具的种类、品种和规格很多。设备、工器具费用的变动通常是由两个因素引起的，即设备、工器具单件采购价格的变化和采购数量的变化，并且工程所采购的设备、工器具是由不同规格、不同品种组成的，因此，设备、工器具价格指数属于总指数。由于采购价格与采购数量的数据无论是基期还是报告期都比较容易获得，因此设备、工器具价格指数可以用综合指数的形式来表示。

(3) 建筑安装工程造价指数 建筑安装工程造价指数也是一种总指数，其中包括了人工费指数、材料费指数、施工机具使用费指数以及企业管理费等各项个体指数的综合影响。由于建筑安装工程造价指数相对比较复杂，涉及的方面较广，利用综合指数来进行计算分析难度较大。因此，可以通过对各项个体指数的加权平均，用平均数指数的形式来表示。

(4) 建设项目或单项工程造价指数 该指数是由设备、工器具指数、建筑安装工程造价指数、工程建设其他费用指数综合得到的。它也属于总指数，并且与建筑安装工程造价指数类似，一般也用平均数指数的形式来表示。

2.6.3 工程造价资料

2.6.3.1 工程造价资料概念及分类

工程造价资料是指已竣工和在建的有关工程投资估算、设计概算、施工图预算、招标投标及合同价格、工程竣工结算、单位工程施工成本以及新材料、新结构、新设备、新施工工艺等建筑安装工程分部分项的单价分析等资料。

工程造价资料可以分为以下几种类别。

(1) 工程造价资料按照其不同工程类型（如厂房、铁路、住宅、公建、市政工程等）进行划分，并分别列出其包含的单项工程和单位工程。

(2) 工程造价资料按照其不同阶段，一般分为项目投资估算、设计概算、施工图预算、招标控制价、投标报价、合同价、竣工决算等。

（3）工程造价资料按照其组成特点，一般分为建设项目、单项工程和单位工程造价资料，同时也包括有关新材料、新工艺、新设备、新技术的分部分项工程造价资料。

2.6.3.2　工程造价资料积累的内容

工程造价资料积累的内容应包括"量"（如主要工程量、人工工日量、材料量、机具台班量等）和"价"，还要包括对工程造价有重要影响的技术经济条件，如工程的概况、建设条件等。

（1）建设项目和单项工程造价资料

① 对造价有主要影响的技术经济条件。如项目建设标准、建设工期、建设地点等。

② 主要的工程量、主要的材料量和主要设备的名称、型号、规格、数量等。

③ 投资估算、概算、预算、竣工决算及造价指数等。

（2）单位工程造价资料　单位工程造价资料包括工程的内容、建筑结构特征、主要工程量、主要材料的用量和单价、人工工日用量和人工费、机具台班用量和施工机具使用费，以及相应的造价等。

（3）其他　主要包括有关新材料、新工艺、新设备、新技术分部分项工程的人工工日、主要材料用量和机具台班用量。

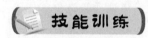

一、单项选择题

1. 下列机械工作时间中，属于有效工作时间的是（　　）。

A. 筑路机在工作区末端的调头时间

B. 体积达标而未达到载重吨位的货物汽车运输时间

C. 机械在工作地点之间的转移时间

D. 装车数量不足而在低负荷下工作的时间

2. 若完成 $1m^3$ 墙体砌筑工作的基本工时为 0.5 工日，辅助工作时间占工序作业时间的 4%，准备与结束工作时间、不可避免的中断时间、休息时间分别占工作时间的 6%、3%、12%，该工程时间定额为（　　）工日/m^3。

A. 0.581　　　　　B. 0.629　　　　　C. 0.608　　　　　D. 0.659

3. 某出料容量 750L 的砂浆搅拌机，每一次循环工作中，运料、装料、搅拌、卸料、中断需要的时间分别为 150s、40s、250s、50s、40s，运料和其他时间的交叠时间为 50s，机械利用系数为 0.8。该机械的台班产量定额为（　　）m^3/台班。

A. 31.65　　　　　B. 32.60　　　　　C. 36.00　　　　　D. 39.27

4. 甲、乙两地采购量工程材料，采购量及有关费用如表 2.3 所示。该工程材料的材料单价为（　　）元/t。

表 2.3　采购量及有关费用

来源	采购量/t	原价+运杂费/(元/t)	运输损耗费/%	采购及保管费/%
甲	600	260	1	3
乙	400	240		

A. 262.08 B. 262.16 C. 262.42 D. 262.50

5. 下列材料损耗，应计入预算定额材料损耗量的是（ ）。

A. 场外运输损耗 B. 工地仓储损耗

C. 一般性检验鉴定损耗 D. 施工加工损耗

6. 投标人在投标报价时，应优先被采用为综合单价编制依据的是（ ）。

A. 企业定额 B. 地区定额 C. 行业定额 D. 国家定额

7. 某大型施工机械需配机上司机、机上操作人员各1名，若年制度工作日为250天，年工作台班为200台班，人工日工资单价均为100元/工日，则该施工机械的台班人工费为（ ）元。

A. 100 B. 125 C. 200 D. 250

8. 根据《建设工程工程量清单计价规范》（GB 50500—2013），下列费用中属于综合单价组成的是（ ）。

A. 规费 B. 企业管理费 C. 措施费 D. 税金

9. 从工程费用计算的角度分析，工程造价计价顺序正确的是（ ）。

A. 分项工程造价—分部工程造价—单位工程造价—单项工程造价—建设项目造价

B. 分部工程造价—分项工程造价—单位工程造价—单项工程造价—建设项目造价

C. 分项工程造价—分部工程造价—单项工程造价—单位工程造价—建设项目造价

D. 单位工程造价—单项工程造价—分项工程造价—分部工程造价—建设项目造价

10. 某工程需用φ20的钢筋100t，以5000元/t的供应价由甲厂购进40t，运费100元/t；以4800元/t的供应价由乙厂购进60t，运费120元/t。采保费费率为2%，计算材料价格为（ ）。

A. 4900元/t B. 4998元/t C. 5091.84元/t D. 5135.32元/t

11. 关于工程量清单计价与定额计价，下列说法正确的是（ ）。

A. 工程量清单计价采用工料单价法，定额计价采用综合单价计价

B. 两者合同价款调整方式不同

C. 工程量清单由招标人提供，其准确性和完整性由投标人负责

D. 定额计价仅适用于非招投标的建设工程

12. 预算定额中的人工消耗指标是指完成某项工程必须消耗的各种用工，包括（ ）。

A. 基本用工、材料运输费、辅助用工和人工幅度差

B. 基本用工、材料超运距用工、辅助用工和人工幅度差

C. 基本用工、材料超运距用工、人工幅度差

D. 基本用工、材料超运距用工

13. 下列不属于施工机械台班单价组成的是（ ）。

A. 折旧费 B. 安拆费及场外运输费

C. 租赁费 D. 机上人工费

14. 以下关于预算定额、概算定额说法错误的是（ ）。

A. 预算定额是进行施工组织设计的依据

B. 概算定额是预算定额编制的基础

C. 预算定额是编制竣工结算的依据

D. 概算定额是预算定额的综合扩大

15.劳动消耗定额的主要表现形式是时间定额，但同时也表现为产量定额，时间定额和产量定额的关系是（　　）。

A.独立关系　　　　B.正比关系　　　　C.互为相反关系　　D.互为倒数关系

二、多项选择题

1.关于工程量清单计价和定额计价，下列计价公式中正确的有（　　）。

A.单位工程直接费＝∑（工程量×工料单价）＋措施费

B.单位工程概预算造价费＝单位工程直接费＋企业管理费＋利润＋税金

C.分部分项工程费＝∑（分部分项工程量×相应分部分项工程项目综合单价）

D.其他项目费＝暂列金额＋暂估价＋计日工＋总承包服务费

E.单位工程造价＝分部分项工程费＋措施项目费＋其他项目费＋规费＋税金

2.关于材料单价的构成和计算，下列说法中正确的有（　　）。

A.材料单价指材料由来源地运达工地仓库的入库价

B.运输损耗指材料在场外运输装卸及施工现场搬运发生的不可避免损耗

C.采购及保管费包括组织材料检验、供应过程中发生的费用

D.材料单价中包括材料仓储费和工地管理费

E.材料生产成本的变动直接影响材料单价的波动

3.关于投资估算指标反映的费用内容和计价单位，下列说法中正确的有（　　）。

A.单位工程指标反映建筑安装工程费，以每 m^2、m^3、m、座等单位投资表示

B.单项工程指标反映工程费用，以每 m^2、m^3、m、座等单位投资表示

C.单项工程指标反映建筑安装工程费，以单项工程生产能力单位投资表示

D.建设项目综合指标反映项目固定资产投资，以项目综合生产能力单位投资表示

E.建设项目综合指标反映项目总投资，以项目综合生产能力单位投资表示

4.下列有关概算定额与概算指标关系的表述中，下列说法中正确的有（　　）。

A.概算定额以单位工程为对象，概算指标以单项工程为对象

B.概算定额以预算定额为基础，概算指标主要来自各种预算和结算资料

C.概算定额适用于初步设计阶段，概算指标不适用于初步设计阶段

D.概算指标比概算定额更加综合与扩大

E.概算定额是编制概算指标的依据

5.劳动定额中工人工作时间可以划分为必须消耗的时间和损失时间，以下属于必须消耗的时间有（　　）。

A.拆除超过图示高度的墙体时间　　　　B.工人转移工作地点的时间

C.休息时间　　　　　　　　　　　　　D.工人等候机械起吊的时间

E.重砌质量不合格的墙体时间

6.材料消耗定额包括（　　）。

A.直接用于建筑安装工程上的材料　　　B.不可避免产生的施工废料

C.不可避免的运输损耗　　　　　　　　D.不可避免的材料施工操作损耗

E.用于进场质量检验的材料

7.关于概算指标表述正确的是（　　）。

A.是在概算定额和预算定额的基础上编制的，比概算定额更加综合扩大

B. 是设计单位编制初步设计概算、选择设计方案的依据

C. 是考核基本建设投资效果的依据

D. 是对设计项目进行技术经济分析和比较的基础资料之一

E. 是编制可行性研究的依据

三、思考题

1. 以用途分类的工程造价计价依据有哪些？

2. 何为施工定额？何为预算定额？

3. 简述预算定额的编制原则。

4. 人工日工资单价及施工机械台班单价的组成内容有哪些？

5. 简要阐述定额计价与工程量清单计价两种模式在单位工程造价构成上有什么区别？

6. 何为工程造价指数？利用它可以研究实际工作中哪些问题？

四、案例题

1. 某工程需安装广场塔灯，灯柱（$H=10m$ 以上）/8 火，共 2 套；

已知：（1）按劳动定额结合实际测算得知：该工程安装广场塔灯基本用工 21 工日，其他用工占总用工的 10%。

（2）该工程中广场塔灯安装共消耗：塑料绝缘线（BV-4mm²）平均 24.6m，损耗率为 1.8%；地脚螺栓（M16×120～M16×300）21 套；瓷接头（双）16 个；其他零星材料费 4.1 元；采用汽车起重机 16t 吊装就位，台班用量为 2 台班。

问题：根据以上条件和表 2.4，计算广场塔灯［灯柱（$H=10m$ 以上）/8 火］安装补充定额，并在表 2.4 中写出计算式。

表 2.4　广场塔灯［灯柱（$H=10m$ 以上）/8 火］安装　　计量单位：10 套

项目名称			广场塔灯［灯柱（$H=10m$ 以上）/8 火］安装		计算公式
基价/元					
其中	人工费/元				
	材料费/元				
	机械费/元				
名称		单位	单价	数量	—
人工	综合工日	工日	26.00		
材料	地脚螺栓（M16×120～M16×300）	套	2.21		
	瓷接头（双）	个	0.46		
	塑料绝缘线（BV-4mm²）	m	1.1		
	其他零星材料费	元	—		
机械	汽车起重机 16t	台班	792.23		

2. 某施工单位需要制定砌筑一砖墙 1m³ 的施工定额，技术测定资料如下。

完成 1m³ 砖砌体需要基本工作时间 12h，辅助工作时间占工作班延续时间（8h）的 3%，准备与结束工作时间占 2%，不可避免中断时间占 2%，休息时间占 15%。

砖墙砌筑砂浆为 M5 水泥砂浆，砖和砂浆的损耗率都是 1%，完成 $1m^3$ 砖砌体需要用水 $0.7m^3$，其他材料费占上述材料费的 4%。

砌筑砂浆采用 400L 搅拌机现场搅拌，运料需时 3min，装料 1min，搅拌 2min，卸料 1min，不可避免中断时间 0.5min，机械正常利用系数为 0.8。

上述一砖墙按标准砖（240mm×115mm×53mm），灰缝按 10mm 计算。

问题：请确定砌筑一砖墙 $1m^3$ 的施工定额。

模块三 建设项目决策阶段的工程造价管理

知识目标

- 掌握投资估算主要内容和编制方法
- 掌握建设项目财务评价指标的内容及方法
- 熟悉决策阶段工程造价管理的主要内容
- 熟悉可行性研究报告的作用及内容
- 熟悉财务评价指标的计算和评价标准
- 了解建筑项目决策阶段影响工程造价的主要因素

技能目标

- 能够对项目进行可行性研究
- 能够进行投资估算的编制
- 能够编制财务评价报表
- 能够初步开展财务评价工作

学习重点

- 建设项目投资估算的编制方法
- 财务评价报表的编制
- 财务评价指标体系及评价方法

建设项目工程造价的管理贯穿于项目建设全过程，而建设项目决策阶段是建设程序中的第一个阶段，是选择和决定投资行动方案的过程，是对拟建项目的必要性和可行性进行技术经济论证，对不同建设方案进行技术经济比选及做出判断和决定的过程。投资决策是否正确，直接关系到项目建设的成败，直接决定了项目投资的经济效益，影响决策之后各阶段工程造价确定与控制科学合理性。正确决策是合理确定与控制工程造价的前提。此阶段是决定工程造价的关键阶段。因此本模块主要介绍建设项目投资决策与工程造价的关系以及影响因素，重点讲解投资估算的编制方法、项目可行性研究和项目财务评价指标的计算。

3.1 概述

3.1.1 建设项目决策的含义

决策是在充分考虑各种可能的前提下，基于对客观规律的认识，对未来实践的方向、目标原则和方法做出决定的过程。投资决策是在实施投资活动之前，对投资的各种可行性方案进行分析和对比，从而确定效益好、质量高、回收期短、成本低的最优方案的过程。建设项目投资决策是选择和决定投资行动方案的过程，是对拟建项目的必要性和可行性进行技术经济论证，对不同建设方案进行技术经济比选及做出判断和决定的过程。建设项目决策需要决定项目是否实施、在什么地方兴建和采用什么技术方案兴建等问题，是对项目投资规模、融资模式、建设区位、场地规划、建设方案、主要设备选择、市场预测等因素进行有针对性的调查研究，多方案择优，最后确立项目（简称立项）的过程。建设项目投资决策是投资行为的准则。正确的项目决策是合理确定与控制工程造价的前提，直接关系到项目投资的经济效益。

3.1.2 建设项目决策与工程造价的关系

（1）建设项目决策的正确性是工程造价合理性的前提　建设项目决策是否正确直接关系到项目建设的成败。建设项目决策正确，意味着对项目建设做出科学的决断，选出最佳投资行动方案，达到资源合理配置。这样才能合理地估计和计算工程造价，在实施最优决策方案过程中，有效地进行工程造价管理。建设项目决策失误，如对不该建设的项目进行投资建设，或者项目建设地点的选择错误，或者投资方案的确定不合理等，会直接带来人力、物力及财力的浪费，甚至造成不可弥补的损失。在这种情况下，合理地进行工程造价控制已经毫无意义了。因此，要达到项目工程造价的合理性，首先要保证建设项目决策的正确性。

（2）建设项目决策的内容是决定工程造价的基础　工程造价的管理贯穿于项目建设全过程，但决策阶段建设项目规模的确定、建设地点的选择、工艺技术的评选、设备选用等技术经济决策直接关系到项目建设工程造价的高低，对项目的工程造价有重大影响。据有关资料统计，在项目建设各阶段中，投资决策阶段所需投入的费用只占项目总投资的很小比例，但影响工程造价的程度最高，达到约 70%～90%。因此，决策阶段是决定工程造价的基础阶段，直接影响着决策阶段之后的各个建设阶段工程造价确定与控制的科学和合理性。

（3）造价高低、投资多少影响项目决策　在项目的投资决策过程中对建设项目的投资数额进行估计形成的投资估算是进行投资方案选择和项目决策的重要依据之一，同时造价的高低、投资的多少也是决定项目是否可行以及主管部门进行项目审批的参考依据。因此，采用科学的估算方法和可靠的数据资料，合理地计算投资估算，全面准确地估算建设项目的工程造价是建设项目决策阶段的重要任务。

（4）项目决策的深度影响投资估算的精确度和工程造价的控制效果　投资决策过程分为投资机会研究及项目建议书阶段、可行性研究阶段和详细可行性研究阶段、各阶段由浅入深、不断深化，投资估算的精确度越来越高。在项目建设决策阶段、初步设计阶段、技术设计阶段、施工图设计阶段、工程招投标及承发包阶段、施工阶段以及竣工验收阶段，通过工程造价的确定与控制，相应形成投资估算、设计概算、修正概算、施工图预算、承包合同价、结算价以及竣工决算。这些造价形式之间为"前者控制后者，后者补充前者"，即作为"前者"的决策阶段投资估算对其后各阶段的造价形式都起着制约作用，是限额目标。因此，要加强项目决策的深度，保证各阶段的造价被控制在合理范围，使投资控制目标得以实现。

3.1.3 建设项目决策阶段影响工程造价的主要因素

项目工程造价的多少主要取决于项目的建设标准。合理的建设标准能控制工程造价、指导建设投资。标准水平定得过高，会脱离我国的实际情况和财力、物力的承受能力，增加造价；标准水平定得过低，会妨碍技术进步，影响国民经济的发展和人民生活的改善。因此，建设标准水平，应从我国目前的经济发展水平出发，区别不同地区、不同规模、不同等级、不同功能，合理确定。建设标准包括建设规模、占地面积、工艺装备、建筑标准、配套工程、劳动定员等方面的标准和指标，主要归纳为以下四方面。

3.1.3.1 项目建设规模

项目建设规模即项目"生产多少"。每一个建设项目都存在着一个合理规模的选择问题，生产规模过小，资源得不到有效配置，单位产品成本较高，经济效益低下；生产规模过大，超过了项目产品市场的需求量，导致设备闲置，产品积压或降价销售，项目经济效益也会低下。因此，应选择合理的建设规模以达到规模经济的要求。在确定项目规模时，不仅要考虑项目内部各因素之间的数量匹配、能力协调，还要使所有生产力因素共同形成的经济实体（如项目）在规模上大小适应，这样可以合理确定和有效控制工程造价，提高项目的经济效益。项目规模合理化的制约因素有市场因素、管理因素和环境因素。

（1）市场因素　市场因素是项目规模确定中需要考虑的首要因素。其中，项目产品的市场需求状况是确定项目生产规模的前提，一般情况下，项目的生产规模应以市场预测的需求量为限，并根据项目产品市场的长期发展趋势做相应调整。除此之外，还要考虑原材料市场、资金市场、劳动力市场等，它们也对项目规模的选择起到不同程度的制约作用。如项目规模过大可能导致材料供应紧张和价格上涨，项目所需投资资金的筹集困难和资金成本上升等。

（2）管理因素　先进的管理水平及技术装备是项目规模效益赖以存在的基础，而相应的管理技术水平则是实现规模效益的保证。若与经济规模生产相适宜的先进管理水平及其装备的来源没有保障，或获取技术的成本过高，或管理水平跟不上，则不仅预期的规模效益难以实现，还会给项目的生存和发展带来危机，导致项目投资效益低下，工程支出浪费严重。

（3）环境因素　项目的建设、生产和经营离不开一定的社会经济环境，项目规模确定中需要考虑的主要因素有：政策因素、燃料动力供应、协作及土地条件、运输及通信条件。其中，政策因素包括产业政策、投资政策、技术经济政策，以及国家地区及行业经济发展规划等。特别是为了取得较好的规模效益，国家对部分行业的新建项目规模做了下线规定，选择项目规模时应予以遵照执行。

3.1.3.2　建设地区及建设地点（厂址）的选择

建设地区选择是在几个不同地区之间，对拟建项目适宜配置在哪个区域范围的选择。建设地点选择是在已选定建设地区的基础上，对项目具体坐落位置的选择。

（1）建设地区的选择　建设地区选择对建设工程造价和建成后的生产成本和经营成本均有直接的影响。建设地区选择的合理与否，在很大程度上决定着拟建项目的命运，影响着工程造价的高低、建设工期的长短、建设质量的好坏，还影响到项目建成后的经营状况。因此，建设地区的选择要充分考虑各种因素的制约。具体来说，建设地区的选择首先要符合国民经济发展战略规划、国家工业布局总体规划和地区经济发展规划的要求；其次要根据项目的特点和需要，充分考虑原材料条件、能源条件、水源条件、各地区对项目产品需求及运输条件等；再次要综合考虑气象、地质、水文等建厂的自然条件；最后，要充分考虑劳动力来源、生活环境、协作、施工力量、风俗文化等社会环境因素的影响。

在综合考虑上述因素的基础上，建设地区的选择还要遵循两个基本原则：靠近原料、燃料提供地和产品消费地的原则；工业项目适当聚集的原则。

（2）建设地点（厂址）的选择　建设地点的选择是一项极为复杂的技术经济综合性很强的系统工程，它不仅涉及项目建设条件、产品生产要素、生态环境和未来产品销售等重要问题，受社会、政治、经济、国防等多种因素的制约，而且还直接影响到项目建设投资、建设速度和施工条件，以及未来企业的经营管理及所在地点的城乡建设规划和发展。因此，必须从国民经济和社会发展的全局出发，运用系统的观点和方法分析决策。

在对项目的建设地点进行选择的时候应满足以下要求：项目的建设应尽可能节约土地和少占耕地，尽量把厂址放在荒地和不可耕种的地点，避免大量占用耕地，节约土地的补偿费用；减少拆迁移民；应尽量选在工程地质、水文地质条件较好的地段，土壤耐压力应满足工厂的要求，严禁选在断层、熔岩、流沙层与有用矿床上，以及洪水淹没区、已采矿坑塌陷区、滑坡区，厂址的地下水位应尽可能低于地下建筑物的基准面；要有利于厂区合理布置和安全运行，厂区土地面积与外形能满足厂房与各种结构物的需要，并适合于按科学的工艺流程布置厂房与构筑物，厂区地形力求平坦而略有坡度（一般以 5%～10% 为宜），以减少平整土地的土方工程量，节约投资，又便于地面排水；尽量靠近交通运输条件和水电等供应条件好的地方，应靠近铁路、公路、水路，以缩短运输距离，便于供电、供热和其他协作条件的取得，减少建设投资；应尽量减少对环境的污染。对于排放大量有害气体和烟尘的项目，不能建在城市的上风口，以免对整个城市造成污染，对于噪声大的项目，厂址应选在距离居民集中地区较远的地方，同时要设置一定宽度的绿化带，以减弱噪声的干扰。

在选择建设地点时，除考虑上述条件外，还应从以下两方面费用进行分析：项目投资费用，包括土地征收费、拆迁补偿费、土石方工程费、运输设施费、排水及污水处理设施费、动力设施费、生活设施费、临时设施费，建材运输费等；项目投产后生产经营费用，包括原材料、燃料运入及产品运出费用，给水、排水、污水处理费用，动力供应费用等。

3.1.3.3　技术方案

技术方案指产品生产所采用的工艺流程方案和生产方法。工艺流程是从原料到产品的全部工序的生产过程，在可行性研究阶段就得确定工艺方案或工艺流程，随后各项设计都是围绕工艺流程展开的。技术方案不仅影响项目的建设成本，也影响项目建成后的运营成本。选定不同的工艺流程方案和生产方法，造价将会不同，项目建成后生产成本与经济效益也不同。因此，技术方案是否合理直接关系到企业建成后的经济利益，必须认真选择和确定。技术方案的选择应遵循先进适用、安全可靠和经济合理的基本原则。

3.1.3.4　设备方案

技术方案确定后，就要根据生产规模和工艺流程的要求，选择设备的种类、型号和数量。设备方案的选择应注意以下几个问题：设备应与确定的建设规模、产品方案和技术方案相适应，并满足项目投产后生产或使用的要求；主要设备之间、主要设备与辅助设备之间能力要相互匹配；设备质量可靠、性能成熟，保证生产和产品质量稳定；在保证设备性能前提下，力求经济合理；尽量选用维修方便、运用性和灵活性强的设备；选择的设备应符合政府部门或专门机构发布的技术标准要求。要尽量选用国产设备；只引进关键设备就能在国内配套使用的，就不必成套引进；要注意进口设备之间以及国内外设备之间的衔接配套问题；要注意进口设备与原有国产设备、厂房之间配套问题；要注意进口设备与原材料、备品备件及维修能力之间的配套问题。

3.2　建设项目可行性研究

案例　某市综合展览馆可行性研究报告

限于篇幅，请读者根据前言指示方法下载电子资料包学习。

3.2.1　可行性研究的概念及作用

3.2.1.1　可行性研究的概念

建设项目的可行性研究是在投资决策前，对与建设项目有关的社会、经济、技术等各方面进行深入细致的调查研究，对各种可能拟定的技术方案和建设方案进行全面的技术经济分析和比较论证，对项目建成后的经济效益进行科学的预测和评价。

项目可行性研究从项目选择立项、建设到生产经营全过程考察分析项目的可行性，是项目前期工作的最重要内容。可行性研究要解决的主要问题包括：为什么要进行这个项目？项目的产品或劳务市场的需求情况如何？项目的规模多大？项目选址定在何处合适？各种资源的供应条件怎样？采用的工艺技术是否先进可靠？项目如何融资等？项目可行性研究的结果是得出项目是否可行的结论，从而回答项目是否有必要建设和如何进行建设的问题，为投资者的最终决策提供直接的依据。可行性研究使项目的投资决策工作建立在科学性和可靠性的基础上，实现了投资决策的科学化，减少和避免了投资决策的失误，从而提高建设项目的经济效益。

3.2.1.2　可行性研究的作用

在建设项目的全生命周期中，前期工作具有决定性意义。作为建设项目的纲领性文件，通过可行性研究形成的可行性研究报告一经批准，在项目生命周期中，就会发挥极其重要的作用。具体体现在以下七个方面。

（1）作为建设项目投资决策的依据 可行性研究作为建设项目投资建设的首要环节，对于建设项目有关的各方面都进行了调查研究和分析，并以大量数据充分论证了项目的先进适用性和经济合理性，最终形成可行性研究报告，以此为依据进行决策可大大提高投资决策的科学性。项目主管部门根据项目可行性研究的评估结果，结合国家的财政经济条件和国民经济发展的需要，做出该项目是否投资和如何进行投资的决定。

（2）作为编制设计文件的依据 可行性研究报告一经审批通过，意味着该项目正式立项，可以进行接下来的初步设计。可行性研究报告中对项目选址、建设规模、主要生产流程、设备选型和施工进度等方面都做了较详细的论证和研究。设计文件的编制应以可行性研究报告为依据。

（3）作为向银行贷款的依据 可行性研究报告详细预测了建设项目的财务效益、经济效益和社会效益。银行通过审查项目可行性研究报告，确认项目经济效益水平和偿还能力后，才能同意贷款。世界银行等国际金融组织，把可行性研究报告作为申请项目贷款的先决条件。我国的金融机构在审批建设项目贷款时，也以可行性研究报告为依据，对建设项目进行全面、细致的分析评估，确定项目偿还贷款的能力及抗风险水平后，才做出是否贷款的决策。

（4）作为建设项目与各协作单位签订合同和有关协议的依据 在可行性研究报告中，对建设项目各方面都做了论证，拟建项目与各相关协作单位签订原材料、燃料、动力、运输、通信、建筑安装、设备购置等方面的协议都可以依据可行性研究报告。

（5）作为向当地政府和有关部门申请审批的依据 建设项目在建设过程中和建成后的运营过程中对市政建设、环境及生态都有影响，因此项目的开工建设需要当地市政府、规划及环保部门的审批和认可。在可行性研究报告中，对选址、总图布置、环境及生态保护方案等方面都做了论证，为申请和批准建设执照提供了依据。报告经审查，符合市政当局的规定或经济立法，对污染处理得当，不造成环境污染时，方能发建设执照。

（6）作为施工组织、工程进度安排及竣工验收的依据 可行性研究报告中对施工组织和工程进度安排有明确的要求，所以可行性研究又是检验施工进度及工程质量的依据。建设项目竣工验收也应以可行性研究所制定的生产纲领以及技术标准作为考核标准进行比较。

（7）作为项目后评估的依据 建设项目后评估指的是在项目建成运营一段时间后，评定项目的实际运营效果是否达到预期目标。建设项目的预期目标是在可行性研究报告中确定的，后评估以可行性研究报告为依据，将项目预期效果与实际效果进行对比考核，从而对项目的运行进行全面评价。

3.2.2 可行性研究的阶段划分

工程项目建设的全过程一般分为投资前时期、投资时期和生产时期，可行性研究工作在投资前时期进行，通过可行性研究，解决项目是否可行的问题。根据可行性研究目的、要求和内容不同，可行性研究工作主要包括四个阶段：机会研究阶段、初步可行性研究阶段、详细可行性研究阶段、评价和决策阶段。

（1）机会研究阶段 投资机会研究阶段的主要任务是提出建设项目投资方向建议，解决社会是否需求以及有没有可以开展项目的基本条件两个方面的问题。在一个确定的地区和部门内，根据自然资源、市场需求、国家产业政策和国际贸易情况，通过调查、预测和分析研究，选择建设项目，寻找投资的有利机会。

机会研究阶段主要依据估计和经验判断估算投资额和生产成本，因此精确程度较粗略。此阶段的精确度误差大约控制在±30%，大中型项目的机会研究所需时间大约在1～3个月，所需费用约占投资总额的0.2%～1%。

（2）初步可行性研究阶段　对于投资规模大、技术工艺较复杂的大中型骨干项目，在项目建议书被国家计划部门批准后，需要先进行初步可行性研究。初步可行性研究也称为预可行性研究，是在投资机会研究的基础上进行的，是正式的详细可行性研究的预备性研究阶段。此阶段对选定的投资项目进行初步技术经济评价，确定项目是否需要进行更深入的详细可行性研究以及确定哪些关键问题（如市场考察、厂址选择、生产规模研究、设备选择方案等）需要进行辅助性专题研究两个方面的问题。

初步可行性研究阶段对建设投资和生产成本的估算精度一般要求控制在±20%左右，研究时间大约为4～6个月，所需费用约占投资总额的0.25%～1.5%。

（3）详细可行性研究阶段　详细可行性研究又称技术经济可行性研究。详细可行性研究阶段对项目进行深入细致的技术经济分析，减少项目的不确定性。本阶段主要解决生产技术、原料和投入等技术问题以及投资费用和生产成本的估算、投资收益、贷款偿还能力等问题。通过多方案优选，提出结论性意见，最终提出项目建设方案，为项目决策提供技术、经济、社会、商业方面的评价依据，为项目的具体实施提供科学依据。是可行性研究报告的重要组成部分。

这一阶段的内容比较详尽，所花费的时间和精力都比较大。建设投资和生产成本计算精度控制在±10%以内。大型项目研究工作所花费的时间约为8～12个月，所需费用约占投资总额的0.2%～1%。中小型项目研究工作所花费的时间为4～6个月，所需费用约占投资总额的1%～3%。

（4）评价和决策阶段　评价和决策是由投资决策部门组织和授权有关咨询公司或专家，代表项目业主和出资人对建设项目可行性研究报告进行全面的审核和再评价。项目评价与决策是在可行性研究报告基础上进行的，通过全面审核可行性研究报告中反映的各项情况是否属实，分析各项指标计算是否正确，从企业、国家和社会等方面综合分析和判断工程项目的经济效益和社会效益，分析判断项目可行性研究的可行性、真实性和客观性，确定项目最佳投资方案，做出最终的投资决策，写出项目评估报告。这项工作是可行性研究的最终结论，也是投资部门进行决策的基础。

可行性研究工作的四个阶段研究内容由浅到深，项目投资和成本估算的精度要求由粗到细逐步提高，工作量由小到大，因而研究工作所需时间也逐渐增加。这种循序渐进的工作程序符合建设项目调查研究的客观规律，在任何一个阶段只要得出"不可行"的结论，便不再进行下一步研究。

3.2.3　可行性研究报告的内容

通过可行性研究四个阶段的工作，形成最终的可行性研究报告，包括以下内容。

（1）总论　包括项目背景、项目概况、问题与建议。项目背景即项目是在什么背景下提出的，也就是项目实施的目的。项目概况包括项目名称、性质、地址、法人代表、占地面积、建筑面积、建设内容、投资和收益情况等，使有关部门和人员对拟建项目有一个充分的了解。

（2）市场预测　包括国内外市场近期需求状况及趋势预测，市场风险分析，判断产品的市场竞争力。

（3）资源条件评价　资源可利用量、资源品质情况、资源储存条件和资源开发价值。

（4）建设规模与产品方案　确定项目的建设规模、构成范围、主要单项工程的组成，说明其总建设面积，分述各个单项工程的名称及建设面积。厂内外主体工程和共用辅助工程的方案比较论证。

（5）场址选择　场址面积和占地范围，对地理位置、气象、水文、地质、地形条件、地震、洪水情况和社会经济现状进行调查研究，了解交通运输、通信设施及水、电、气、热的现状和发展趋势，对场址选择进行多方案的技术经济分析和比选，提出选择意见。

（6）技术方案、设备方案和工程方案　采用技术和工艺方案的论证，包括技术来源、工艺路线和生产方法，主要设备选型方案和技术工艺的比较；引进技术、设备的必要性及其来源国别的选择比较；设备的国外分别交付规定或与外商合作制造方案的设想；以及必要的工艺流程图。

（7）主要材料、燃料及动力供应　测算主要原材料和燃料的消耗量及供应来源。所需动力（水、电、汽等）共用设施的数量、供应条件、外部协作条件，以及签订协议和合同的情况。

（8）总图布置、场内外运输与公用辅助工程　包括总图布置方案、场内外运输方案、公用工程与辅助工程方案以及技术改造项目、现有公用辅助设施利用情况。

（9）能源和资源节约措施　包括节能措施和能耗指标分析。

（10）环境影响评价　包括环境条件调查、影响环境因素分析、环境保护措施，分析拟建项目"三废"（废气、废水、废渣）的种类、成分和数量，预测其对环境的影响，提出治理方案的选择。环保部门有特殊要求的项目要单独编制环境影响评价。

（11）劳动安全卫生与消防　包括危险因素与危害程度分析、安全防范措施、卫生保健措施和消防措施。项目建设中，必须贯彻执行国家职业安全卫生方面的法律法规，对影响劳动者健康和安全的因素，都要在可行性研究阶段进行分析，提出防治措施，通过分析推荐最佳方案。

（12）组织与人力资源配置　包括组织机构设置及其适应性分析、人力资源配置、劳动定员及员工培训等内容。

（13）项目实施进度　项目实施指从正式确定建设项目到项目达到正常生产这段时间，包括项目实施准备、资金筹集安排、勘察设计和设备订货、施工和生产准备、试运转直至竣工验收和交付使用等各个工作阶段。项目工程建设方案确定后，需确定项目实施进度。将项目实施时期各阶段各个工作环节进行统一规划、综合平衡，做出合理而又切实可行的安排。

（14）投资估算　包括建设项目总投资估算、主体工程及辅助、配套工程的估算，以及流动资金估算。

（15）融资方案　包括融资组织形式、资本金筹措、债务资金筹措和融资方案分析。说明各资金来源所占比例、资金成本及贷款的偿付方式，并制订用款计划。

（16）项目经济评价　项目技术路线确定后，需进行经济评价，判断项目经济上是否可行。项目经济评价包括财务评价和国民经济评价。财务评价包括财务评价基础数据与参数选取、销售收入与成本费用估算、财务评价报表、盈利能力分析、偿债能力分析、不确定性分析、财务评价结论。国民经济评价包括影子价格及评价参数选取、效益费用范围与数值调整、国民经济评价报表、国民经济评价结论。

（17）社会评价　包括项目对社会影响分析、项目所在地互相适应性分析、社会风险分析和社会评价结论。

（18）风险分析　包括项目主要风险识别、分析程度分析和防范风险对策。

（19）研究结论与建议　综合全部分析，对建设项目在经济上、技术上、社会上、财务上等方面进行全面的评价，对建设方案进行总结，对优缺点进行描述，推荐一个或几个方案供决策参考，指出项目存在的问题，提出结论性意见和建议。

综上所述，项目可行性研究的基本内容可概括为市场、技术、经济三个部分。第一部分是市场研究，包括市场调查和预测，这是项目可行性研究的前提和基础，其主要任务是解决项目建设的"必要性"问题；第二部分是技术研究，即建设条件和技术方案，这是项目可行性研究的技术基础，它要解决项目在技术上的"可行性"问题；第三部分是效益研究，即经济效益的分析与评价，这是可行性研究的核心，主要解决项目在经济上的"合理性"问题。市场研究、技术研究和效益研究共同构成项目可行性研究的三大支柱，可行性研究主要从这三个方面对项目进行优化研究，为投资决策提供依据。

3.2.4　可行性研究报告的编制

（1）编制程序

① 建设单位提出项目建议书和初步可行性研究报告；

② 项目业主、承办单位委托有资格的单位进行可行性研究；

③ 咨询或设计单位进行可行性研究工作，编制完整的可行性研究报告。

（2）编制依据　可行性研究报告的编制依据如下。

① 项目建议书（初步可行性报告）及其批复文件。

② 国家和地方的经济和社会发展规划；行业部门发展规划。

③ 国家有关法律、法规、政策。

④ 对于大中型骨干项目，必须具有国家批准的资源报告、国土开发整治规划、区域规划、江河流域规划、工业基地规划等有关文件。

⑤ 有关机构发布的工程建设方面的标准、规范、定额。

⑥ 中外合资、合作项目各方签订的协议书或意向书。

⑦ 编制《可行性研究报告》的委托合同书。

⑧ 经国家统一颁布的有关项目评价的基本参数和指标。

⑨ 有关的基础数据。

（3）编制要求　可行性研究报告的编制需遵循以下要求。

① 编制单位必须具备承担可行性研究的条件。报告质量取决于编制单位的资质和编写人员的素质。报告内容涉及面广，且有一定深度要求，因此，编制单位必须具有经国家有关部门审批登记的资质等级证明。有承担编制可行性研究报告的能力和经验。研究人员应具有所从事专业的中级专业职称，并具有相关的知识、技能和工作经历。

② 确保可行性研究报告的真实性和科学性。报告是投资者进行项目最终决策的重要依据。为保证可行性研究报告的质量，应切实做好编制前的准备工作，应有大量的、准确的、

可用的信息资料，进行科学的分析比较论证。报告编制单位和人员应遵照事物的客观经济规律和科学研究工作的客观规律办事，坚持独立、客观、公正、科学、可靠的原则，按客观实际情况实事求是地进行技术经济论证、技术方案比较和评价，对提供的可行性研究报告质量应负完全责任。

③ 可行性研究的深度要规范化和标准化。报告内容要完整、文件要齐全、结论要明确、数据要准确、论据要充分，能满足决策者确定方案的要求。

可行性研究报告编制完成后，应由编制单位的行政、技术、经济方面的负责人签字，并对研究报告质量负责。另外，还需上报主管部门审批。

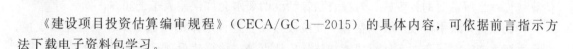

3.3　建设项目投资估算

《建设项目投资估算编审规程》（CECA/GC 1—2015）的具体内容，可依据前言指示方法下载电子资料包学习。

3.3.1　建设项目投资估算的含义、作用及阶段划分

3.3.1.1　建设项目投资估算的含义

投资估算是项目投资决策过程中，在项目的建设规模、产品方案、技术方案、场址方案和工程建设方案及项目进度计划等基本确定的基础上，依据现有的资料和特定的方法，对建设项目的投资数额进行的估计。投资估算是编制项目建议书、可行性研究报的重要组成部分，是项目决策的重要依据之一。投资估算一经批准即为建设项目投资的最高限额，一般情况不得随意突破，即投资估算准确与否不仅影响到建设前期的投资决策，也直接关系到下一阶段设计概算、施工图预算的编制及项目建设期的造价管理控制。因此，准确、全面地估算建设项目工程造价，是项目投资决策阶段造价管理的重要任务。

3.3.1.2　建设项目投资估算的作用

建设项目投资估算的准确程度不仅影响到可行性研究工作的质量和经济评价结果，也直接关系到下一阶段设计概算和施工图预算的编制，对建设项目资金筹措方案也有直接影响。在项目开发建设过程中的作用可概括为以下几点。

① 项目建议书阶段的投资估算，是项目主管部门审批项目建议书的依据之一，并对项目的规划、规模起参考作用。

② 项目可行性研究阶段的投资估算，是项目投资决策的重要依据，也是研究、分析和计算项目投资经济效果的重要条件。

③ 项目投资估算对工程设计概算起控制作用，设计概算不得突破批准的投资估算额，并应控制在投资估算额以内。

④ 项目投资估算可作为项目资金筹措及制定建设贷款计划的依据，建设单位可依据批准的项目投资估算额，进行资金筹措和向银行申请贷款。

⑤ 项目投资估算是核算建设项目固定资产投资需要额和编制固定资产投资计划的重要依据。

3.3.1.3　建设项目投资估算的阶段划分

在国外，英、美等国把建设的投资估算分为五个阶段。第一阶段是项目的投资设想时期，其对投资估算精度的要求允许误差大于±30％；第二阶段是项目的投资机会研究时期，其对投资估算精度的要求为误差控制在±30％以内；第三阶段是项目的初步可行性研究时期，其对投资估算精度的要求为误差控制在±20％以内；第四阶段是项目的详细可行性研究时期，其对投资估算精度的要求为误差控制在±10％以内；第五阶段是项目的工程设计阶段，其对投资估算精度的要求为误差控制在±5％以内。

我国建设项目的投资估算分为以下四个阶段。

（1）项目规划阶段的投资估算　建设项目规划阶段是指有关部门根据国民经济发展规划、地区发展规划和行业发展规划的要求，编制一个建设项目的建设规划。此阶段是粗略地估算建设项目所需要的投资额，对投资估算精度的要求允许误差大于±30％。

（2）项目建议书阶段的投资估算　此阶段按项目建议书中的产品方案、项目建设规模、产品主要生产工艺、企业车间组成、初选建厂地点等，估算建设项目所需要的投资额。其对投资估算精度的要求为允许误差控制在±30％以内。

（3）初步可行性研究阶段的投资估算　初步可行性研究阶段是在掌握了更详细、更深入的资料条件下，估算建设项目所需的投资额。其对投资估算精度的要求为允许误差控制在±20％以内。

（4）详细可行性研究阶段的投资估算　详细可行性研究阶段的投资估算至关重要，因为这个阶段的投资估算经审查批准之后，便是工程设计任务书中规定的项目投资限额，并可据此列入项目年度基本建设计划。其对投资估算精度的要求为允许误差控制在±10％以内。

3.3.2　投资估算的内容

建设项目总投资估算包括固定资产投资估算和流动资金估算两部分。如图 3.1 所示。

固定资产投资估算的内容按照费用的性质划分，包括建筑安装工程费、设备及工器具购置费、工程建设其他费用（此时不含流动资金）、基本预备费、涨价预备费、建设期贷款利息、固定资产投资方向调节税等。其中，建筑安装工程费、设备及工器具购置费形成固定资产；工程建设其他费用可分别形成固定资产、无形资产及其他资产。基本预备费、涨价预备费、建设期贷款利息在可行性研究阶段为简化计算一并计入固定资产。

固定资产投资可分为静态部分和动态部分。建筑安装工程费、设备及工器具购置费、工程建设其他费用、基本预备费为静态投资部分。涨价预备费、建设期贷款利息和固定资产投资方向调节税构成动态投资部分。

流动资金是指生产经营性项目投产后，用于购买原材料、燃料、支付工资及其他经营费用等所需的周转资金，它是伴随着固定资产投资而发生的长期占用的流动资产投资。流动资金为流动资产与流动负债的差值。其中，流动资产主要考虑现金、应收账款、预付账款和存货；流动负债主要考虑应付账款和预收账款。因此，流动资金的概念，实际上就是财务中的运营资金。

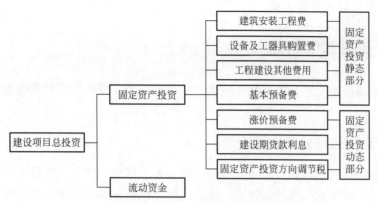

图3.1 建设项目总投资估算构成

3.3.3 投资估算的编制依据、要求及程序

3.3.3.1 投资估算的依据

投资估算的编制应依据以下内容。

① 建设标准和技术、设备、工程方案；

② 专门机构发布的建设工程造价费用构成、估算指标、计算方法，以及其他有关计算工程造价的文件；

③ 专门机构发布的工程建设其他费用计算办法和费用标准，以及政府部门发布的物价指数；

④ 拟建项目各单项工程的建设内容及工程量；

⑤ 资金来源及建设工程。

3.3.3.2 投资估算要求

投资估算作为项目决策的依据，它的准确程度直接影响到经济评价结果，因此要满足以下要求。

① 工程内容和费用构成齐全，计算合理，不重复计算，不提高或者降低估算标准，不漏项，不少算。

② 选用指标与具体工程之间存在标准或者条件差异时，应进行必要的换算和调整。

③ 投资估算精度应能满足控制初步设计概算要求。

3.3.3.3 估算步骤

项目投资估算是做初步设计之前的一项工作，根据投资估算要求的内容，投资估算的步骤如下。

① 分别估算各单项工程所需的建筑工程费、设备及工器具购置费和安装工程费；

② 在汇总各单项工程费用的基础上，估算工程建设其他费用和基本预备费；

③ 估算涨价预备费和建设期贷款利息；

④ 估算流动资金。

⑤ 汇总建设项目总投资估算。

3.3.4 投资估算的方法

投资估算包括固定资产投资估算和流动资金估算。固定资产投资估算分为静态和动态投资估算。

3.3.4.1 静态投资部分的估算方法

不同时期的投资估算，其方法和允许的误差是不一样的，项目规划和项目建议书阶段的投资估算精度低，可采取简单的估算法，如生产能力指数估算法、单位生产能力估算法、比例估算法、系数估算法等。而在可行性研究阶段尤其是详细可行性研究阶段，投资估算的精度要求高，需要采用相对详细的投资估算方法，如指标估算法。

(1) 单位生产能力估算法　依据调查的统计资料，利用相近规模的已建项目的单位生产能力投资乘以拟建项目的建设规模，即得到拟建项目的投资额。计算公式为：

$$C_2 = \frac{C_1}{Q_1} \times Q_2 \times f \tag{3-1}$$

式中　C_1——已建类似项目投资额；

C_2——拟建项目投资额；

Q_1——已建类似项目生产能力；

Q_2——拟建项目生产能力；

f——不同时期、不同地点的定额、单价、费用变更等综合调整系数。

单位生产能力估算法把项目投资与其生产能力视为简单的线性关系。由于不同项目时间差异或多或少存在，在一段时间内技术、标准、价格等方面可能发生变化，两地经济情况也不完全相同，土壤、地质、水文情况、气候、自然条件的差异，材料、设备的来源、运输状况也不同，故此法只是粗略地快速估算。单位生产能力估算法主要用于新建项目或装置的估算，简便迅速，但要求估价人员掌握足够的典型工程的历史数据，且估算精度较差。

例 3.1　某地拟建一座 300 套客房的宾馆，另有一座类似宾馆最近在本地竣工，已建宾馆有 200 套客房，总造价 4800 万元，请用单位生产能力估算法估算拟建项目的总投资。

解　首先计算已建类似宾馆每套客房的造价为 $C_1/Q_1 = 4800/200 = 24$(万元)

根据单位生产能力估算法，拟建宾馆的总投资为 $24 \times 300 = 7200$(万元)

(2) 生产能力指数法　生产能力指数法又称指数估算法，是根据已建成的类似项目生产能力和投资额以及拟建项目生产能力来粗略估算拟建项目投资额的方法。其计算公式：

$$C_2 = C_1 \left(\frac{Q_2}{Q_1}\right)^x \cdot f \tag{3-2}$$

式中　x——生产能力指数。其他符号含义同式(3-1)。

式(3-2)表明，造价与规模呈非线性关系。在正常情况下，$0 \leqslant x \leqslant 1$。

不同生产率水平的国家和不同性质的项目中，x 的取值是不相同的。比如化工项目美国取 $x = 0.6$，英国取 $x = 0.66$，日本取 $x = 0.7$。若已建类似项目的生产规模与拟建项目生产规模相差不大，Q_1 与 Q_2 的比值在 $0.5\sim2$ 之间，则指数 x 的取值近似为 1。

生产能力指数法主要应用于拟建项目与用来参考的已知项目的规模不同的场合。该方法计算简单、速度快，与单位生产能力估算法相比精确度略高，其误差可控制在 $\pm20\%$ 以内。尽管估价误差仍较大，但有它独特的好处，即这样估价方法不需要详细的工程设计资料，只要知道工艺流程及规模就可以；其次对于总承包工程而言，可作为估价的旁证，在总承包工程报价时，承包商大都采用这种方法估价。

例 3.2 2012 年在某地建成一座年产 100 万吨的某水泥厂，总投资为 50000 万元，2016 年在该地拟建生产 500 万吨的水泥厂，水泥的生产能力指数为 0.8，自 2012 年至 2016 年每年平均造价指数递增 4%。请估算拟建水泥厂的静态投资额。

解 $C_2 = C_1(Q_2/Q_1)^x f = 50000 \times (500/100)^{0.8} \times (1+4\%)^4 = 211972$（万元）（2012～2016 年为 4 年，故 $f = (1+4\%)^4$）

例 3.3 按照生产能力指数法（$x = 0.8$，$f = 1.1$），如将设计中的化工生产系统的生产能力提高 2 倍，投资额将增加多少？

解 根据生产能力指数法的计算公式，投资额将增加：

$$(Q_2/Q_1)^x f - 1 = (3/1)^{0.8} \times 1.1 - 1 = 164.9\%$$

（3）系数估算法 系数估算法也称为因子估算法，它是以拟建项目的主体工程费或主要设备费为基数，以其他工程费占主体工程费的百分比为系数估算项目总投资的方法。这种方法简单易行，但是精度较低，一般用于项目建议书阶段。主要应用于设计深度不足，拟建项目与类似项目设备购置费投资比重较大且行业内相关系数等基础资料完备的情况。系数估算法的种类很多，下面介绍几种主要类型。

① 设备系数法。以拟建项目的设备购置费为基数，根据已建成的同类项目的建筑安装费和其他工程费等与设备价值的百分比，求出拟建项目建筑安装工程费和其他工程费，进而求出建设项目总投资。其计算公式如下：

$$C = E(1 + f_1 P_1 + f_2 P_2 + f_3 P_3 + \cdots) + I \tag{3-3}$$

式中　　　　C——拟建项目投资额；

E——拟建项目根据当时当地价格计算的设备购置费；

P_1、P_2、$P_3\cdots$——已建项目中建筑安装费和其他工程费等占设备购置费的比重；

f_1、f_2、$f_3\cdots$——由于时间因素引起的定额、价格、费用标准等变化的综合调整系数；

I——拟建项目的其他费用。

例 3.4 拟建某项目设备购置费为 2000 万元，根据已建同类项目统计资料，建筑工程费占设备购置费的 23%，安装工程费占设备购置费的 9%，调整系数均为 1.1，该拟建项目的其他有关费用估计为 200 万元，试估算该项目的建设投资。

解 根据公式，该项目的建设投资为 $C = E(1 + f_1 P_1 + f_2 P_2) + I = 2000 \times (1 + 23\% \times 1.1 + 9\% \times 1.1) + 200 = 2904$（万元）

② 主体专业系数法。以拟建项目中投资比重较大，并与生产能力直接相关的工艺设备投资为基数，根据已建同类项目的有关统计资料，计算出拟建项目各专业工程（如总图、土建、采暖、给排水、管道、电气、自控等）占工艺设备投资的百分比，据以求出拟建项目各专业投资，然后加总即为项目总投资。其计算公式为：

$$C = E(1 + f_1 P_1' + f_2 P_2' + f_3 P_3' + \cdots) + I \tag{3-4}$$

式中 P_1'、P_2'、$P_3'\cdots$——已建项目中各专业工程费用占工艺设备费的比重；其他符号含义同前。

③ 朗格系数法。以拟建项目设备购置费为基数，乘以适当系数来推算项目的建设费用。其计算公式为：

$$C=E(1+\sum K_i)\cdot K_c \tag{3-5}$$

式中 C——总建设费用；

　　E——主要设备购置费；

　　K_i——管线、仪表、建筑物等费用的估算系数；

　　K_c——管理费、合同费、应急费等费用的总估算系数。

总建设费用与设备购置费用之比为朗格系数 K_L。计算公式为：

$$K_L=(1+\sum K_i)\cdot K_c \tag{3-6}$$

应用朗格系数法估算投资也较简单，由于装置规模发生变化，不同项目自然、经济地理条件存在差异，朗格系数法估算精度仍不高。朗格系数法是以设备购置费为计算基础，而设备费用在一项工程中所占的比重、同一项工程中每台设备所含有的管道、电气、自控仪表、绝热、油漆、建筑等都有一定的规律。所以，只要对各种不同类型工程的朗格系数准确掌握，估算精度仍可较高。朗格系数法估算误差在 $10\%\sim15\%$。

（4）比例估算法　根据统计资料，先求出已有同类企业主要设备投资占建设投资的比例，然后再估算出拟建项目的主要设备投资，即可按比例求出拟建项目的建设投资。其计算公式为：

$$I=\frac{1}{K}\sum_{i=1}^{n}Q_iP_i \tag{3-7}$$

式中 I——拟建项目的建设投资；

　　K——已建项目主要设备投资占拟建项目投资的比例；

　　n——设备种类数；

　　Q_i——第 i 种设备的数量；

　　P_i——第 i 种设备的单价（到厂价格）。

（5）指标估算法　估算指标是一种比概算指标更为扩大的单位工程指标或单项工程指标。这种方法是把建设项目划分为建筑工程、设备安装工程、设备购置费及其他基本建设费等费用项目或单位工程，再根据各种具体的投资估算指标，进行各项费用项目或单位工程投资的估算，在此基础上，可汇总成为每一单项工程的投资。另外，再估算工程建设其他费用及预备费，即求得建设项目总投资。

使用指标估算法应根据不同地区、年代进行调整。因为地区、年代不同，设备与材料的价格均有差异，调整方法可以按主要材料消耗量或"工程量"为计算依据；也可以按不同的工程项目的"万元工料消耗定额"来定不同的系数。如果有关部门已颁布了有关定额或材料差系数（物价指数），也可以据其调整。

使用指标估算法进行投资估算绝不能生搬硬套，必须对工艺流程、定额、价格及费用标准进行分析，经过实事求是的调整与换算后，才能提高其精确度。

3.3.4.2　动态投资部分估算方法

建设投资动态部分主要包括价格变动可能增加的投资额（涨价预备费）和建设期贷款利

息两部分内容，如果是涉外项目，还应该计算汇率的影响。动态部分的估算应以基准年静态投资的资金使用计划为基础来计算，而不是以编制的年静态投资为基础计算。

（1）汇率变化对涉外建设项目的影响 汇率是两种不同货币之间的兑换比率，或者说是以一种货币表示的另一种货币的价格，汇率的变化意味着一种货币相对于另一种货币的升值或贬值。

① 外币对人民币升值。项目从国外市场购买设备材料所支付的外币金额不变，但换算成人民币的金额增加；从国外借款，本息所支付的外币金额不变，但换算成人民币的金额增加。

② 外币对人民币贬值。项目从国外市场购买设备材料所支付的外币金额不变，但换算成人民币的金额减少；从国外借款，本息所支付的外币金额不变，但换算成人民币的金额减少。

估算汇率变化对建设项目投资的影响，是通过预测汇率在项目建设期内的变动程度，以估算年份的投资额为基础计算求得。

（2）涨价预备费的估算 涨价预备费的估算可按国家或部门（行业）的具体规定执行，具体估算的方法详见模块一。

（3）建设期贷款利息的估算 建设期贷款利息是指项目借款在建设期内发生并计入固定资产投资的利息。计算建设期贷款利息时，为了简化计算，通常假定当年借款按半年计息，其余年度借款按全年计息。对于有多种借款资金来源，每笔借款的年利率各不相同的项目，既可分别计算每笔借款的利息，又可先计算出各笔借款加权平均的年利率，并以此利率计算全部借款的利息。

3.3.4.3 流动资金估算方法

流动资金是指生产经营性项目投产后，为进行正常生产运营，用于购买原材料、支付工资及其他经营费用等所需的周转资金。流动资金一般应在项目投资前开始筹措。为了简化计算，流动资金可在投产第一年开始安排，并随生产运营计划的不同而有所不同，因此流动资金的估算应根据不同的生产运营计划分年进行。

流动资金估算一般采用分项详细估算法，个别情况或者小型项目可采用扩大指标法。

（1）分项详细估算法 流动资金的显著特点是在生产过程中不断周转，其周转额的大小与生产规模及周转速度直接相关。分项详细估算法是根据周转额与周转速度之间的关系，对构成流动资金的各项流动资产和流动负债分别进行估算。在可行性研究中，为简化计算，仅对存货、现金、应收账款和应付账款四项内容进行估算，计算公式为：

$$流动资金＝流动资产－流动负债 \tag{3-8}$$

$$流动资产＝应收账款＋预付账款＋存货＋现金 \tag{3-9}$$

$$流动负债＝应付账款＋预收账款 \tag{3-10}$$

$$流动资金本年增加额＝本年流动资金－上年流动资金 \tag{3-11}$$

估算的具体步骤：首先计算各类流动资产和流动负债的年周转次数，然后再分项估算占用资金额。

① 周转次数计算。周转次数是指流动资金的各个构成项目在一年内完成多少个生产过程。其计算公式为：

$$周转次数＝360d/流动资金最低周转天数 \tag{3-12}$$

应注意，最低周转天数取值对流动资金估算的准确程度有较大影响。在确定最低周转天数时应根据项目的特点、投入和产出性质、供应来源以及各分项的属性，并考虑保险系数分项确定。

存货、现金、应收账款和应付账款的最低周转天数，可参照同类企业的平均周转天数并结合项目特点确定，或按部门（行业）规定。估算时应根据项目实际情况分别确定项目的最低周转天数，并考虑一定保险系数，又因为：

$$周转次数 = 周转额 / 各项流动资金平均占用额 \tag{3-13}$$

如果周转次数已知，则：

$$各项流动资金平均占用额 = 周转额 / 周转次数 \tag{3-14}$$

② 应收账款估算。应收账款指企业对外赊销商品、提供劳务尚未收回的资金。应收账款的周转额应为全年赊销销售收入。在做可行性研究时，用销售收入代替赊销收入。计算公式为：

$$应收账款 = 年经营成本 / 应收账款周转次数 \tag{3-15}$$

③ 预付账款。指企业为购买各类材料、半成品或服务所预先支付的款项。

$$预付账款 = 外购商品或服务年费用金额 / 预付账款周转次数 \tag{3-16}$$

④ 存货估算。存货是企业在日常生产经营过程中持有以备出售，或者仍然处在生产过程，或者在生产或提供劳务过程中将消耗的材料或物料等。为简化计算，仅考虑外购原材料、外购燃料、其他材料、在产品和产成品，并分项进行计算。

在采用分项详细估算法时，对于存货中外购原材料、燃料要根据不同品种和来源，考虑运输方式和距离等因素确定。

计算公式为：

$$存货 = 外购原材料 + 外购燃料 + 其他材料 + 在产品 + 产成品 \tag{3-17}$$

$$外购原材料 = 年外购原材料费用 / 原材料周转次数 \tag{3-18}$$

$$外购燃料 = 年外购燃料 / 按种类分项周转次数 \tag{3-19}$$

$$在产品 = (年外购原材料、燃料费用 + 年工资及福利费 + 年修理费 +$$
$$年其他制造费用) / 在产品周转次数 \tag{3-20}$$

$$产成品 = (年经营成本 - 年其他营业费用) / 产成品周转次数 \tag{3-21}$$

$$其他材料 = 年其他材料费用 / 其他材料周转次数 \tag{3-22}$$

⑤ 现金需要量。项目流动资金中的现金指货币资金，即企业生产运营活动中为维持正常生产运营必须预留于货币形态的那部分资金，包括企业库存现金和银行贷款。

$$现金 = (年工资及福利费 + 年其他费用) / 现金周转次数 \tag{3-23}$$

$$年其他费用 = 制造费用 + 管理费用 + 营业费用 - (以上三项费用中所含$$
$$的工资及福利费、折扣费、摊销费、修理费) \tag{3-24}$$

⑥ 流动负债估算。是指将在一年（含一年）或者超过一年的一个营业周期内偿还的债务，包括短期借款、应付票据、应付账款、预收账款、应付工资、应付福利费、应付股利、应交税金、其他暂收应付款项、预提费用和一年内到期的长期借款等。在项目评价中，流动负债的估算只考虑应付账款和预收账款两项。计算公式为：

$$应付账款 = 年外购原料、燃料动力费及其他材料年费用 / 应付账款周转次数 \tag{3-25}$$

$$预收账款 = 预收的营业收入年金额 / 预收账款周转次数 \tag{3-26}$$

根据流动资金各项估算结果，编制流动资金估算表。

（2）扩大指标估算法　扩大指标估算法是根据现有同类企业的实际资料，求各种流动资金率指标，也可根据行业或部门给定的参考值或经验确定比率。将各类流动资金率乘以相对应的费用基数来估算流动资金。一般常用的基数有销售收入、经营成本、总成本费用和固定资产投资等，究竟采用何种基数依行业习惯而定。此法简便易行，但准确度不高，可用于项目建议书阶段的估算。

公式为：

$$年流动资金额＝年费用基数×各类流动资金率 \qquad (3\text{-}27)$$
$$年流动资金额＝年产量×单位产品量占用流动资金额 \qquad (3\text{-}28)$$

3.4 建设项目财务评价

3.4.1 财务评价的基本概念

3.4.1.1 财务评价的概念及作用

建设项目经济评价包括财务评价（也称财务分析）和国民经济评价（也称经济分析）。

国民经济评价是在合理配置社会资源的前提下，从国家经济整体利益的角度出发，计算项目对国民经济的贡献，分析项目的经济效率、效果和对社会的影响，评价项目在宏观经济上的合理性。

财务评价是在国家现行财税制度和价格体系的前提下，从项目的角度出发，计算项目范围内的财务效益和费用，分析项目的盈利能力和清偿能力，评价项目在财务上的可行性。

财务评价的作用如下。

① 财务评价可以考察项目的财务盈利能力。

② 财务评价可用于制定适宜的资金规划。

③ 财务评价可为协调企业利益与国家利益提供依据。

3.4.1.2 财务评价的程序

项目财务评价是在项目市场研究和技术研究等工作的基础上进行的，项目在财务上的生存能力取决于项目的财务效益和费用的大小及项目在时间上的分布情况。项目财务评价的基本工作程序如下。

① 选取财务评价基础数据与参数。

② 估算各期现金流量。

③ 编制基本财务报表。

④ 计算财务评价指标，进行盈利能力和偿债能力分析。

⑤ 进行不确定性分析。

⑥ 得出评价结论。

3.4.2 基础财务报表的编制

在项目财务评价中的评价指标是根据有关项目财务报表中的数据计算所得的，所以在计算财务指标之前，需要编制一套财务报表。

财务评价的基本报表是根据国内外目前使用的一些不同的报表格式，结合我国实际情况和现行有关规定设计的，表中数据没有统一估算方法，但这些数据的估算及其精度对评价结论的影响都是很重要的。

为了进行投资项目的经济效果分析，需编制的财务报表主要有：各类现金流量表、利润与利润分配表、财务计划现金流量表、资产负债表和借款还本付息计划表等。

3.4.2.1 现金流量表

在商品货币经济中，任何建设项目的效益和费用都可以抽象为现金流量系统。从项目财务评价角度看，在某一时点上流出项目的资金称为现金流出，记为 CO；流入项目的资金称为现金流入，记为 CI。现金流入与现金流出统称为现金流量，现金流入为正现金流量，现金流出为负现金流量。同一时点上的现金流入量与现金流出量的代数和（$CI-CO$）称为净现金流量，记为 NCF。

建设项目现金流量系统将项目计算期内各年的现金流入与现金流出按照各自发生的时点顺序排列，表达为具有确定时间概念的现金流量系统。现金流量表即是对建设项目现金流量系统的表格式反映，用以计算各项静态和动态评价指标，进行项目财务盈利能力分析。按投资计算基础的不同，现金流量表分为项目全部投资的现金流量表（项目投资现金流量表）和项目自有资金现金流量表（项目资本金现金流量表）。

（1）项目投资现金流量表　项目投资现金流量表是从项目自身角度出发，不分投资资金来源，以项目全部投资作为计算基础，考核项目全部投资的盈利能力，为项目各个投资方案进行比较建立共同基础，仅供项目决策研究。表格格式见表 3.1。

表 3.1　项目投资现金流量表（人民币）　　　　　　　　单位：万元

序号	项目	合计	计算期							
			1	2	3	4	5	6	…	n
1	现金流入									
1.1	营业收入									
1.2	补贴收入									
1.3	回收固定资产余值									
1.4	回收流动资金									
2	现金流出									
2.1	建设投资									
2.2	流动资金									
2.3	经营成本									
2.4	营业税金及附加									
2.5	维持营运投资									

序号	项目	合计	计算期							
			1	2	3	4	5	6	…	n
3	所得税前净现金流量（1-2）									
4	累计所得税前净现金流量									
5	调整所得税									
6	所得税后净现金流量（3-5）									
7	累计所得税后净现金流量									

计算指标：

项目投资财务内部收益率（所得税前）/%

项目投资财务内部收益率（所得税后）/%

财务净现值（所得税前）（$i_c=$ %）

财务净现值（所得税后）（$i_c=$ %）

投资回收期（所得税前）

投资回收期（所得税后）

注：1. 本表适用于新设法人项目与既有法人项目的增量和"有项目"的现金流量分析。

2. 调整所得税为以息税前利润为基数计算的所得税，区别于"项目资本金现金流量表"中的所得税。

（2）项目资本金现金流量表 项目资本金现金流量表是从项目投资者的角度出发，以投资者的出资额作为计算基础，把借款本金偿还和利息支出作为现金流出，考核项目自有资金的盈利能力，供项目投资者决策研究。报表格式见表3.2。

表3.2 项目资本金现金流量表（人民币） 单位：万元

序号	项目	合计	计算期							
			1	2	3	4	5	6	…	n
1	现金流入									
1.1	营业收入									
1.2	补贴收入									
1.3	回收固定资产余值									
1.4	回收流动资金									
2	现金流出									
2.1	项目资本金									
2.2	借款本金偿还									
2.3	借款利息支出									
2.4	经营成本									
2.5	营业税金及附加									
2.6	所得税									
2.7	维持营运投资									
3	净现金流量									

计算指标：

资本金财务内部收益率/%

财务净现值

注：1. 项目资本金包括用于建设投资、建设利息和流动资金的资金。

2. 对于外商投资项目，现金流出中应增加职工奖励及福利基金科目。

3. 本表是用于新设法人项目与既有法人项目"有项目"的现金流量分析。

3.4.2.2　利润与利润分配表

利润与利润分配表反映项目计算期内各年的利润总额、所得税及税后利润分配情况，用以计算投资利润率、投资利税率和资本金利润率等指标。报表格式见表3.3。

表 3.3　利润与利润分配表（人民币）　　　　单位：万元

序号	项目	合计	计算期							
			1	2	3	4	5	6	…	n
1	营业收入									
2	营业税金及附加									
3	总成本费用									
4	补贴收入									
5	利润总额（1－2－3＋4）									
6	弥补以前年度亏损									
7	应纳所得税额（5－6）									
8	所得税									
9	净利润（5－8）									
10	期初未分配利润									
11	可供分配利润（9＋10）									
12	提取法定盈余公积金									
13	可供投资者分配的利润（11－12）									
14	应付优先股股利									
15	提取任意盈余公积金									
16	应付普通股股利（13－14－15）									
17	各投资方利润分配									
	其中：××方									
	××方									
18	未分配利润（13－14－15－17）									
19	息税前利润（利润总额＋利息支出）									
20	息税折旧摊销前利润（息税前利润＋折旧＋摊销）									

注：1.对于外商出资项目由第11项减去储备基金、职工奖励与福利基金和企业发展基金后，得出可供投资者分配的利润。

2.第14～16项根据企业性质和具体情况选择填列。

3.法定盈余公积金按净利润计提。

3.4.2.3　资产负债表

资产负债表综合反映项目计算期内各年末资产、负债和所有者权益的增减变化及对应关系，用以考察项目资产、负债、所有者权益的结构是否合理，并计算资产负债率、流动比率、速动比率等指标，进行项目清偿能力分析。报表格式见表3.4。

表 3.4 资产负债表（人民币）　　　　　　　　　　　单位：万元

序号	项目	合计	计算期							
			1	2	3	4	5	6	...	n
1	资产									
1.1	流动资产总额									
1.1.1	货币资金									
1.1.2	应收账款									
1.1.3	预付账款									
1.1.4	存货									
1.1.5	其他									
1.2	在建工程									
1.3	固定资产净值									
1.4	无形及其他资产净值									
2	负债及所有者权益(2.4+2.5)									
2.1	流动负债总额									
2.1.1	短期借款									
2.1.2	应付账款									
2.1.3	预收账款									
2.1.4	其他									
2.2	建设投资借款									
2.3	流动资金借款									
2.4	负债小计(2.1+2.2+2.3)									
2.5	所有者权益									
2.5.1	资本金									
2.5.2	资本公益积金									
2.5.3	累计盈余公积金									
2.5.4	累计未分配利润									

计算指标:资产负债率/%
流动比率/%
速动比率/%

注：1.对于外商投资项目，第2.5.3项改为累计储备金和企业发展基金。

2.对于既有法人项目，一般只针对法人编制，可按需要增加科目，此时表中资本金是指企业全部实收资本，包括原有和新增的实收资本。必要时，也可以针对"有项目"范围编制。此时表中资本金仅指"有项目"范围的对应数值。

3.货币资金包括现金和累计盈余资金。

3.4.2.4 财务外汇平衡表

财务外汇平衡表适用于有外汇收支的项目，用以反映项目计算期内各年外汇余缺情况，进行外汇平衡分析。该表主要有外汇来源和外汇运用两个项目。报表格式见表3.5。

表3.5 财务外汇平衡表（人民币）　　　　　　　　　　单位：万元

序号	项目	合计	计算期							
			1	2	3	4	5	6	…	n
1	外汇来源									
1.1	产品销售外汇收入									
1.2	外汇借款									
1.3	其他外汇收入									
2	外汇运用									
2.1	固定资产投资中外汇支出									
2.2	进口原材料									
2.3	进口零部件									
2.4	技术转让费									
2.5	偿还外汇借款本金									
2.6	其他外汇支出									
2.7	外汇余缺									

注：1. 其他外汇收入包括自筹外汇等。

2. 技术转让费是指生产期内支付的技术转让费。

3.4.3 财务评价指标

建设项目经济效果可采用不同指标来表达，这些指标可根据财务评价基本报表计算，并将其与财务评价参数进行比较，以判断项目的财务可行性。任何一种评价指标都是从一定的角度、某一个侧面反映项目的经济效果，总会带有一定局限性。因此需建立一整套指标体系来全面、真实、客观地反映项目的经济效果。建设项目的财务效果是通过一系列财务评价指标反映的。财务评价指标按评价内容不同，分为盈利能力评价指标和清偿能力评价指标，见表3.6。

表3.6 财务评价指标体系

评价内容	评价指标	评价标准	指标性质
财务盈利能力评价	财务内部收益率（FIRR）	$FIRR \geqslant i_c$（基准收益率）时，项目可行	动态价值性指标
	财务净现值（FNPV）	$FNPV \geqslant 0$ 时，项目可行	动态价值性指标
	项目静态投资回收期（P_t）	$P_t \leqslant P_c$（基准投资回收期）时，项目可行	静态价值性指标
	项目动态投资回收期（P_t'）	$P_t' \leqslant$ 项目寿命期，项目可行	动态价值性指标
	总投资收益率（ROI）	高于同行业参考值，项目可行	动态价值性指标
	项目资本金净利润率（ROE）	高于同行业参考值，项目可行	动态价值性指标

评价内容	评价指标	评价标准	指标性质
清偿能力评价	利息备付率（ICR）	ICR＞1	静态价值性指标
	偿债备付率（DSCR）	DSCR＞1	静态价值性指标
	借款偿还期（LRP）	只是为估算利息备付率和偿债备付率指标所用	静态价值性指标
	资产负债率	比率越低，偿债能力越强。但其高低还反映了项目利用负债资金的程度，因此该指标水平应适中	静态价值性指标
	流动比率	一般在 2：1 较好	静态价值性指标
	速动比率	一般为 1 左右较好	静态价值性指标

3.4.3.1　财务盈利能力评价指标

财务盈利能力评价主要考察投资项目投资的盈利水平。为达到此目的，需编制投资现金流量表、自有资金现金流量表和损益表三个基本财务报表。

盈利能力评价的主要指标包括项目投资财务内部收益率、财务净现值、投资回收期、总投资收益率和项目资本金净利润率等，可根据项目的特点及财务评价的目的和要求等选用。

① 财务内部收益率（FIRR）是指能使项目计算期内净现金流量现值累计等于零时的折现率，即 FIRR 作为折现率使式（3-29）成立：

$$\sum_{t=1}^{n}(CI - CO)_t(1 + FIRR)^{-t} = 0 \qquad (3\text{-}29)$$

式中　　　CI——现金流入量；

　　　　　CO——现金流出量；

　　　FIRR——财务内部收益率；

$(CI-CO)_t$——第 t 年的净现金流量；

　　　　　n——项目计算期。

当财务内部收益率大于或等于所设的判断基准 i_c（通常称为基准收益率）时，项目方案在财务上可考虑接受。

② 财务净现值（FNPV）是指按设定的折现率（一般采用基准收益率）计算的项目计算期内净现金流量的现值之和，可按式（3-30）计算：

$$FNPV = \sum_{t=1}^{n}(CI - CO)_t(1 + i_e)^{-t} \qquad (3\text{-}30)$$

式中　FNPV——财务净现值；

　　　i_e——设定的折现率（同基准收益率）。

一般情况下，财务盈利能力评价只计算项目投资财务净现值，可根据需要选择计算所得税前净现值或所得税后净现值。按照设定的折现率计算的财务净现值大于或等于零时，项目方案在财务上可考虑接受。

③ 项目静态投资回收期（P_t）是指在不考虑资金时间价值的条件下以项目的净收益回收项目投资所需要的时间，一般以"年"为单位。项目投资回收期宜从项目建设开始算起，若从项目投产开始年计算，应予以特别注明。项目静态投资回收期可采用式（3-31）表达：

$$\sum_{t=1}^{P_t}(CI-CO)_t = 0 \qquad (3\text{-}31)$$

式中　　P_t——静态投资回收期；

$\quad\quad\quad CI$——现金流入量；

$\quad\quad\quad CO$——现金流出量；

$(CI-CO)_t$——第 t 年的净现金流量。

项目静态投资回收期可借助项目投资现金流量表计算。项目投资现金流量表中累计净现金流量由负值变为零的时点，即为项目的投资回收期。投资回收期应按式（3-32）计算：

$$P_t = T-1+\frac{\left|\sum_{i=1}^{T-1}(CI-CO)_i\right|}{(CI-CO)_T} \qquad (3\text{-}32)$$

式中　T——各年累计净现金流量首次为正值或零的年数。其余同式（3-31）。

投资回收期短，表明项目投资回收快，抗风险能力强。

④ 项目动态投资回收期（P'_t）是指在计算回收期时考虑了资金的时间价值，采用式（3-33）表达：

$$\sum_{t=1}^{P'_t}(CI-CO)_t = 0 \qquad (3\text{-}33)$$

式中　P'_t——动态投资回收期；

动态投资回收期更为实用的计算公式为：

$$P'_t = T-1+\frac{\left|\sum_{i=1}^{T-1}(CI-CO)_i\right|}{(CI-CO)_T} \qquad (3\text{-}34)$$

式中　T——各年累计净现金流量首次为正值或零的年数。其余同式（3-31）。

投资回收期短，表明项目投资回收快，抗风险能力强。

⑤ 总投资收益率（ROI）表示总投资的盈利水平，是指项目达到设计能力后正常年份的年息税前利润或运营期内年平均息税前利润（$EBIT$）与项目总投资（TI）的比率；总投资收益率应按式（3-35）计算：

$$ROI = \frac{EBIT}{TI}\times 100\% \qquad (3\text{-}35)$$

式中　$EBIT$——项目正常年份的年息税前利润或运营期内年平均息税前利润；

$\quad\quad\quad TI$——项目总投资。

总投资收益率高于同行业的收益率参考值，表明用总投资收益率表示的盈利能力满足要求。

⑥ 项目资本金净利润率（ROE）表示项目资本金的盈利水平，是指项目达到设计能力后正常年份的年净利润或运营期内年平均净利润（NP）与项目资本金（EC）的比率；项目资本金净利润率应按式（3-36）计算：

$$ROE = \frac{NP}{EC}\times 100\% \qquad (3\text{-}36)$$

式中　NP——项目正常年份的年净利润或运营期内年平均净利润；

$\quad\quad\quad EC$——项目资本金。

项目资本金净利润率高于同行业的净利润率参考值，表明用项目资本金净利润率表示的盈利能力满足要求。

3.4.3.2　偿债能力分析指标

对筹措了债务资金的项目，偿债能力考察的是项目能否按期偿还借款的能力。通过计算利息备付率和偿债备付率指标，判断项目的偿债能力。如果能够得知或根据经验设定所要求的借款偿还期，可直接计算利息备付率和偿债备付率指标；如果难以设定借款偿还期，也可以先大致估算出借款偿还期，再采用适宜的方法计算出每年需要还本和付息的金额，代入公式计算利息备付率和偿债备付率指标。

对使用债务性资金的项目，应进行偿债能力分析，考察法人能否按期偿还借款。

偿债能力分析应通过计算利息备付率（ICR）、偿债备付率（$DSCR$）、借款偿还期（LRP）、资产负债率（$LOAR$）、流动比率和速动比率等指标，分析判断财务主体的偿债能力。

① 利息备付率（ICR）是指在借款偿还期内的息税前利润（$EBIT$）与应付利息（PI）的比值，它从付息资金来源的充裕性角度反映项目偿付债务的保障程度，表示企业使用息税前利润偿付利息的保证倍率。应按式（3-37）计算：

$$ICR = \frac{EBIT}{PI} \times 100\% \qquad (3-37)$$

式中　$EBIT$——息税前利润；

$\quad\quad\ PI$——计入总成本费用的应付利息。

利息备付率适用于预先给定借款偿还期的技术方案。

利息备付率应分年计算。利息备付率高，表明利息偿付的保障程度高。正常情况下利息备付率应当大于 1，并结合债权人的要求确定。当利息备付率低于 1 时，表示企业没有足够资金支付利息，偿债风险很大。

② 偿债备付率（$DSCR$）是指在借款偿还期内，用于计算还本付息的资金（$EBITDA - T_{AX}$）与应还本付息金额（PD）的比值，它表示可用于还本付息的资金偿还借款本息的保障程度，应按式（3-38）计算：

$$DSCR = \frac{EBITDA - T_{AX}}{PD} \times 100\% \qquad (3-38)$$

式中　$EBITDA$——息税前利润加折旧和摊销；

$\quad\quad\ T_{AX}$——企业所得税；

$\quad\quad\ PD$——应还本付息金额，包括还本金额和计入总成本费用的全部利息。融资租赁费用可视同借款偿还。运营期内的短期借款本息也纳入计算。

如果项目在运营期内有维持运营的投资，可用于还本付息的资金应扣除维持运营的投资。

偿债备付率适用于预先给定借款偿还期的技术方案。

偿债备付率应分年计算，偿债备付率高，表明可用于还本付息的资金保障程度高。

正常情况偿债备付率应大于 1，并结合债权人的要求确定。当指标小于 1 时表示企业当年资金来源不足以偿付当期债务，需要通过短期借款偿付已到期债务。

③ 借款偿还期（P_d）是指根据国家财税规定及技术方案的具体财务条件，以可作为偿

还贷款的收益（利润、折旧、摊销费及其他收益）来偿还技术方案投资借款本金和利息所需要的时间。它是反映技术方案借款偿债能力的重要指标。公式如下：

$$I_d = \sum_{t=0}^{P_d} (B + D + R_o - B_r)_t \qquad (3-39)$$

式中　P_d——借款偿还期（从借款开始年计算；当从投产年算起时，应予注明）；

　　　I_d——投资借款本金和利息（不包括已有自有资金支付的部分）之和；

　　　B——第 t 年可用于还款的利润；

　　　D——第 t 年可用于还款的折旧和摊销费；

　　　R_o——第 t 年可用于还款的其他收益；

　　　B_r——第 t 年企业留利。

在实际工作中，借款偿还期还可通过借款还本付息计算表推算，以"年"表示。公式如下：

$$P_d = （借款偿还开始出现盈余年份-1）+ \frac{盈余当年应偿还借款额}{盈余当年可用于还款的余额} \qquad (3-40)$$

借款偿还期指标适用于不预先给定借款偿还期限，且按最大偿还能力计算还本付息的技术方案。

实际工作中，由于偿债能力分析注重法人的偿债能力而不是技术方案，因此在《建设项目经济评价方法与参数（第三版）》中将借款偿还期指标取消。

④ 资产负债率（$LOAR$）是指各期末负债总额（TL）同资产总额（TA）的比率，应按式（3-41）计算：

$$LOAR = \frac{TL}{TA} \times 100\% \qquad (3-41)$$

式中　TL——期末负债总额；

　　　TA——期末资产总额。

适度的资产负债率，表明企业经营安全、稳健，具有较强的筹资能力，也表明企业和债权人的风险较小。对该指标的分析，应结合国家宏观经济状况、行业发展趋势、企业所处竞争环境等具体条件判断。项目财务分析中，在长期债务还清后，可不再计算资产负债率。

⑤ 流动比率是流动资产与流动负债之比，反映法人偿还流动负债的能力，按式（3-42）计算：

$$流动比率 = \frac{流动资产}{流动负债} \times 100\% \qquad (3-42)$$

⑥ 速动比率是速动资产与流动负债之比，反映法人在短期内偿还流动负债的能力，按式（3-43）计算：

$$速动比率 = \frac{速动资产}{流动负债} \times 100\% \qquad (3-43)$$

式中，速动资产＝流动资产－存货。

指标体系根据计算项目财务评价指标时是否考虑资金时间价值，分为静态指标和动态指标两类。静态评价指标主要用于技术经济数据不完备和不精确的方案初选阶段，或对寿命期比较短的方案进行评价，包括静态投资回收期、借款偿还期、投资利润率、投资利税率、资本金利润率、资产负债率、流动比率、速动比率；动态指标用于方案最后决策前的详细可行性研究阶段，或对寿命期较长的方案进行评价，包括动态投资回收期、财务净现值、财务内部收益率。

3.4.4 不确定性分析

项目经济评价所采用的数据大部分来自预测和估算，具有一定程度的不确定性，为分析不确定性因素变化对评价指标的影响，估计项目可能承担的风险，应进行不确定性分析。不确定性分析主要包括盈亏平衡分析和敏感性分析。

3.4.4.1 盈亏平衡分析

盈亏平衡分析指通过计算项目达产年的盈亏平衡点，分析项目成本与收入的平衡关系，判断项目对产出品数量变化的适应能力和抗风险能力。盈亏平衡分析只用于财务分析。

盈亏平衡分析的目的是寻找盈亏平衡点，据此判断项目风险大小及对风险的承受能力，为投资决策提供科学依据。盈亏平衡点（BEP）就是盈利与亏损的分界点。可采用生产能力利用率或产量表示，按式(3-44)、式(3-45)计算：

$$BEP_{生产能力利用率} = \frac{年固定成本}{年营业收入 - 年可变成本 - 年营业税金及附加} \times 100\% \quad (3\text{-}44)$$

$$BEP_{产量} = \frac{年固定总成本}{单位产品价格 - 单位产品年可变成本 - 单位产品营业税金及附加} \quad (3\text{-}45)$$

当采用含增值税价格时，式中分母还应扣除增值税。

3.4.4.2 敏感性分析

敏感性分析指通过分析不确定性因素发生增减变化时，对财务或经济评价指标的影响，并计算敏感度系数和临界点，找出敏感因素。通常只进行单因素敏感性分析。计算敏感度系数和临界点应符合下列要求。

① 敏感度系数（S_{AF}）指项目评价指标变化率与不确定性因素变化率之比，可按式(3-46)计算：

$$S_{AF} = \frac{\Delta A / A}{\Delta F / F} \quad (3\text{-}46)$$

式中　$\Delta F / F$——不确定性因素 F 的变化率；

$\Delta A / A$——不确定性因素 F 发生 ΔF 变化时，评价指标 A 的相应变化率。

② 临界点（转换值）指不确定因素的变化使项目由可行变为不可行的临界数值，一般采用不确定性因素相对基本方案的变化率或其对应的具体数值表示。

技能训练

一、单项选择题

1. 建设项目规模的选择是否合理关系到项目的成败，决定了项目工程造价的合理与否。影响项目规模合理化的制约因素主要包括（　　）。

    A. 资金因素、技术因素和环境因素　　　　B. 资金因素、技术因素和市场因素

    C. 市场因素、技术因素和环境因素　　　　D. 市场因素、环境因素和资金因素

2. 对于铁矿石、大豆等初步加工建设工程项目，在进行建设地区选择时应遵循的原则是（　　）。

　　A. 靠近大中城市　　　　　　　　　　B. 靠近燃料提供地

　　C. 靠近产品消费地　　　　　　　　　D. 靠近原料产地

3. 对于煤炭项目，确定合理规模时，除市场因素、技术因素外，还应考虑的因素是（　　）。

　　A. 资源合理开发利用要求和资源可采储量　　B. 地质条件

　　C. 建设条件　　　　　　　　　　　　D. 占用地方

4. 在项目建设规模的确定过程中，首要考虑的因素是（　　）。

　　A. 技术因素　　　　　　　　　　　　B. 市场因素

　　C. 环境因素　　　　　　　　　　　　D. 效益因素

5. 项目投资估算精度要求在$\pm 10\%$的阶段是（　　）。

　　A. 投资设想　　　　　　　　　　　　B. 机会研究

　　C. 初步可行性研究　　　　　　　　　D. 详细可行性研究

6. 按照生产能力指数法（$x=0.8$，$f=1.1$），如将设计中的化工生产系统的生产能力提高到三倍，投资额将增加（　　）。

　　A. 118.9%　　　　　　　　　　　　　B. 158.3%

　　C. 164.9%　　　　　　　　　　　　　D. 191.5%

7. 下列投资估算方法中，属于以设备费为基础估算建设项目固定资产投资的方法是（　　）。

　　A. 生产能力指数法　　　　　　　　　B. 朗格系数法

　　C. 指标估算法　　　　　　　　　　　D. 定额估算法

8. 2000年已建成年产10万吨的某钢厂，其投资额为4000万元，2004年拟建生产50万吨的钢厂项目，建设期为2年，自2000年至2004年每年平均造价指数递增4%，预计建设期2年平均造价指数递减5%，估算拟建钢厂的静态投资额为（　　）万元（生产能力指数$x=0.8$）。

　　A. 16958　　　　　　　　　　　　　　B. 16815

　　C. 14496　　　　　　　　　　　　　　D. 15304

二、多项选择题

1. 关于建设项目决策与工程造价的关系，说法正确的是（　　）。

　　A. 项目决策的正确性是工程造价合理性的前提

　　B. 项目决策的内容是决定工程造价的基础

　　C. 造价高低、投资多少对项目决策的影响相对较小

　　D. 项目决策的深度影响投资估算的精确度

　　E. 项目决策的深度与工程造价的控制效果无关

2. 项目建设地区选择应遵循的基本原则是（　　）。

　　A. 靠近原料和燃料地原则　　　　　　B. 靠近产品消耗地原则

　　C. 节约土地原则　　　　　　　　　　D. 工业项目适当聚集原则

　　E. 工业项目集中布局原则

3. 可行性研究的作用包括（　　）。

　　A. 作为编制投资估算的依据　　　　　B. 作为项目投资决策的依据

C. 作为编制投资文件的依据　　　　　　D. 作为银行贷款的依据

E. 有关部门项目审批的依据

4. 技术方案选用的基本原则包括（　　　）。

A. 节约能源　　　　　B. 先进适用　　　　　C. 价格低廉

D. 经济合理　　　　　E. 安全可靠

5. 下列可用于工程建设静态投资估算的是（　　　）。

A. 指标估算法　　　　B. 比例估算法　　　　C. 系数估算法

D. 成本估算法　　　　E. 生产能力指数估算法

三、思考题

1. 建设项目决策阶段影响工程造价的主要因素有哪些？

2. 可行性研究报告的作用和内容有哪些？

3. 为了进行投资项目的经济效果分析，需编制的财务报表主要有哪些？

4. 投资估算的方法有哪些？

5. 建设项目财务评价指标有哪些？

模块四 建设项目设计阶段的工程造价管理

知识目标

- 掌握运用价值工程优化设计方案的方法
- 掌握设计概算和施工图预算的编制与审查方法
- 熟悉建设工程设计与工程造价之间的关系
- 熟悉设计方案评价的内容与方法
- 了解进行建设工程设计优化的途径
- 了解标准化设计和限额设计的过程和方法

技能目标

- 能够进行设计方案的评比与优化
- 能够应用价值工程原理进行工程设计方案的比选
- 能够编制设计概算和施工图预算

学习重点

- 价值工程
- 设计概算
- 施工图预算

在对项目作出投资决策后，设计就成为工程造价控制的关键阶段。据统计，设计阶段对整个项目工程造价的影响程度达到约35%～75%，技术先进、经济合理的工程设计，可以降低工程造价约10%～20%。因此设计阶段的工程造价控制具有十分重要的意义。本模块介绍设计阶段影响工程造价的因素，强调设计阶段工程造价控制的重要意义，特别强调价值工程在设计阶段的应用。对建设项目设计阶段的工程造价文件——设计概算和施工图预算的编制原则、方法和审查进行了介绍，为本阶段工程造价管理提供依据。

4.1 概述

4.1.1 工程设计含义、阶段划分及程序

4.1.1.1 工程设计的含义

工程设计是指在工程开始施工之前，设计者根据已批准的设计任务书，为具体实现拟建项目的技术、经济要求，拟定建筑、安装及设备制造等所需的规划、图纸、数据等技术文件的工作。设计是建设项目由计划变为现实具有决定意义的工作阶段。设计文件是建筑安装施工的依据，拟建工程在建设过程中能否保证进度、保证质量和节约投资，很大程度上取决于设计质量的优劣。工程建成后，能否获得满意的经济效果，除了项目决策外，设计工作起着决定性作用。

4.1.1.2 工程设计的阶段划分

为保证工程建设和设计工作有机地配合和衔接，将工程设计分为几个阶段。根据国家有关文件的规定，一般工业项目可分为初步设计和施工图设计两个阶段进行，称为"两阶段设计"；对于技术复杂、设计难度大的项目，可按初步设计、技术设计和施工图设计三个阶段进行，称为"三阶段设计"。小型工程建设项目，技术上简单的，经项目主管部门同意可以简化"施工图设计"；大型复杂建设项目，除按规定分阶段进行设计外，还应该进行总体规划设计或总体设计。

民用建筑项目一般分为方案设计、初步设计和施工图设计三个阶段。对于技术上简单的民用建筑工程，经有关部门同意，并且合同中有可不做技术设计的约定，可在方案设计审批后直接进入施工图设计。

4.1.1.3 工程设计程序

设计工作的重要原则之一是保证设计的整体性，因此设计必须按以下程序分阶段进行。

（1）设计准备 首先要了解并掌握项目各种有关的外部条件和客观情况：包括自然条件，城市规划对建设物的要求，基础设施状况，业主对工程的要求，对工程经济估算的依据，所能提供的资金、材料、施工技术和装备等以及可能影响工程的其他客观因素。

（2）初步方案 设计者对工程主要内容的安排有个大概的布局设想，然后要考虑工程与周围环境之间的关系。在这一阶段设计者同使用者和规划部门充分交换意见，最后使自己的设计符合规划的要求，取得规划部门的同意，与周围环境有机融为一体。对于不太复杂的工程，这一阶段可以省略，把有关的工作并入初步设计阶段。

（3）初步设计 这是设计过程中的一个关键性阶段，也是整个设计构思基本形成的阶段。此阶段应根据批准的可行性研究报告和可靠的设计基础资料进行编制，综合考虑建筑功能、技术条件、建筑形象及经济合理性等因素提出设计方案，并进行方案的比较和优选，确

定较为理想的方案。初步设计阶段包括总平面设计、工艺设计和建筑设计三部分。在初步设计阶段应编制设计概算。

（4）技术设计　技术设计是初步设计的具体化，也是各种技术问题的定案阶段。技术设计的详细程度应能满足确定设计方案中重大技术问题和有关实验、设备选制等方面的要求，应能保证根据它可编制施工图和提出设备订货明细表。应根据批准的初步设计文件进行编制，并解决初步设计尚未完全解决的具体技术问题。如果对初步设计阶段所确定的方案有所更改，应对更改部分编制修正概算书。经批准后的技术图纸和说明书即为编制施工图、主要材料设备订货及工程拨款的依据文件。

（5）施工图设计　这一阶段主要是通过图纸，把设计的意图和全部设计结果表达出来，解决施工中的技术措施、用料及具体做法，作为工人施工制作的依据。施工图设计的深度应能满足设备、材料的选择与确定、非标准设备的设计与加工制作、施工图预算的编制、建筑工程施工和安装的要求。此阶段编制施工图预算工程造价控制文件。

（6）设计交底和配合施工　施工图发出后，根据现场需要，设计单位应派人到施工现场，与建设、施工单位共同会审施工图，进行技术交底，介绍设计意图和技术要求，修改不符合实际和有错误的图纸，参加试运转和竣工验收，解决试运转过程中的各种技术问题，并检验设计的正确和完善程度。

为确保固定资产投资及计划的顺利完成，在各个设计阶段编制相应工程造价控制文件时要注意技术设计阶段的修正设计概算应低于初步设计阶段的设计概算，施工图设计阶段的施工图预算应低于技术设计阶段的修正设计概算，各阶段逐步由粗到细确定工程造价，经过分段审批，层层控制工程造价，以保证建设工程造价不突破批准的投资限额。

4.1.2　设计阶段影响工程造价的因素

不同类型的建筑，使用目的及功能要求不同，影响设计方案的因素也不相同。

工业建筑设计是由总平面设计、工艺设计及建筑设计三部分组成，它们之间相互关联和制约。因此影响工业建筑设计的因素从以上三部分考虑才能保证总设计方案经济合理。各部分设计方案侧重点不同，影响因素也略有差异。

民用建筑项目设计是根据建筑物的使用功能要求，确定建筑标准、结构形式、建筑物空间与平面布置以及建筑群体的配置等。

4.1.2.1　总平面设计

总平面设计是指总图运输设计和总平面配置。主要包括厂址方案、占地面积和土地利用情况；总图运输、主要建筑物和构筑物及公用设施的配置；水、电、气及其他外部协作条件等。

总平面设计是否合理对于整个设计方案的经济合理性有重大影响。正确合理的总平面设计可以大大减少建筑工程量，节约建设用地，节省建设投资，降低工程造价和项目运行后的使用成本，加快建设进度，可以为企业创造良好的生产组织、经营条件和生产环境；还可以为城市建设和工业区创造完美的建筑艺术整体。

总平面设计中影响工程造价的因素有以下几方面。

（1）占地面积　占地面积的大小一方面影响征地费用的高低，另一方面影响管线布置成本及项目建成后运营的运输成本。因此要注意节约用地，不占或少占农田，同时还要满足生产工艺过程的要求，适应建设地点的气候、地形、工程水文地质等自然条件。

（2）功能分区　无论是工业建筑还是民用建筑都由许多功能组成，这些功能之间相互联系和制约。合理的功能分区既可以使建筑物各项功能充分发挥，又可以使总平面布置紧凑、安全，避免大挖大填，减少土石方量和节约用地，还能使生产工艺流程顺畅，运输简便，能降低造价和项目建成后的运营费用。

（3）运输方式　不同运输方式运输效率及成本不同。有轨运输运量大，运输安全，但需要一次性投入大量资金；无轨运输无需一次性大规模投资，但是运量小，运输安全性较差。应合理组织场内外运输，选择方便经济的运输设施和合理的运输路线。从降低工程造价角度看，应尽可能选择无轨运输，但若考虑项目运营的需要，如果运输量较大，则有轨运输往往比无轨运输成本低。

4.1.2.2　工艺设计

一般来说先进的技术方案所需投资较大，劳动生产率较高，产品质量好。选择工艺技术方案时，应认真进行经济分析，根据我国国情和企业的经济与技术实力，以提高投资的经济效益和企业投产后的运营效益为前提，积极稳妥地采用先进的技术方案和成熟的新技术、新工艺，确定先进适度、经济合理、切实可行的工艺技术方案。

主要设备方案应与拟选的建设规模和生产工艺相适应，满足投产后生产的要求。设备质量、性能成熟，以保证生产的稳定和产品质量。设备选择应在保证质量性能前提下，力求经济合理。主要设备之间、主要设备与辅助设备之间的能力相互配套。选用设备时，应符合国家和有关部门颁布的相关技术标准要求。

4.1.2.3　建筑设计

建筑设计部分，要在考虑施工过程合理组织和施工条件的基础上，决定工程的立体平面设计和结构方案的工艺要求、建筑物和构筑物及公用辅助设施的设计标准，提出建筑工艺方案、暖气通风、给排水等问题简要说明。在建筑设计阶段影响工程造价的主要因素有以下几方面。

（1）平面形状　一般来说，建筑物平面形状越简单，其单位面积造价越低。不规则建筑物将导致室外工程、排水工程、砌砖工程及屋面工程等复杂化，从而增加工程费用。一般情况下建筑物周长与面积的比值 K（即单位建筑面积所占外墙长度）越低，设计越经济。K 值按圆形、正方形、矩形、T 形、L 形的次序依次增大。所以，建筑物平面形状的设计应在满足建筑物功能要求的前提下，降低建筑物周长与建筑面积之比，实现建筑物寿命周期成本最低的要求。除考虑到造价因素外，还应注意到美观、采光和使用要求方面的影响。

（2）流通空间　建筑物的经济平面布置的主要目标之一是在满足建筑物使用要求的前提下，将流通空间（门厅、过道、走廊、楼梯及电梯井等）减少到最小。但是造价不是检验设计是否合理的唯一标准，其他如美观和功能质量的要求也是非常重要的。

（3）层高　在建筑面积不变的情况下，层高增加会引起各项费用的增加。如墙体及有关粉刷、装饰费用提高；体积增加导致供暖费用增加等。

据有关资料分析，住宅层高每降低 10cm，可降低造价 1.2%～1.5%。单层厂房层高每增加 1m，单位面积造价增加 1.8%～3.6%，年度采暖费用增加约 3%；多层厂房层高每增加 0.6m，单位面积造价提高 8.3% 左右。由此可见，随着层高的增加，单位建筑面积造价也在不断增加。

单层厂房的层高主要取决于车间内的运输方式；多层厂房的层高应综合考虑生产工艺、采光、通风及建筑经济的因素，还应考虑能否容纳车间内最大生产设备和满足运输的要求。

（4）建筑物层数　建筑工程总造价随着建筑物层数增加而提高。建筑物层数对造价的影响，因建筑类型、形式和结构不同而不同。如果增加一个楼层不影响建筑物的结构形式，单位建筑面积的造价可能会降低。

多层住宅具有降低工程造价和使用费用以及节约用地等优点。如砖混结构的多层住宅，单方造价随着层数的增加而降低，6 层最经济；若超过 6 层需要增加电梯费用和补充设备（供水、供电等），尤其是高层住宅，要考虑较强的风力荷载，需要提高结构强度、改变结构形式，工程造价会大幅度上升。

工业厂房层数的选择应重点考虑生产性质和生产工艺的要求。对于需要跨度大和层度高，拥有重型生产设备和起重设备，生产时有较大振动及大量热和气散发的重型工业，采用单层厂房是经济合理的；对于工艺过程紧凑，设备和产品重量不大，并要求恒温条件的各种轻型车间，可采用多层厂房，以充分利用土地，节约基础工程量，缩短交通线路、工程管线和围墙的长度，降低单方造价。

确定多层厂房的经济层数主要有两个因素：一是厂房展开面积的大小，展开面积越大，层数越可提高；二是厂房宽度和长度，宽度和长度越大，则经济层数越能增高，造价也随之相应降低。

（5）柱网布置　柱网布置是确定柱子的行距（跨度）和间距（每行柱子中相邻两个柱子间的距离）的依据。柱网布置是否合理，对工程造价和厂房面积的利用效率都有较大的影响。对于单跨厂房，当柱间距不变时，跨度越大单位面积造价越低。对于多跨厂房，当跨度不变时，中跨数量越多越经济。

（6）建筑物的体积与面积　工程总造价往往会随着建筑物体积和面积的增加而提高。因此对于工业建筑，在不影响生产能力的条件下，厂房、设备布置力求紧凑合理；用先进工艺和高效能的设备，节省厂房面积；采用大跨度、大柱距的大厂房平面设计形式，提高平面利用系数。对于民用建筑，尽量减少结构面积比例，增加有效面积。住宅结构面积与建筑面积之比称为结构面积系数，这个系数越小，设计越经济。

（7）建筑结构　建筑结构是指建筑工程中由基础、梁、板、柱、墙、屋架等构件所组成的起骨架作用的、能承受直接和间接"荷载"的体系。建筑结构按所用材料可分为：砌体结构、钢筋混凝土结构、钢结构和木结构等。

建筑材料和建筑结构选择是否合理，不仅直接影响到工程质量、使用寿命、耐火抗震性能，而且对施工费用、工程造价有很大的影响。尤其是建筑材料，一般占直接费的 70%，降低材料费用，不仅可以降低直接费，而且也会导致间接费的降低。

4.1.3　设计阶段工程造价控制的重要意义

设计是建设项目由计划变为现实具有决定意义的工作阶段，工程项目建成后能否获得满意的经济效果，除了项目决策之外，设计阶段的工程造价控制也有重要的意义。

① 在设计阶段进行工程造价的计价分析可以使造价构成更合理，提高资金利用效率。在设计阶段工程造价的计价形式是编制设计概算，通过概算了解工程造价的构成，分析资金分配的合理性。并可以利用设计阶段各种控制工程造价的方法使经济与成本更趋于合理化。

② 在设计阶段进行工程造价的计价分析可以提高投资控制效率。编制设计概算可以了解工程各组成部分的投资比例。对于投资比例较大的部分应作为投资控制的重点，这样可以提高投资控制效率。

③ 在设计阶段控制工程造价会使控制工作更主动。设计阶段控制工程造价，可以使被动控制变为主动控制。设计阶段可以先开列新建建筑物每一部分或分项的计划支出费用的报表，即投资计划，然后当详细设计制定出来后，对照造价计划中所列的指标进行审核，预先发现差异，主动采取一些控制方法消除差异，使设计更经济。

④ 在设计阶段控制工程造价，便于技术与经济相结合。设计人员往往关注工程的使用功能，力求采用较先进的技术方法实现项目所需功能，对经济因素考虑较少。在设计阶段吸引控制造价的人员参与全过程设计，使设计一开始就建立在健全的经济基础之上，在做出重要决定时就能充分认识其经济后果。

⑤ 在设计阶段控制工程造价效果最显著。工程造价控制贯穿于项目建设全过程。设计阶段的造价对投资造价的影响程度很大。控制建设投资的关键在设计阶段，在设计一开始就将控制投资的思想植根于设计人员的头脑中，以保证选择恰当的设计标准和合理的功能水平。

4.2 设计方案的评价与优选

4.2.1 设计方案的评价原则

建筑工程设计方案评价就是对设计方案进行技术与经济分析、计算、比较和评价，从而选出技术上先进、结构上坚固耐用、功能上适用、造型上美观、环境上自然协调和经济合理的最优设计方案，为决策提供科学的依据。

为了提高工程建设投资效果，从选择建设场地和工程总平面布置开始，直至建筑结点的设计，都应进行多方案比选，从中选取技术先进、经济合理的最佳设计方案。设计方案优选应遵循以下原则。

① 设计方案必须要处理好经济合理性与技术先进性之间的关系。技术先进性与经济合理性有时是一对矛盾体，设计者应妥善处理好两者的关系，一般情况下，要在满足使用者要求的前提下，尽可能降低工程造价。

② 设计方案必须兼顾建设与使用并考虑项目全寿命费用。造价水平的变化会影响到项目将来的使用成本。如果单纯降低造价，建造质量得不到保障，就会导致使用过程中的维修费用很高，甚至有可能发生重大事故。在设计过程中应兼顾建设过程和使用过程，力求项目寿命周期费用最低。

③ 设计必须兼顾近期与远期的要求。一项工程建成后，往往会在很长时间内发挥作用，如果按照目前的要求设计工程，将来可能会出现由于项目功能水平无法满足需要而重新建造的情况。所以设计者要兼顾近期和远期的要求，选择项目合理的功能水平。

4.2.2 设计方案评价方法

4.2.2.1 多指标评价法

多指标评价法通过对反映建筑产品功能和耗费特点的若干技术经济指标的计算、分析、比较，评价计划方案的经济效果。分为多指标对比法和多指标综合评分法。

（1）多指标对比法　这是目前采用比较多的一种方法，其基本特点是使用一组适用的指标体系，将对比方案的指标值列出，然后一一进行对比分析，根据指标值的高低来分析判断方案的优劣。

利用这种方法首先需要将指标体系中的各个指标，按其在评价中的重要性分为主要指标和辅助指标。主要指标是能够比较充分反映工程的技术经济特点的指标，是确定工程项目经济效果的主要依据。辅助指标在技术经济分析中处于次要地位，是主要指标的补充。当主要指标不足以说明方案的技术经济效果优劣时，辅助指标就成为进一步进行技术经济分析的依据。

这种方法的优点是指标全面、分析确切，可通过各种技术经济指标定性或定量直接反映方案技术经济性能的主要方面。但不便于考虑对某一功能评价，不便于综合定量分析，容易出现某一方面有些指标较优，另一些指标较差，而另一方面则可能是有些指标较差，另一些指标较优，出现不同指标的评价结果不同的情况，从而使分析工作复杂化。

（2）多指标综合评分法　这种方法首先对需要进行分析评价的方案设定若干个评价指标，并按其重要程度确定各指标的权重，然后确定评分标准，并就各设计方案对各指标的满足程度打分，最后计算各方案的加权得分。以加权得分高者为最优设计方案。其计算公式为：

$$S = \sum W_n \cdot S_n \ (n = 1 \sim \infty) \tag{4-1}$$

式中　S——设计方案总得分；

S_n——某方案在评价指标 n 上的得分；

W_n——评价指数 n 的权重；

n——评价指标数。

这种方法的优点在于避免了多指标对比法指标间可能发生相互矛盾的现象，评价结果是唯一的。但是在确定权重及评分过程中存在主观臆断成分，同时，由于分值是相对的，因而不能直接判断出各方案的各项功能实际水平。

4.2.2.2 静态投资效益评价法

静态投资效益评价法不考虑资金占用时间价值，包括投资回收期法和计算费用法两种方法。

（1）投资回收期法　投资回收期反映初始投资的补偿速度，是衡量设计方案优劣的重要依据，投资回收期越短设计方案越好。

　　不同设计方案的比较、选择实际上是互斥方案的选择和比较,首先要考虑到方案可比性问题。当互相比较的各设计方案能满足相同的需要时,就只需比较它们的投资和经营成本的大小,用差额投资回收期比较。

　　差额投资回收期是指在不考虑时间价值的情况下,用投资大的方案比投资小的方案所节约的经营成本,来回收差额投资所需要的期限。两个方案年业务量相同的情况下其计算公式为:

$$\Delta P_t = \frac{K_2 - K_1}{C_1 - C_2} \tag{4-2}$$

式中　K_2——方案 2 的投资额;

　　　K_1——方案 1 的投资额,且 $K_2 > K_1$;

　　　C_2——方案 2 的年经营成本;

　　　C_1——方案 1 的年经营成本,且 $C_1 > C_2$;

　　　ΔP_t——差额投资回收期。

　　当 $\Delta P_t \leqslant P_c$(基准投资回收期)时,投资大的方案优;反之,投资小的方案优。

　　如果两个比较方案的年业务量不同,则需将投资和经营成本转化为单位业务量的投资和成本,然后再计算差额投资回收期,进行方案比较、选择。其计算公式为:

$$\Delta P_t = \frac{\dfrac{K_2}{Q_2} - \dfrac{K_1}{Q_1}}{\dfrac{C_1}{Q_1} - \dfrac{C_2}{Q_2}} \tag{4-3}$$

　　式中,Q_1、Q_2 分别为各设计方案的年业务量,其他符号含义同式(4-2)。

　　(2) 计算费用法　评价设计方案的优劣应考虑工程的全寿命费用。全寿命费用不仅包括初始建设费,还包括运营期的费用。但是初始投资和运营期的费用是两类不同性质的费用,两者不能直接相加。一种合乎逻辑的计算费用方法是将二次性投资与经常性的经营成本统一为一种性质的费用,可直接用来评价设计方案的优劣。

　　① 总计算费用法。其计算公式为:

$$K_2 + P_c C_2 \leqslant K_1 + P_c C_1 \tag{4-4}$$

　　其中,K 表示项目总投资,C 表示年经营成本,P_C 表示基准投资回收期。令 $TC_1 = K_1 + P_c C_1$,$TC_2 = K_2 + P_c C_2$ 分别表示方案 1、方案 2 的总计算费用,则总计算费用最小的方案最优。

　　② 年计算费用法。差额投资回收期的倒数就是差额投资效果系数。

$$\Delta R = \frac{C_1 - C_2}{K_2 - K_1} (K_2 > K_1, C_2 < C_1) \tag{4-5}$$

　　当 $\Delta R \geqslant R_c$(基准投资效果系数)时,方案 2 优于方案 1。

　　将 $\Delta R = \dfrac{C_1 - C_2}{K_2 - K_1} \geqslant R_c$ 移项整理得计算公式为:

$$C_1 + R_c K_1 \geqslant C_2 + R_c K_2$$

　　令 $A_c = C + R_c K$ 表示投资方案的年计算费用,则年计算费用越小的方案越优。

4.2.2.3　动态经济评价指标

　　动态经济评价指标是考虑时间价值的指标。对于寿命期相同的设计方案比较,可采用净现值法、净年值法、差额内部收益率法等。对于寿命期不同的设计方案比较，可以采用净年值法。净年值（Net Annual Value，简称 NAV）又称等额年值或等额年金，是以基准收益率将项目计算期内净现金流量等值换算而成的等额年值。净年值与净现值的相同之处是两者都要在给出的基准收益率基础上进行计算；不同之处是，净现值把投资过程的现金流量折算为基准期现值，而净年值把现金流量折算为等额年值，主要用于寿命期不同的多方案评价与比较，特别是寿命周期相差较大的多方案评价与比较。

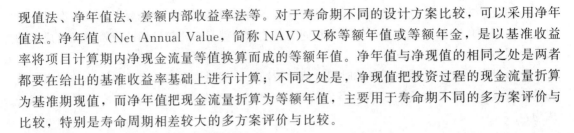

4.2.3 工程设计方案的优化途径

4.2.3.1 设计招标和设计方案竞选

（1）设计招标　建设单位或招标代理机构首先就拟建设计任务编制招标文件，并通过报刊、网络或其他媒体发布招标会，吸引设计单位参加设计招标或设计方案竞选，然后对投标单位进行资格审查，并向合格的设计单位发售招标文件，组织投标单位勘察工程现场，解答投标提出的问题。投标单位编制并投送标书。建设单位或招标代理机构组织开标和评标活动，择优确定中标设计单位并发出中标通知，双方签订设计委托合同。

设计招标鼓励竞争，促使设计单位改进管理，采用先进技术，降低工程造价，提高设计质量。也有利于控制项目建设投资和缩短设计周期，降低设计费用，提高投资效益。

设计招投标是招标方和投标方之间的经济活动，其行为受到我国《招标投标法》的保护和监督。

（2）设计方案竞选　建设单位或招标代理机构竞选文件一经发出，不得擅自变更其内容或附加文件，参加方案竞选的各设计单位提交设计竞选方案后，建设单位组织有关人员和专家组成评定小组对设计方案按规定的评定方法进行评审，从中选择技术先进，功能全面，结构合理，安全适用，满足建筑节能及环保要求，经济美观的设计方案。综合评定各设计方案优劣，从中选择最优的设计方案，或将各方案的可取之处重新组合，提出最佳方案。

方案竞选有利于设计方案的选择和竞争，建设单位选用设计方案的范围广泛，同时，参加方案竞选的单位想要在竞争中获胜，就要有独创之处，中选项目所做出的设计概算一般能控制在竞选文件规定的投资范围内。

4.2.3.2 价值工程

（1）价值工程概念　价值工程是一门科学现代化管理技术，是一项新兴的技术与经济结合的分析方法，它广泛应用于产品设计与工艺，提高项目建设经济效果，研究用最少的成本支出实现必要功能，从而达到提高产品价值。

在工程设计过程中，客观上存在两个问题：一是工程的目标和效果，二是工程建设所付出的成本费用。价值工程不单纯追求降低成本，也不片面追求提高功能，而是要求提高它们之间的比值。

价值工程是通过各相关领域的协作，对研究对象的功能与费用进行系统分析。分析项目功能和成本之间的关系，力求以最低的项目寿命周期投资实现项目的必要功能的有组织的活动。

价值工程中的"价值"指使用价值，是功能和实现这个功能的全部费用的比值，可用公式表示如下：

$$V = \frac{F}{C} \tag{4-6}$$

式中　V——价值；

　　　F——功能；

　　　C——成本或费用。

价值工程的目的是要从技术与经济的结合上改进和创新产品，使产品既要在技术上可靠实现，又要在经济上所支付费用最小，达到两者的最佳结合。根据价值的表达式，提高产品的价值有以下五种途径。

① 提高功能水平的同时，降低成本；

② 保持成本不变的情况下，提高功能水平；

③ 保持功能水平不变的情况下，降低成本；

④ 成本稍有增加，但功能水平大幅度提高；

⑤ 功能水平稍有下降，但成本大幅度下降。

（2）价值工程的工作程序　价值工程是一项有组织的管理活动，涉及面广，研究过程复杂，必须按照一定的程序进行。价值工程的程序分为 4 个阶段、12 个步骤，见表 4.1。

表 4.1　价值工程的程序

阶段	步骤	回答的问题
准备阶段	对象选择	对象是什么？
	组织价值工程领导小组	
	制定工作计划	
分析阶段	收集整理相关信息资料	该对象的用途是什么？成本和价值是多少？
	功能系统分析	
	功能评价	
创新阶段	方案创新	是否有替代方案？新方案的成本是多少？
	方案评价	
	提案编写	
实施阶段	审批	新方案能否满足要求？是否需要继续改进？
	实施与检查	
	成果鉴定	

价值工程的工作程序如下。

① 对象选择；

② 组织价值工程领导小组，并制定工作计划；

③ 收集整理相关的信息资料；

④ 功能系统分析；

⑤ 功能评价；

⑥ 方案创新及评价；

⑦ 由主管部门组织审批；

⑧ 方案实施与检查。

（3）设计阶段实施价值工程的意义　在设计阶段，实施价值工程的意义重大，尤其是对于建筑工程。一方面，建筑产品具有单件性的特点，工程设计也是一次性的，一旦图纸已经设计完成，产品的价值就基本决定了，这时再进行价值工程分析就变得很复杂，而且效果也不好。另一方面，在设计过程中涉及多部门多专业工种，就一项简单的民用住宅工程设计来说，就要涉及建筑、结构、电气、给排水、供暖、煤气等专业工种。在工程设计过程中，每个专业都各自独立进行设计，势必会产生各个专业工程设计的相互协调问题。通过实施价值工程，不仅可以保证各专业工种的设计符合各种规范和用户的要求，而且可以解决各专业工种设计的协调问题，得到整体合理和优良的方案。设计阶段实施价值工程的意义有以下三个方面。

① 价值工程可以使建筑产品的功能更合理。工程设计实质上就是对建筑产品的功能进行设计，而价值工程的核心就是功能分析。通过实施价值工程，可以使设计人员更准确地了解用户所需及建筑产品各项功能之间的比重，从而使设计更加合理。

② 可以有效地控制工程造价。开展价值工程需要对研究对象的功能与成本之间关系进行系统分析，设计人员参与价值工程，可以避免在设计过程中只重视功能而忽略成本的倾向。在明确功能的前提下，发挥设计人员的创造精神，提出各种实施功能的方案，从中选取最合理的方案。这样既保证了用户所需功能的实现，又有效地控制了工程造价。

③ 可以节约社会资源。开展价值工程对设计方案进行论证，可以评价设计技术是否先进，功能是否满足需要，经济是否合理，使用上是否安全可靠，便于投资者确定设计方案，少走弯路，节约社会资源。

（4）价值工程在新建项目不同设计方案优选中的应用　在新建项目设计中应用价值工程与一般工业产品中应用价值工程略有不同，因为建设项目具有单件性和一次性的特点。利用其他项目的资料选择价值工程研究对象，效果较差。而设计主要是对项目的功能及实现手段进行设计，因此，整个设计方案就可以作为价值工程研究对象。在设计阶段实施价值工程的步骤一般有以下四项。

① 功能分析。建筑功能是指建筑产品满足社会需要的各种性能的总和。不同的建筑产品有不同的使用功能，它们通过一系列建筑因素体现出来，反映建筑物的使用要求。建筑产品的功能一般分为社会性功能、适用性功能、技术性功能、物理性功能和美学功能五类。功能分析首先应明确项目各类功能具体有哪些，哪些是主要功能，并对功能进行定义和整理，绘制功能系统图。比较各项功能的重要程度，计算各项功能评价系数，作为该功能的重要度权数。

② 功能评价。要是比较各项功能的重要程度，可用0～1评分法、0～4评分法或其他评分法计算各项功能评价系数，作为该功能的重要度权数。

0～1评分法的计算权重原则是将功能的重要性互相比较。不论两者的重要程度相差有多大，较重要的得1分，较不重要的得0分。这样计算结果可能出现总分得0分的功能，其权重即为0。为了避免这种情况的出现，将各功能的总得分都加1后再除以修正后的总得分，得出各功能权重。

0～4评分法的计算权重原则是将功能的重要性互相比较。很重要的功能得4分，相对很不重要的得0分；较重要的功能得3分，相对较不重要的得1分；同样重要的各得2分。

③ 方案创新。根据功能分析的结果，提出各种实现功能的方案。

④ 方案评价。以方案创新中提出的各种方案对各项功能的满足程度打分，然后以功能评价系数作为权数计算各方案的功能评价得分。最后再计算各方案的价值系数，以价值系数最大者为最优。

4.2.3.3　推广标准化设计

标准化设计又称定型设计、通用设计，是工程建设标准化的组成部分。标准化设计来源于工程建设实际经验和科技成果，是将大量成熟的、行之有效的实际经验和科技成果，按照统一简化、协调优选的原则，提炼上升为设计规范和设计标准。所以设计质量比一般工程设计质量要高。另外，由于标准化设计采用的都是标准构配件，建筑构配件和工具式模板的制作过程可以从工地转移到专门的工厂中批量生产，使施工现场变成"装配车间"和机械化浇筑场所，把现场的工程量压缩到最小程度。由于标准构配件的生产是在工厂内批量生产，可以发挥规模经济的作用，节约建筑材料。设计过程中，采用标准构件，可以节省设计力量，加快设计图纸的提供速度，压缩设计时间，从而使施工准备工作和定制构件等生产准备工作提前。

标准化设计可以提高劳动生产率，加快工程建设进度；可以节约建筑材料，降低工程造价，是提高设计质量、加快实现建筑工业化的客观要求。合理的设计规范能最大限度保障生命财产安全。标准化设计是经过多次反复实践，加以检验和补充完善的，所以能较好地贯彻国家技术经济政策，密切结合自然条件和技术发展水平，合理利用能源资源，充分考虑施工生产、使用维修的要求，既经济又优质。

4.2.3.4　限额设计

（1）限额设计的概念　限额设计就是按照项目设计任务书批准的投资估算额进行初步设计，按照初步设计概算造价限额进行施工图设计，各专业在保证达到使用功能的前提下，按分配的投资限额控制设计，严格控制技术设计和施工图设计的不合理变更，保证总投资限额不被突破。限额设计即资金一定的情况下，尽可能提高工程功能水平的一种设计方法。推行限额设计有利于处理好技术与经济的关系，提高设计质量，优化设计方案，有利于增强设计单位的责任感。

（2）限额设计的目标　限额设计目标是在初步设计开始前，根据批准的可行性研究报告及其投资估算确定的。由于工程设计是一个从概念到实施的不断认识的过程，控制限额的提出难免会产生偏差或错误，因此限额设计应以合理的限额为目标。目标值过低会造成这个目标值被突破，限额设计无法实现；目标值过高会造成投资浪费现象。然后以系统工程理论为基础，应用现代数学方法对工程设计方案、设备造型、参数匹配、效益分析等方面进行优化设计，确保限额目标的实现。

（3）限额设计的控制内容　限额设计控制工程造价可以从纵向控制和横向控制两个角度入手。限额设计的纵向控制指在设计工作中，根据前一设计阶段的投资确定控制后一设计阶段的投资控制额。具体来说，可行性研究阶段的投资估算作为初步设计阶段的投资限额，初步设计阶段的设计概算作为施工图设计阶段的投资限额。即按照限额设计过程从前往后依次进行控制，成为纵向控制。具体包括以下几个阶段。

① 投资分解。设计任务书获批准后，设计单位在设计之前应在设计任务书的总框架内

将投资先分解到各专业，然后再分配到各单项工程和单位工程，作为进行初步设计的造价控制目标。

② 初步设计阶段的限额设计。初步设计应严格按分配的造价控制目标进行设计。在初步设计开始前，项目总设计师应将设计任务书规定的设计原则、建设方针和投资限额向设计人员交底，将投资限额分专业下达到设计人员，发动设计人员认真研究实现投资限额的可能性，切实进行多方案比选，从中选出既能达到工程要求，也不超过投资限额的方案，作为初步设计方案。

③ 施工图设计阶段的限额控制。在施工图设计中，无论是建设项目总造价，还是单项工程造价，均不应该超过初步设计概算造价。设计单位按照造价控制目标确定施工图设计的构造，选用材料和设备。进行施工图设计应把握两个标准，一个是质量标准，一个是造价标准，并应做到两者协调一致，相互制约。

④ 设计变更。在初步设计阶段由于外部条件制约和人们主观认识的局限，往往会造成施工图设计阶段，甚至施工过程中的局部修改和变更，引起对已经确认的概算价值的变化。这种变化在一定范围内是允许的。但必须经过核算和调整，即先算账后变更的办法。如果涉及建设规模、设计方案等的重大变更，使预算大幅度增加时，必须重新编制或修改初步设计文件，并重新报批。为实现限额设计的目标，应严格控制设计变更。

限额设计的横向控制指的是对设计单位及其内部各专业、科室及设计人员进行考核，实施奖惩，进而保证设计质量的一种控制方法。首先，横向控制必须明确设计单位内部各专业科室对限额设计所负的责任，将工程投资按专业进行分配，并分段考核，下段指标不得突破上段指标。责任落实越接近个人，效果就越明显，并赋予责任者履行责任的权利。其次，要建立健全奖惩制度。设计单位在保证工程安全和不降低工程功能的前提下，采用新材料、新工艺、新设备、新方案，节约了投资的，应根据节约投资额的大小，对设计单位给予奖励；因设计单位设计错误、漏项或扩大规模和提高标准而导致静态投资超支的，要视其超支比例扣减相应比例的设计费。

（4）限额设计的要点

① 严格按建设程序办事。

② 在投资决策阶段，要提高投资估算的准确性，据以确定限额设计。

③ 充分重视、认真对待每个人设计环节及每项专业设计。

④ 加强设计审核。

⑤ 建立设计单位经济责任制。

⑥ 施工图设计应尽量吸收施工单位人员意见，使之符合施工要求。

（5）限额设计的不足与完善方法　限额设计的不足主要有如下三个方面。

① 限额设计的理论及操作技术有待于进一步发展。

② 限额设计由于突出地强调了设计限额的重要性，忽视了工程功能水平的要求，及功能与成本的匹配性，可能会出现功能水平过低而增加工程运营维护成本的情况，或者在投资限额内没有达到最佳功能水平的现象，甚至可能降低设计的合理性；

③ 限额设计中对投资估算、设计概算、施工图预算等的限额均是指建设项目的一次性投资，而对项目建成后的维护使用费、项目使用期满后的报废拆除费用则考虑较少，这样就可能出现限额设计效果较好，但项目的全寿命费用不一定经济的现象。

4.3 设计概算

《建设项目设计概算编审规程》（CECA/GC 2—2015）的具体内容，可依据前言指示方法下载电子资料包学习。

4.3.1 设计概算的基本概念

4.3.1.1 设计概算的含义

设计概算是设计文件的重要组成部分，是在投资估算的控制下由设计单位根据初步设计或扩大初步设计图纸及说明，利用国家或地区颁发的概算定额、概算指标或综合指标预算定额、设备材料预算价格等资料，按照设计要求，概略地计算建设项目从筹建至竣工交付使用所需全部费用的文件。

采用两阶段设计的项目，初步设计阶段必须编制设计概算，采用三阶段设计的，技术设计阶段必须编制修正概算。概算由设计单位负责编制。一个设计项目由几个设计单位共同设计时，应由主体设计单位负责汇总编制总概算书，其他单位负责编制好所承担工程设计的概算。

4.3.1.2 设计概算的作用

设计概算的作用可归纳为以下几点。

① 设计概算是编制建设项目投资计划、确定和控制建设项目投资的依据。竣工结算不能突破施工图预算，施工图预算不能突破设计概算，以确保国家固定资产投资计划的严格执行和有效控制。如果由于设计变更等原因使建设费用超过概算，必须重新审查批准。

② 设计概算是签订建设工程合同和贷款合同的依据。设计总概算一经批准，就作为工程造价管理的最高限额，作为银行拨款或签订贷款合同的最高限额。

③ 设计概算是控制施工图设计和施工图预算的依据。设计单位必须按照批准的初步设计和总概算进行施工图设计，施工图预算不得突破设计概算，如确需突破设计概算时，应按规定程序报批。

④ 设计概算是衡量设计方案经济合理性和选择最佳设计方案的依据。设计部门在初步设计阶段要选择最佳设计方案，设计概算是从经济角度衡量设计方案经济合理性的重要依据。因此，设计概算是设计方案技术经济合理性的综合反映，据此可以来对不同设计方案进行技术与经济的比较，选择最佳的设计方案。

⑤ 设计概算是考核建设项目投资效果的依据。通过设计概算与竣工决算的对比，可以分析和考核投资效果的好坏，同时还可以验证实际概算的准确性，有利于加强设计概算管理和设计项目的造价管理工作。

4.3.1.3 设计概算的内容

设计概算可分为单位工程概算、单项工程概算和建设项目总概算三级。各概算之间的关系如图 4.1。

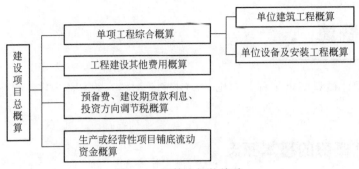

图 4.1　概算之间的关系

（1）单位工程概算　单位工程是指具有独立设计文件，能够独立组织施工，但不能独立发挥生产能力或使用效益的工程，是单项工程的组成部分。单位工程概算是确定各单位工程建设费用的文件，是编制单项工程综合概算的依据。

单位工程按其工程性质可分为建筑工程和设备及安装工程两类。建筑工程概算包括土建工程概算，给排水、采暖工程概算，通风、空调工程概算，电气照明工程概算，弱电工程概算，特殊构筑物工程概算等。设备及安装工程概算包括机械设备及安装工程概算，电气设备及安装工程概算，热力设备及安装工程概算，工具、器具及生产家具购置费概算等。

（2）单项工程概算　单项工程是指在一个建设项目中具有独立的设计文件，建成后可以独立发挥生产能力或工程效益的项目，是建设项目的组成部分。如生产车间、办公楼、食堂、图书馆、学生宿舍、住宅楼等。

单项工程概算是确定一个单项工程所需建设费用的文件，它是由单项工程中的各项单位工程概算汇总编制而成的，是建设项目总概算的组成部分。

（3）建设项目总概算　建设项目总概算是确定整个建设项目从筹建到竣工验收所需全部费用的文件，是由各单项工程综合概算、工程建设其他费用概算、预备费、建设期贷款利息概算等汇总编制而成的。

若干个单位工程概算汇总后成为单项工程概算，若干个单项工程概算和工程其他费用、预备费、建设期利息等概算文件汇总成为建设项目总概算。单项工程概算和建设项目总概算仅是一种归纳、汇总性文件。因此，最基本的计算文件是单位工程概算书。建设项目若为一个独立的单项工程，则建设项目总概算书与单项工程综合概算书可合并编制。

4.3.2 设计概算的编制原则和依据

4.3.2.1　设计概算的编制原则

为提高设计概算的编制质量，科学合理确定建设项目投资，应坚持以下原则。

① 严格执行国家的建设方针和经济政策的原则。设计概算是一项技术和经济相结合的重要工作，要严格按照党和国家的方针、政策办事，坚决执行勤俭节约的方针，严格遵照规定的设计标准。

② 完整、准确地反映设计内容的原则。编制设计概算时，要认真了解设计意图，根据设计文件、图纸准确计算工程量，避免重算和漏算。设计修改后，要及时修正概算。

③ 坚持结合拟建工程的实际，反映工程所在地当时价格水平的原则。为提高设计概算的准确性，要实事求是地对工程所在地的建设条件，可能影响造价的各种因素进行认真地调查研究。在此基础上正确使用定额、指标、费率和价格等各项编制依据，按照现行工程造价的构成，根据有关部门发布的价格信息及价格调整指数，使概算尽可能地反映设计内容、施工条件和实际价格。

4.3.2.2　设计概算的编制依据

编制设计概算依据以下内容。

① 国家发布的有关法律法规和方针政策等。

② 批准的可行性研究报告及投资估算和主管部门的有关规定。

③ 有关部门颁布的现行概算定额、概算指标、费用定额等，以及建设项目设计概算编制办法。

④ 有关部门发布的人工、设备、材料价格、造价指数等。

⑤ 建设地区的自然、技术、经济条件等资料。

⑥ 有关合同、协议等。

⑦ 其他相关资料。

4.3.3　设计概算的编制方法

设计概算是从最基本的单位工程概算编制开始逐级汇总而成。设计概算分为单位工程概算、单项工程概算和建设项目总概算三级。

4.3.3.1　单位工程概算的编制

单位工程是单项工程的组成部分，是指具有单独设计可以独立组织施工，但不能独立发挥生产能力或使用效益的工程。单位工程概算是确定单位工程建设费用的文件，是单项工程综合概算的组成部分，由直接工程费、间接费、计划利润和税金组成。

单位工程概算分建筑工程概算和设备及安装工程概算两大类。建筑工程概算的编制方法有概算定额法、概算指标法、类似工程预算法等；设备及安装工程概算的编制方法有预算单价法、扩大单价法、设备价值百分比法和综合吨位指标法等。

（1）建筑工程概算的编制方法

1）概算定额法。概算定额法又称扩大单价法或扩大结构定额法，是采用概算定额编制建筑工程概算的方法，类似用预算定额编制建筑工程预算，它是根据初步设计图纸资料和概算定额的项目划分计算出工程量，然后套用概算定额单价（基价），计算汇总后，再计取有关费用，便可得出单位工程概算造价。

概算定额法要求初步设计达到一定深度，建筑结构比较明确，能按照初步设计的平面、立面、剖面图纸计算出楼地面、墙身、门窗和屋面等扩大分项工程（或扩大结构构件）项目的工程量时才可采用。

▷ **例 4.1**　某地拟建一座 8000m^2 的教学楼，各项费率分别为：措施费为直接工程费的 10%，间接费费率 5%，利润率 7%，综合税率 3.41%。请按给出的扩大单价和工程量表表 4.2 编制出该教学楼土建工程设计概算造价和平方米造价。

表 4.2　某教学楼土建工程量和扩大单价表

分部工程名称	单位	工程量	扩大单价/元
基础工程	$10m^2$	480	2500
混凝土及钢筋混凝土	$10m^2$	160	6800
砌筑工程	$100m^2$	280	3300
地面工程	$100m^2$	50	1100
楼面工程	$100m^2$	90	1800
卷材屋面	$100m^2$	40	4500
门窗工程	$100m^2$	40	5600
脚手架	$100m^2$	180	600

解　根据已知条件和表 4.2 中数据及扩大单价，求得该教学楼土建工程造价，见表 4.3。

表 4.3　教学楼土建工程造价

序号	分部工程名称	单位	工程量	单价/元	合价/元
1	基础工程	$10m^2$	480	2500	1200000
2	混凝土及钢筋混凝土	$10m^2$	160	6800	1088000
3	砌筑工程	$100m^2$	280	3300	924000
4	地面工程	$100m^2$	50	1100	55000
5	楼面工程	$100m^2$	90	1800	162000
6	卷材屋面	$100m^2$	40	4500	180000
7	门窗工程	$100m^2$	40	5600	224000
8	脚手架	$100m^2$	180	600	108000
A	直接工程费	以上 8 项之和			3941000
B	措施费	A×10%			394100
C	间接费	(A+B)×5%			216755
D	利润	(A+B+C)×7%			318629.85
E	税金	(A+B+C+D)×3.41%			166083.53
概算造价＝A+B+C+D+E					5036568.38
平方米造价＝5036568.38/8000					629.57

2）概算指标法。概算指标法是用拟建的厂房、住宅的建筑面积（或体积）乘以技术条件相同或基本相同的概算指标得出直接费，然后按规定计算出措施费、间接费、利润和税金等，编制出单位工程概算的方法。

概算指标法的适用范围是当初步设计深度不够，不能准确地计算出工程量，但工程设计是采用技术比较成熟而又有类似工程概算指标可以利用时，可采用此法。

采用概算指标法编制概算有两种情况，一种是直接套用，一种是调整概算指标后采用。若设计对象的结构特征与概算指标的技术条件完全相符，可直接套用指标上的 $100m^2$ 建筑面积造价指标，根据设计图纸的建筑面积分别乘以概算指标中的土建、水卫、采暖、电气照明工程各单位工程的概算造价指标，即直接套用概算指标编制概算法。而调整概算指标的方法是由于拟建工程（设计对象）与类似工程的概算指标的技术条件不尽相同，而且概算指标编制年份的设备、材料、人工等价格与拟建工程当时当地的价格也不一样，因此必须对其进行调整，称为修正概算指标编制概算法。修正方法如下。

设计对象的结构特征与概算指标有局部差异时的调整。计算公式为：

$$结构变化修正概算指标(元/m^2) = J + Q_1 P_1 - Q_2 P_2 \tag{4-7}$$

式中　J——原概算指标；

　　Q_1——换入新结构的含量；

　　Q_2——换出旧结构的含量；

　　P_1——换入新结构的单价；

　　P_2——换出旧结构的单价。

结构变化修正概算指标的人工、材料、机械数量的计算公式：

结构变化修正概算指标的人工、材料、机械数量＝原概算指标的人工、材料、机械数量＋换入结构件工作量×相应定额人工、材料、机械消耗量－换出结构件工作量×相应定额人工、材料、机械消耗量

设备、人工、材料、机械台班费用的调整，计算公式为：

设备、人工、材料、机械修正概算费用＝原概算指标的设备、人工、材料、机械费用＋$\sum$｛换入设备、人工、材料、机械数量×拟建地区相应单价｝－$\sum$｛换出设备、人工、材料、机械数量×原概算指标设备、人工、材料、机械单价｝

例4.2　某地一普通办公楼为框架结构，建筑面积3000m^2，建筑工程直接工程费为400元/m^2，其中毛石基础为40元/m^2，现拟建一栋办公楼，建筑面积5000m^2，采用钢筋混凝土带形基础，造价为50元/m^2，其他结构相同。求该拟建新办公楼建筑工程直接费造价。

解　调整后的概算指标为：400－40＋50＝410(元/m^2)

拟建新办公楼建筑工程直接费为：5000m^2×410元/m^2＝2050000(元)

然后按上述概算定额法计算出措施费、间接费、利润和税金，便可求出新建办公楼的建筑工程造价。

3) 类似工程预算法。类似工程预算法是利用技术条件与设计对象相类似的已完工程或在建工程的工程造价资料来编制拟建工程设计概算的方法。类似工程预算法适用于拟建工程初步设计与已完工程或在建工程的设计相类似又没有可用的概算指标时采用，但必须对建筑结构差异和价差进行调整。

建筑结构差异的调整方法与概算指标的调整方法相同，即先确定有差别的项目，将类似预算的工程费用总额进行修正便得到结构差异换算后的直接工程费，再进行取费得到结构差异换算后的造价。

类似工程造价的价差调整常用的两种方法如下。

① 类似工程造价资料有具体的人工、材料、机械台班的用量时，可按类似工程预算造价资料中的主要材料用量、工日数量、机械台班用量乘以拟建工程所在地的主要材料预算价格、人工单价、机械台班单价，计算出直接费，再乘以当地的综合费率，即可得出所需的造价指标。

② 类似工程造价资料只有人工、材料、机械台班费用和措施费、间接费时，可按公式调整：

$$D = AK$$
$$K = a\%K_1 + b\%K_2 + c\%K_3 + d\%K_4 + e\%K_5 \tag{4-8}$$

式中　　　　　　　　D——拟建工程单方概算造价；

　　　　　　　　　　A——类似工程单方预算造价；

　　　　　　　　　　K——综合调整系数；

$a\%$、$b\%$、$c\%$、$d\%$、$e\%$——类似工程预算的人工费、材料费、机械台班费、措施费、间接费占预算造价的比重，如：$a\%$＝类似工程人工费（或工资标准）/类似工程预算造价$\times 100\%$，$b\%$、$c\%$、$d\%$、$e\%$类同；

K_1、K_2、K_3、K_4、K_5——拟建工程地区与类似工程预算造价在人工费、材料费、机械台班费、措施费、间接费之间的差异系数，如：K_1＝拟建工程概算的人工费（或工资标准）/类似工程预算人工费（或地区工资标准），K_2、K_3、K_4、K_5类同。

例 4.3　拟建某办公楼，建筑面积 3000m²，类似工程建筑面积 2800m²，预算造价为 3200000 元。经测算，人工费修正系数 $K_1=1.02$，材料费修正系数 $K_2=1.05$，机械使用费修正系数 $K_3=0.99$，措施费修正系数 $K_4=1.04$，其他费用修正系数 $K_5=0.95$，各种费用占预算造价的相应比例分别为 6%、55%、6%、3%、30%。试用类似工程预算法计算拟建办公楼的概算造价。

解　应用类似工程预算法，根据题意得知：

综合调整系数 $K=6\%\times 1.02+55\%\times 1.05+6\%\times 0.99+3\%\times 1.04+30\%\times 0.95$

　　　　　　　$=1.0143$

价差修正后的类似工程预算造价＝$3200000\times 1.0143=3245760$（元）

价差修正后的类似工程预算单方造价＝$3245760/2800=1159.2$（元）

由此可得，拟建办公楼概算造价＝$1159.2\times 3000=3477600$（元）

（2）设备及安装工程概算的编制方法　设备及安装工程概算包括设备购置费用概算和设备安装工程费用概算两大部分。

1）设备购置费概算。

其公式为：

　　　　设备购置费概算＝$\sum$（设备清单中的设备数量$\times$设备原价）$\times$（1＋运杂费率）

或

　　　　　　设备购置费概算＝$\sum$（设备清单中的设备数量$\times$设备预算价格）

国产非标准设备原价在设计概算时可按下列两种方法确定。

① 非标准设备台（件）估价指标法。根据非标准设备的类型、重量、性能、材质等情况，以每台设备规定的估价指标计算。其公式为：

　　　　　　　非标准设备原价＝设备台数$\times$每台设备估价指标（元/台）

② 标准设备吨重估价指标法。根据非标准设备的类型、重量、性能、材质等情况，以每台设备规定的吨位估价指标计算。其公式为：

　　　　　　　非标准设备原价＝设备吨重$\times$每吨重设备估价指标（元/吨）

2）设备安装工程费概算

设备安装工程费概算造价的编制方法如下。

① 预算单价法。当初步设计较深，有规定的设备清单时，可直接按安装工程预算定额单价编制，编制程序基本与安装工程图预算相同。

② 扩大单价法。当初步设计深度不够，设备清单不完备，只有主体设备或成套设备重

量时，可采用主体设备或成套设备的综合扩大安装单价来编制。

上述两种方法的具体操作与建筑概算相类似。

③ 设备价值百分比法，又叫安装设备百分比法。当初步设计深度不够，只有设备出厂价而无详细规格、重量时，安装费可按占设备费的百分比计算。该法常用于设备价格波动的定型产品和通用设备产品，公式为：

$$设备安装费＝设备原价×安装费率(\%)$$

④ 综合吨位指标法。当初步设计提供的设备清单有规格和设备重量时，可采用综合吨位指标编制概算，该法常用于设备价格波动较大的非标准设备和引用设备的安装工程概算，公式为：

$$设备安装费＝设备吨重×每吨设备安装费指标(元/吨)$$

4.3.3.2　单项工程综合概算的编制

（1）单项工程综合概算的含义　单项工程综合概算是由该单项工程的各专业的单位工程概算汇总而成的，是建设项目总概算的组成部分。

（2）单项工程综合概算的内容　单项工程综合概算文件一般包括编制说明和综合概算法（含其所附的单位工程概算表和建筑材料表）两部分。

1）编制说明。编制说明应列在综合概算表的前面，其内容如下。

① 工程概况。简述建设项目性质、生产规模、建设地点等主要情况。

② 编制依据。包括国家和有关部门的规定、设计文件，现行概算定额或概算指标、设备材料的预算价格和费用指标等。

③ 编制方法。说明设计概算的编制方法是根据概算定额、概算指标还是类似预算。

④ 主要设备和材料数量。说明主要机械设备、电气设备及主要建筑安装材料的数量。

⑤ 其他需要说明的问题。

2）综合概算表是根据单项工程所辖范围内的各单位工程概算等基础资料，按照国家或部委所规定统一表格进行编制。

① 综合概算表的项目组成。工业建设项目综合概算表由建设工程和设备及安装工程两大部分组成；民用工程项目综合概算表就是建筑工程一项。

② 综合概算的费用组成。一般由建筑工程费用、安装工程费用、设备购置及工器具和生产家具购置费组成。当不编制总概算时，还应包括工程建设其他费用、建设期贷款利息、预备费和固定资产方向调节税等费用项目。

4.3.3.3　建设项目总概算的编制

建设项目总概算是设计文件的重要组成部分，是确定整个建设项目从筹建到竣工交付使用所预计花费的全部费用的文件。它是由各单项工程综合概算、工程建设其他费用、建设期贷款利息、预备费、固定资产投资方向调节税和经营性项目的铺底流动资金概算所组成，按照主管部门规定的统一表格进行编制而成的。

设计总概算文件一般应包括以下几点。

① 封面、签署页及目录。

② 编制说明。编制说明应包括工程概况、资金来源及投资方式、编制依据及编制原则、编制方法、投资分析、其他需要说明的问题。

③ 总概算表。总概算表应反映静态投资和动态投资两部分。静态投资是按设计概算编制期价格、费率、利率、汇率等确定的投资;动态投资指概算编制期到竣工验收前工程和价格变化等多种因素所需的投资。

④ 工程建设其他费用概算表。按国家或地区或部委所规定的项目和标准确定,并按统一格式编制。

⑤ 单项工程综合概算表和建筑安装单位工程概算表。

⑥ 工程量计算表和工、料数量汇总表。

⑦ 分年度投资汇总表和分年度资金流量汇总表。

4.3.4 设计概算的审查

审查概算造价是确定工程建设投资的一个重要环节,通过审查使概算投资总额尽可能地接近实际造价,做到概算投资额更加完整、合理、确切,从而促进概预算编制人员严格执行国家有关概算的编制规定和费用标准,防止任意扩大投资规模或出现漏项,从而减少投资缺口,避免故意压低概算投资。

设计概算在工程建设项目融资、建设计划、工程管理中起着至关重要的作用。因此,对设计概算的审核,是确保设计概算的合理性、准确性和可靠性的重要手段。

4.3.4.1 审查设计概算的意义

设计概算审查的意义又包括以下五个方面。

① 有利于合理分配投资资金,加强投资计划管理,有助于合理确定和有效控制工程造价。设计概算编制偏高或偏低,不仅影响工程造价的控制,也会影响投资计划的真实性,影响投资资金的合理分配。

② 有利于促进概算编制单位严格执行国家的相关法规和费用标准,从而提高概算的编制质量。

③ 有利于促进设计的技术先进性与经济合理性。概算中的技术经济指标,是概算的综合反映,与同类工程对比,便可看出它的先进与合理程度。

④ 有利于核定建设项目的投资规模,可使总投资力求做到准确、完整,防止任意扩大投资规模或出现漏项,从而减少投资缺口,缩小概算与预算之间的差距,避免故意压低概算投资,最后导致实际造价大幅度地突破概算。

⑤ 经审查的概算,为建设项目投资的落实提供可靠的依据,有利于提高项目投资效益。

4.3.4.2 设计概算的审查内容

设计概算审查的重点,主要包括建设项目总概算的编制依据、编制深度和工程概算的编制内容三部分。

(1) 审查设计概算的编制依据

① 审查编制依据的合法性。采用的各种编制依据必须经过国家和授权全机关的批准,符合国家的编制规定,未经批准的不能采用。也不能强调特殊情况,擅自提高概算定额、指标或费用标准。

② 审查编制依据的时效性。各种依据都应根据国家有关部门的现行规定进行,注意有

无调整和新的规定，如果有，应按新的调整办法和规定执行。

③审查编制依据的适用范围。各种编制依据都有规定的适用范围。如各主管部门规定的各种专业定额及其取费标准，只使用与该部门的专业工程；各地区规定的各种定额及其取费标准只适用于该地区范围内。

（2）审查概算编制深度

①审查编制说明。审查编制说明可以检查概算的编制方法、深度和编制依据等重大原则问题，若编制说明有差错，具体概算必有差错。

②审查概算编制深度。审查是否有符合规定的"三级概算"，各级概算的编制、核对、审核是否按规定签署，有无随意简化，有无把"三级概算"简化为："二级概算"，甚至"一级概算"。

③审查概算的编制范围。审查概算编制范围及具体内容是否与主管部门批准的建设项目范围及具体工程内容一致；审查建设项目具体工作内容有无重复计算或漏算；审查其他费用应列的项目是否符合规定，静态投资、动态投资和经营性项目铺底流动资金是否分别列出等。

（3）审查工程概算的内容

①审查概算的编制是否符合党的方针、政策，是否根据工程所在地的自然条件而编制。

②审查建设规模（投资规模、生产能力等）、建设标准（用地指标、建筑标准等）、配套工程、设计定员等是否符合原批准的可行性研究报告或立项批文的标准。

③审查编制方法、计价依据和程序是否符合现行规定。包括定额或指标的适用范围和调整方法是否正确。进行定额或指标的补充时，要求补充定额的项目划分、内容组成、编制原则等要与现行的定额精神相一致等。

④审查工程量是否正确。工程量的计算是否根据工程计算量规则和施工组织设计的要求进行，有无多算或漏算，尤其对工程量大、价高的项目要重点审查。

⑤审查材料用量和价格。审查主要材料的用量数据是否正确，材料预算价格是否符合工程所在地的价格水平，材料价差调整是否符合现行规定及其计算是否正确。

⑥审查设备规格、数量和配置是否符合设计要求，是否与设备清单相一致，设备预算价格是否真实，设备原价和运杂费的计算是否正确，非标准设备原价的计价方法是否符合规定，进口设备的各项费用的组成及其计算程序、方法是否符合国家主管部门的规定。

⑦审查建筑安装工程的各项费用的计取是否符合国家或地方有关部门的现行规定，计算程序和取费标准是否正确。

⑧审查综合概算、总概算的编制内容、方法是否符合现行规定和设计文件的要求，有无设计文件外项目，有无将非生产性项目以生产性项目列入。

⑨审查总概算文件的组成内容，是否完整地包括了建设项目从筹建到竣工投产为止的全部费用组成。

⑩审查工程建设其他各项费用。要按国家和地区规定逐项审查，不属于总概算范围的费用项目不能列入概算，具体费率或计取标准是否按国家、行业有关部门规定计算，有无随意列项、交叉列项和漏项等。审查项目的"三废"治理。拟建项目必须安排"三废"（即废水、废气、废渣）的治理方案和投资，以满足"三废"排放达到国家标准。

⑪审查技术经济指标。技术经济指标计算方法和程序是否正确，综合指标和单项指标与同类型工程指标相比，是偏高还是偏低，其原因是什么，并予纠正。

⑫ 审查投资经济效果。设计概算是初步设计经济效果的反映，要按照生产规模、工艺流程、产品品种和质量，从企业的投资效益和投产后的运营效益全面分析，是否达到了先进可靠、经济合理的要求。

4.3.4.3 审查设计概算的方法

采用适当的方法审查设计概算，是确保审查质量，提高工作效率的关键。常用方法如下。

（1）对比分析法 对比分析法主要是通过建设规模、标准与立项批文对比；工程数量与设计图纸对比；综合范围、内容与编制方法、规定对比；各项取费与规定标准对比；材料、人工单价与统一信息对比；引进设备、技术投资与报价要求对比；技术经济指标与同类工程对比等。通过以上对比，容易发现设计概算存在的主要问题和偏差。

（2）查询核实法 查询核实法是对一些关键设备和设施、重要装置、引进工程图纸不全、难以核算的较大投资进行多方查询核对、逐项落实的方法。主要设备的市场价向设备供应部门或招标公司查询核实；重要生产装置、设施向同类企业（工程）查询了解；引进设备价格及有关费税向进出口公司调查落实；复杂的建筑安装工程向同类工程的建设、承包、施工单位征求意见；深度不够或不清楚的问题直接同原概算编制人员、设计者询问清楚。

（3）联合会审法 联合会审前，可先采取多种形式分头审查，包括设计单位自审，主管、建设、承包单位初审，工程造价咨询公司评审，邀请同行专家预审，审批部门复审等，经层层审查把关后，由有关单位和专家进行联合会审。在会审大会上，由设计单位介绍概算编制情况及有关问题，各有关单位、专家汇报初审、预审意见。然后进行认真分析、讨论，结合对各专业技术方案的审查意见所产生的投资增减，逐一核实原概算出现的问题。经过充分协商，认真听取设计单位意见后，实事求是地处理和调整。

通过以上复审后，对审查中发现的问题和偏差，按照单项、单位工程顺序，先按设备费、安装费、建筑费和工程建设其他费用分类整理，然后按照静态投资、动态投资和铺底流动资金三大类，汇总核增或核减的项目及其投资额。最后将具体审核数据，按照"原编概算"、"审核结果"、"增减投资"、"增减幅度"四栏列表，并按照原总概算表汇总顺序，将增减项目逐一列出，相应调整所属项目投资合计，再依次汇总审核后的总投资及增减投资额。对于差错较多、问题较大或不能满足要求的，责成按会审意见修改返工后，重新报批；对于无重大原则问题，深度基本满足要求，投资增减不多的，当场核定概算投资额，并提交审批部门复核后，正式下达审批概算。

4.4 施工图预算的编制与审查

4.4.1 施工图预算的基本概念

4.4.1.1 施工图预算的含义

施工图预算是施工图设计预算的简称，又称设计预算。它是由设计单位在完成施工图设计后，根据施工图设计图纸、地方现行预算定额、费用定额以及地区设备、材料、人工、施工机械台班等预算价格编制和确定的建筑安装工程造价的文件。

4.4.1.2　施工图预算的作用

①　施工图预算是设计阶段控制工程造价的重要环节，是控制施工图设计不突破设计概念的重要措施。

②　施工图预算是编制或调整固定资产投资计划的依据。

③　对于实行工程招标的工程，施工图预算是招投标重要依据，即是工程量清单的编制依据，是编制标底的依据，也是承包企业投标报价的基础。

④　对于不宜实行招标而采取施工图预算加调整价结算的工程，施工图预算可作为确定合同价款的基础，或作为审查施工企业提出的施工图预算的依据。

⑤　对于工程造价管理部门来说，施工图预算是监督、检查执行定额标准，合理确定工程造价，测算造价指数的依据。

4.4.1.3　施工图预算的内容

施工图预算有单位工程预算、单项工程预算和建设项目总预算。

单位工程预算包括建筑工程预算和设备安装工程预算。建筑工程预算按其工程性质分为一般土建工程预算、采暖工程预算、给排水工程预算、电气照明工程预算、弱电工程预算、特殊构筑物工程和工业管道工程预算等。设备安装工程预算可分为机械设备安装工程预算、电气设备安装工程预算和热力设备安装工程预算等。

单位工程预算是根据施工图设计文件、现行预算定额、费用定额以及人工、材料、设备、机械台班等预算价格资料，编制单位工程的施工图预算；然后汇总所有各单位工程施工图预算，成为单项工程施工图预算；再汇总所有单项工程施工图预算，得到建设项目建筑安装工程总预算。

4.4.2　施工图预算的编制

4.4.2.1　施工图预算的编制依据

（1）施工图纸及说明书和标准图集　经审定的施工图纸、说明书、标准图集是编制施工图预算的重要依据。

（2）现行预算定额及单位估价表　现行定额和单位估价表是确定分项工程项目、计算工程量、套用定额计算直接费以及计算其他各项费用的重要依据。

（3）施工组织设计或施工方案　施工组织和施工方案中包含了编制施工图预算中所需要的施工方案、采用的机械及运输方式等。

（4）材料、人工、机械台班预算价格及调价规定　地区材料、人工、机械预算价格是构成工程直接费的重要因素。尤其是材料费在工程成本中占的比重大，而且在市场经济条件下，人、材、机的价格因时因地不断变化。为此，各地区主管部门对此都有明确的调价规定，都要定期发布人、材、机的价格信息。

（5）建筑安装工程费用定额　建筑安装工程费用定额一般以某个或多个指标为计算基

础，反映专项费用社会必要劳动量的百分率或标准。

（6）预算员工作手册及有关工具书　其中包括计算各种结构构件面积和体积的公式，钢材、木材等各种材料规格、型号及用量数据。

4.4.2.2　施工图预算的编制方法

施工图预算的编制可以采用工料单价法和综合单价法。

（1）工料单价法　工料单价法是目前施工图预算普遍采用的方法，用事先编制好的分项工程的单位估价表来编制施工图预算，按施工图计算的各分项工程的工程量，乘以相应单价，汇合相加，得到单位工程的人工费、材料费、机械使用费之和，再加上按规定程序计算出来的措施费、间接费、计划利润和税金，便可得出单位工程的施工图预算造价。计算公式为：

$$单位工程施工图预算直接费＝\sum（工程量×预算定额单价） \qquad (4-9)$$

工料单价法编制施工图预算的步骤如下。

① 搜集各种编制依据资料。

② 熟悉施工图纸和定额。

③ 计算工程量。

④ 套用预算定额单价。

⑤ 编制工料分析表。

⑥ 计算其他各项应取费用和汇总造价。

⑦ 复核。

⑧ 编制说明，填写封面。

（2）综合单价法　综合单价法是指分项工程单价综合了直接工程费及以外的多项费用，按照单价综合的内容不同，综合单价法可分为全费用综合单价法和清单综合单价法。

1）全费用综合单价法。全费用综合单价，即单价中综合了分项工程人工费、材料费、机械费，管理费、利润、规费以及有关文件规定的调价、税金和一定范围的风险等全部费用。以各分项工程量乘以全费用单价的合价汇总后，再加上措施项目的完全价格，就生成了单位工程施工图造价。

$$建筑安装工程预算造价＝（\sum分项工程量×分项工程全费用单价）＋措施项目完全价格$$

$$(4-10)$$

2）清单综合单价法。分部分项工程清单综合单价中综合了人工费、材料费、施工机械使用费，企业管理费、利润，并考虑了一定范围的风险费用，但并未包括措施费、规费和税金，因此它是一种不完全单价。以各分部分项工程量乘以该综合单价的合价汇总后，再加上措施项目费、规费和税金后，即单位工程的造价。公式如下：

$$建筑安装工程预算造价＝（\sum分项工程量×分项工程不完全单价）＋$$
$$措施项目不完全价格＋规费＋税金 \qquad (4-11)$$

4.4.3　施工图预算的审查

4.4.3.1　审查施工图预算的意义

施工图预算编完之后，需要认真进行审查。加强施工图预算的审查，对于提高预算的准确性，正确贯彻党和国家的有关方针政策，降低工程造价具有重要的现实意义。

① 有利于控制工程造价，克服和防止预算超支。

② 有利于加强固定资产投资管理，节约建设资金。

③ 有利于施工承包合同价的合理确定和控制。（对于招标工程，它是编制标底的依据；对于不宜招标的工程，它是合同价款结算的基础）

④ 有利于积累和分析各项技术经济指标，不断提高设计水平。通过审查工程预算，核实了预算价值，为积累和分析技术经济指标提供了准确数据，进而通过有关指标的比较，找出设计中的薄弱环节，以便及时改进，不断提高设计水平。

4.4.3.2　审查施工图预算的内容

审查施工图预算的重点，应该放在工程量计算、预算单价套用、设备材料预算价格取定是否正确，各项费用标准是否符合现行规定等方面。

(1) 审查工程量　根据图纸和工程量计算规则审查工程量的计算是否正确，有无多算、复算或漏算，使用的计算方法及计算结果是否正确等。

(2) 审查设备和材料的预算价格　设备、材料预算价格是施工图预算造价所占比重最大和变化最大的，应当重点审查。审查设备、材料的预算价格是否符合工程所在地的真实价格，要注意信息价的时间、地点是否符合要求，是否按规定调整；设备、材料的原价确定方法是否正确；设备的运杂费的计算是否正确，材料预算价格的计算是否符合规定。

(3) 审查预算单价的套用　预算中所列各分项工程预算单价是否与现行预算定额的预算单价相符，其名称、规格、计量单位和所包含的工程内容是否与单位估价表一致；审查换算的分项工程是否允许换算，换算是否正确，换算的单价是否正确；审查补充定额和单位估价表的编制是否符合编制原则。

(4) 审查有关费用及计取　措施费的计算是否符合有关的规定标准，间接费和利润的计取基础是否符合现行规定；预算外调增的材料差价是否计取了间接费，有无巧立名目、乱计费、乱摊费等现象。

4.4.3.3　审查施工图预算的方法

施工图预算的审查方法较多，主要有全面审查法、标准预算审查法、分组计算审核法、对比审查法、筛选审查法、重点抽查法、利用手册审查法和分解对比审查法八种。

(1) 全面审查法　全面审查法又叫逐项审查法，就是按预算定额顺序或施工的先后顺序，逐一地全部进行审查的方法。其具体计算方法和审查过程与编制施工图基本相同。此方法的优点是全面、细致、经审查的工程预算差错比较少，质量比较高。缺点是工程量比较大。对于一些工程量比较小、工艺比较简单的工程，编制工程预算的技术力量又比较薄弱，可采用全面审查法。

(2) 标准预算审查法　对于利用标准图纸或通过图纸施工的工程，先集中力量，编制标准预算，以此为标准审查预算的方法称为标准预算审查法。按标准图纸设计或通用图纸施工的工程一般上部结构和做法相同，可集中力量细审一份预算或编制一份预算，作为这种标准图纸的标准预算，或用这种标准图纸的工程量为标准，对照审查，而对局部不同的部分做单独审查即可。这种方法的优点是时间短、效果好、好定案；缺点是只适用于按标准图纸设计的工程，适应范围小。

（3）分组计算审核法　这是一种加快审查工程量速度的方法，把预算中的项目划分为若干组，并把相邻且有一定联系的项目编为一组，审查或计算同一组中某个分项工程量，利用工程量间具有相同或相似计算基础的关系，判断同组其他几个分项工程量计算的准确程度的方法。

（4）对比审查法　这是用已建成工程的预算或虽未建成但已审查修正的工程预算对比审查拟建的类似工程预算的一种方法。

（5）筛选审查法　建筑工程各个分部分项工程的工程量、造价、用工量在每个单位面积上的数值变化不大，把这些数据加以汇集、优选、归纳为工程量、造价、用工三个单方基本值表，并注明其适用的建筑标准，用来筛选各分部分项工程。对于单位建筑面积数值不在基本值范围之内的应对该分部分项工程详细审查。当所审查的预算的建筑面积标准与"基本值"所适用的标准不同，就要对其进行调整。筛选法的优点是简单易懂，便于掌握，审查速度和发现问题快。但解决差错、分析原因需继续审查。

（6）重点抽查法　重点抽查法是抓住工程预算中的重点进行审查的方法。审查的重点一般是：工程量大或造价较高、工程结构复杂的工程，补充单位估价表，计取各项费用（如计费基础、取费标准等）。重点抽查法的优点是重点突出，审查时间短、效果好。

（7）利用手册审查法　利用手册审查法是把工程中常用的构件、配件事先整理成预算手册，按手册对照审查的方法。这种方法可大大简化预结算的编审工作。

（8）分解对比审查法　将一个单位工程按直接费和间接费进行分解，然后再把直接费按工种和分部进行分解，分别与审定的标准预算进行对比分析的方法，叫分解对比审查法。

4.4.3.4　审查施工图预算的步骤

（1）做好审查前的准备工作

① 熟悉施工图纸。施工图纸是编制预算分项工程数量的重要依据，必须全面熟悉了解。一是核对所有图纸，清点无误后，依次识读；二是参加技术交底，解决图纸中的疑难问题，直至完全掌握图纸。

② 了解预算包括的范围。根据预算编制说明，了解预算包括的工程内容，例如配套设施、室外管线、道路以及会审图纸后的设计变更等。

③ 弄清编制预算采用的单位工程估价表。任何单位工程估价表或预算定额都有一定的适用范围。根据工程性质，搜集熟悉相应的单价、定额资料，特别是市场材料单价和取费标准等。

（2）选择合适的审查方法，按对应内容审查　由于工程规模、繁简程度不同，施工方法和施工企业情况不一样，所编工程预算的质量也不同，因此，需选择适当的审查方法进行审核。

（3）调整预算　综合整理审查资料，与编制单位交换意见，定案后编制调整预算。审查后，需要进行增加或核减的，经与编制单位协商，统一意见后，进行相应修正。

 技能训练

一、单项选择题

1.对于技术上复杂、在设计时有一定难度的工程一般采取（　　　）。

A. 一阶段设计　　　　　B. 两阶段设计　　　　　C. 三阶段设计　　　　　D. 四阶段设计

2. 对于一些牵扯面较广的大型工业建设项目，设计者根据收集设计资料，对工程主要内容（包括功能和形式）有一个大概的布局设想，然后考虑工程与周围环境之间的关系。这一阶段的工作属于（　　）。

A. 方案设计　　　　　B. 总体设计　　　　　C. 初步设计　　　　　D. 技术设计

3. 随着建筑物层数的增加，下列趋势变动正确的是（　　）。

A. 单位建筑面积分摊土地费用降低　　　　　B. 单位建筑面积分摊土地费用增加

C. 单位建筑面积分摊外部流通空间费用增加　　　　　D. 单位建筑面积造价减少

4. 在建筑设计评价指标中，厂房有效面积和建筑面积之比主要用于（　　）。

A. 评价平面形状是否合理　　　　　B. 评价柱网布置是否合理

C. 评价厂房经济层数与展开面积的比例是否合理　　　　　D. 评价建筑物功能水平是否合理

5. 某新建企业有两个设计方案，年产量均为 800 件，方案甲总投资 1000 万元，年经营成本 400 万元；方案乙总投资 1500 万元，年经营成本 360 万元，当行业的基准投资回收期（　　）年时，甲方案优。

A. 12.5　　　　　B. 10　　　　　C. 11.5　　　　　D. 8

6. A 公司拟新建一生产企业，有两个方案可供选择，甲方案总投资 2000 万元，年经营成本 600 万元，年产量 1200 件；乙方按总投资 1400 万元，年经营成本 550 万元，年产量 1000 件。当行业的标准投资效果系数大于（　　）时，乙方案最优。

A. 15%　　　　　B. 18.75%　　　　　C. 7.14%　　　　　D. 13%

7. 价值工程中价值的含义是（　　）。

A. 产品功能的实用程度　　　　B. 产品消耗的社会必要劳动时间

C. 产品成本与功能的比值　　　　D. 产品的功能与实现这个功能所消耗费用的比值

8. 某住宅设计方案的功能评价系数和功能的现实成本（目前成本）如表 4.4 所示。

表 4.4　功能评价系数和功能的现实成本

功能	功能评价系数	目前成本/万元
F1	0.5	220
F2	0.3	100
F3	0.2	80
合计	1.0	400

若拟控制的目标成本为 360 万元，则应首先降低（　　）的成本。

A. F1　　　　　B. F2　　　　　C. F3　　　　　D. F2 和 F3

9. 限额设计按过程从前到后和按专业内部协调可分为（　　）。

A. 纵向控制和横向控制　　　　　B. 过程控制和阶段控制

C. 静态控制和动态控制　　　　　D. 数量控制和质量控制

二、多项选择题

1. 在设计阶段影响工程造价的因素中，总平面设计所包含的主要内容有（　　）。

A. 厂址方案　　　　　B. 建筑规模　　　　　C. 总图运输

D. 生产工艺　　　　　E. 占地面积

2. 在进行设计方案评价时，静态经济评价方法主要有（　　）。

A. 多指标对比法　　　　　B. 多指标综合评价法　　　　　C. 投资回收期法

D. 计算费用法　　　　　　E. 差额内部收益率法

3. 价值工程在设计阶段根据某功能的价值系数（V）进行工程造价控制时，做法正确的是（　　）。

A. $V>1$ 时，在功能水平不变的情况下降低成本

B. $V>1$ 时，提高功能水平但成本不变

C. $V>1$ 时，降低重要功能的成本

D. $V>1$ 时，提高重要功能的成本

E. $V>1$ 时，提高不重要工程的成本

4. 下列有关价值工程在设计阶段造价中的应用，表达正确的是（　　）。

A. 功能分析是主要分析研究对象具有哪些功能及各项功能之间的关系

B. 可以应用 ABC 法来选择价值工程的研究对象

C. 功能评价中，不但要确定各项功能评价系数，还要计算功能的现实成本及价值系数

D. 对于价值系数大于 1 的重要功能，可以不做优化

E. 对于价值系数小于 1 的，必须提高功能水平

5. 在建筑单位工程概算中包括的内容有（　　）。

A. 给排水、采暖工程概算　　　　　　B. 通风、空调工程概算

C. 电气、照明工程概算　　　　　　　D. 弱电工程概算

E. 工具、器具及生产家具购置费用概算

三、思考题

1. 设计阶段影响工程造价的因素有哪些？

2. 工程设计方案的优化途径有哪几种？

3. 根据价值工程的原理，提高产品价值的途径有哪几种？

4. 如何进行限额设计的横向、纵向管理？

5. 建筑工程概算的编制方法有哪些？

四、案例题

某房地产公司对某公寓项目的开发征集到若干建设方案，经筛选后对其中较为出色的四个设计方案做进一步的技术经济评价。有关专家决定从五个方面（分别以 F1 到 F5 表示）对不同方案的功能进行评价，并对各功能的重要性达成共识：F2 和 F3 同样重要；F4 和 F5 同样重要；F1 相对 F4 很重要；F1 相对 F2 较重要。各专家对该四个方案的功能满足程度分别打分，结果见表 4.5。

根据造价工程师估算，A、B、C、D 四个方案的单方造价分别为 1420 元/平方米、1230 元/平方米、1150 元/平方米、1360 元/平方米。

表 4.5　方案功能得分表

功能 ＼ 方案	A	B	C	D
F1	9	10	9	8

续表

功能＼方案	A	B	C	D
F2	10	10	8	9
F3	9	9	10	9
F4	8	8	8	7
F5	9	7	9	6

问题：

（1）计算各功能的权重。

（2）利用价值指数法选择最佳设计方案。

模块五 建设项目招投标阶段的工程造价管理

知识目标

- 了解招投标的概念和内容
- 熟悉招投标程序及文件构成
- 掌握工程量清单的编制及其投标报价
- 掌握工程合同价款的确定

技能目标

- 能够编制工程量清单及其投标报价
- 能够进行工程招标控制价、标底及投标报价的编制计算
- 能够进行建设工程造价的控制计算

学习重点

- 建设项目招投标程序
- 招投标文件的编制
- 建设项目招投标阶段工程造价管理的内容
- 工程量清单计价
- 合同价款的确定

  建设项目招投标阶段的造价管理是对工程造价进行控制的重要阶段之一。在市场经济体制中，建设项目在招投标阶段开展造价控制已经成为市场的一个重要标志，是建设项目取得经济、社会效益的重要前提。推行招投标制度，对规避项目风险、降低工程造价具有非常重要的作用。本模块主要介绍了建设项目招投标概述及其程序、招标文件的编制及投标报价、合同价款的确定与合同的签订、招投标阶段影响工程造价的因素及其控制。重点讲解了招投标阶段工程造价的内容及控制方法。

5.1 建设项目招投标概述及造价管理的内容

5.1.1 建设项目招投标概述

建设项目招投标是运用于建设项目交易的一种方式。根据《中华人民共和国招标投标法》（可依据前言指示方法下载电子资料包学习），对于规定范围和规模标准内的工程项目，对于不适于招标发包的工程项目，建设单位可以直接发包。它的特点是由固定买主设定包括以商品质量、价格、工期为主的标的，邀请若干卖主通过秘密报价竞标，由买主选择优胜者后，与其达成交易协议，签订工程承包合同。

5.1.1.1 建设项目招标的概念

建设项目招标是招标的起始阶段，是指招标人（或招标单位）在发包建设项目之前，以招标公告或邀请书的方式提出招标项目的有关要求，公布招标条件，投标人（或投标单位）根据招标人的意图和要求前来投标并提出报价，通过评定，从中择优选定中标人的一种经济活动。

5.1.1.2 建设项目投标的概念

建设项目投标是招标的对称概念，指具有合法资格和能力的投标人（或投标单位），根据招标条件并经过初步研究和估算，在指定期限内编制标书，根据实际情况提出自己的报价，并通过开标来决定能否中标的一种交易方式。

5.1.1.3 建设项目招投标的性质

我国法学界一般认为，建设项目招标是要约邀请，而投标是要约，中标通知书是承诺。《中华人民共和国合同法》也明确规定，招标公告是要约邀请。也就是说，招标实际上是邀请投标人对招标人提出要约（即报价），属于要约邀请。投标则是一种要约，它符合要约的所有要件，如具有缔结合同的目的；一旦中标，投标人将受投标书的约束；投标书的内容具有足以使合同成立的主要条款等。招标人向中标的投标人发出中标通知书，则是招标人同意接受中标人的投标条件，即同意接受该投标人的要约的意思的表示，应属于承诺。

推行工程招投标的目的，就是要在建设工程市场中建立竞争机制。招标人通过招标活动来选择条件优越者，使其力争用最优的技术、最佳的质量、最低的报价、最短的工期完成工程项目任务；投标人也通过这种方式选择项目和招标人，以使自己获得丰厚的利润。

5.1.2 建设项目招标方式

根据《中华人民共和国招标投标法》的规定，招标方式分为公开招标和邀请招标两种方式。按照 2012 年 2 月 1 日实施的《中华人民共和国招标投标法实施条例》（可依据前言指示方法下载电子资料包学习）第八条规定，国有资金占控股或者主导地位的依法必须招标的项目，应当公开招标；但有下列情形之一的，可以邀请招标。

① 技术复杂、有特殊要求或者受自然环境限制，只有少量潜在投标人可供选择。

② 采用公开招标方式的费用占项目合同金额的比例过大。

如符合条件，需要采用邀请招标方式，须经有关行政主管部门核准。国际招标类型还包括其他一些招标方式，如议标、两阶段招标等。

（1）公开招标　是指招标人以招标公告的方式邀请不特定的法人或者其他组织投标。由招标单位通过报刊、广播、电视等方式发布招标广告，符合条件的投标人均可自愿参加投标的招标方式。

招标人采用这种招标方式可在数量众多的投标人之间选择报价合理、工期短、信誉良好的投标人，有利于降低工程造价、提高工程质量和缩短工期。但由于参与竞争的投标人较多，增加了资格预审和评标的工作量，致使招标费用较高。公开招标是我国目前最广泛采用的招标方式。

（2）邀请招标　是指招标人以投标邀请书的方式邀请特定的法人或者其他组织投标。这种方式不发布广告，业主根据自己的经验和所掌握的信息资料，向有承担该项建设工程能力的三个及以上投标人发出招标邀请书，收到邀请书的单位才有资格参加投标。

邀请招标目标比较集中，招标的组织工作较容易，工作量比较小。但由于参加的投标单位较少，竞争性较差，使招标人的选择余地较少，限制了竞争范围，可能会失去技术上或报价上有竞争力的投标者。

5.1.3　建设项目招标的分类

5.1.3.1　按工程建设程序分类

按照工程建设程序，可以将建设项目招标投标分为建设项目前期咨询招标、工程勘察设计招标、材料设备采购招标、工程施工招标。

（1）建设项目前期咨询招标　是指对建设项目的可行性研究任务进行的招标。投标方一般为工程咨询企业。中标的承包方要根据招标文件的要求，向发包方提供拟建工程的可行性研究报告，并对其结论的准确性负责。承包方提供的可行性研究报告，应获得发包方的认可。认可的方式通常为专家组评估鉴定。

项目投资者有的缺乏建设管理经验，通过招标选择项目咨询者及建设管理者，即工程投资方在缺乏工程实施管理经验时，通过招标方式选择具有专业管理经验的工程咨询单位，为其制定科学、合理的投资开发建设方案，并组织控制方案的实施。这种集项目咨询与管理于一体的招标类型的投标人一般也为工程咨询单位。

（2）工程勘察设计招标　指根据批准的可行性研究报告，择优选择勘察设计单位的招标。勘察和设计是两种不同性质的工作，可由勘察单位和设计单位分别完成。勘察单位最终提出施工现场的地理位置、地形、地貌、地质、水文等在内的勘察报告。设计单位最终提供设计图纸和成本预算结果。设计招标还可以进一步分为建筑方案设计招标、施工图设计招标。当施工图设计不是由专业的设计单位承担，而是由施工单位承担，一般不进行单独招标。

（3）材料设备采购招标　是指在工程项目初步设计完成后，对建设项目所需的建筑材料和设备（如电梯、供配电系统、空调系统等）采购任务进行的招标。投标方通常为材料供应商、成套设备供应商。

（4）工程施工招标　在工程项目的初步设计或施工图设计完成后，用招标的方式选择施工单位的招标。施工单位最终向业主交付按招标设计文件规定的建筑产品。

国内外招投标现行做法中经常采用将工程建设程序中各个阶段合为一体进行全过程招标，通常又称其为总包。

5.1.3.2　按工程项目承包的范围分类

按工程项目承包的范围可将建设项目招标划分为项目总承包招标、工程勘察招标、工程设计招标、工程施工招标、工程监理招标、工程材料设备招标。

（1）建设项目总承包招标　又称建设项目全过程招标，在国外称之为"交钥匙"承包，它是指在项目决策阶段从项目建议书开始，包括可行性研究、勘察设计、设备材料询价与采购、工程施工、生产准备，直至竣工投产、交付使用全面实行招标。

（2）工程勘察招标　是指招标人就拟建工程的勘察任务发布通告，以法定方式吸引勘察单位参加竞争，经招标人审查获得投标资格的勘察单位按照招标文件的要求，在规定时间内向招标人填报投标书，招标人从中选择优越者完成勘察任务。

（3）工程设计招标　是指招标人就拟建工程的设计任务发布通告，以法定方式吸引设计单位参加竞争，经招标人审查获得投标资格的设计单位按照招标文件的要求，在规定的时间内向招标人填报标书，招标人择优选定中标单位来完成设计任务。设计招标一般是设计方案招标。

（4）工程施工招标　是指招标人就拟建的工程发布通告，以法定方式吸引建筑施工企业参加竞争，招标人从中选择优越者完成建筑施工任务。施工招标可分为全部工程招标、单项工程招标和专业工程招标。

（5）工程监理招标　是指招标人就拟建工程的监理任务发布通告，以法定方式吸引工程监理单位参加竞争，招标人从中选择优越者完成监理任务。

（6）工程材料设备招标　是指招标人就拟购买的材料设备发布通告或邀请，以法定方式吸引材料设备供应商参加竞争，招标人择优选定中标单位来完成材料设备购置。

5.1.3.3　按行业或专业类别分类

按与工程建设相关的业务性质及专业类别划分，可将建设项目招标分为土木工程招标、勘察设计招标、材料设备采购招标、安装工程招标、建筑装饰装修招标、生产工艺技术转让招标、咨询服务（工程咨询）和建设监理招标等。

（1）土木工程招标　是指对建设工程中土木工程施工任务进行的招标。

（2）勘察设计招标　是指对建设项目的勘察设计任务进行的招标。

（3）材料设备采购招标　是指对建设项目所需的建筑材料和设备采购任务进行的招标。

（4）安装工程招标　是指对建设项目的设备安装任务进行的招标。

（5）建筑装饰装修招标　是指对建设项目的建筑装饰装修的施工任务进行的招标。

（6）生产工艺技术转让招标　是指对建设工程生产工艺技术转让进行的招标。

（7）工程咨询和建设监理招标　是指对工程咨询和建设监理任务进行的招标。

5.1.3.4　按工程承发包模式分类

随着建筑市场运作模式与国际接轨进程的深入，我国承发包模式也逐渐呈多样化，主要包括工程咨询承包模式、交钥匙工程承包模式、设计施工承包模式、设计管理承包模式、BOT 工程模式、CM 模式。按承发包模式分类可将工程招标划分为工程咨询招标、交钥匙工程招标、设计施工招标、设计管理招标、BOT 工程招标。

（1）工程咨询招标　是指以工程咨询服务为对象的招标行为。工程咨询服务的内容主要包括工程立项决策阶段的规划研究、项目选定与决策；建设准备阶段的工程设计、工程招标；施工阶段的监理、竣工验收等工作。

（2）交钥匙工程招标　"交钥匙"模式即承包商向业主提供包括融资、设计、施工、设备采购、安装和调试直至竣工移交的全套服务。交钥匙工程招标是指发包商将上述全部工作作为一个标的招标，承包商通常将部分阶段的工程分包，即全过程招标。

（3）设计施工招标　是指将设计及施工作为一个整体标的以招标的方式进行发包，投标人必须为同时具有设计能力和施工能力的承包商。我国由于长期采取设计与施工分开的管理体制，目前具备设计、施工双重能力的施工企业为数较少。

设计-建造模式是一种项目组管理方式。业主和设计-建造承包商密切合作，完成项目的规划、设计、成本控制、进度安排等工作，甚至负责项目融资。使用一个承包商对整个项目负责，避免了设计和施工的矛盾，可显著减少项目的成本和工期。同时，在选定承包商时，把设计方案的优劣作为主要的评标因素，可保证业主得到高质量的工程项目。

（4）设计管理招标　即设计-管理模式，是指由同一实体向业主提供设计和施工管理服务的工程管理模式。这种模式时，业主只签订一份既包括设计也包括工程管理服务的合同，在这种情况下，设计机构与管理机构是同一实体。这一实体常常是设计机构施工管理企业的联合体。设计-管理招标即为以设计管理为标的进行的工程招标。

（5）BOT（Build-Operate-Transfer）工程招标　即建造-运营-移交模式。这是指东道国政府开放本国基础设施建设和运营市场，吸收国外资金，授给项目公司以特许权，由该公司负责融资和组织建设，建成后负责运营及偿还贷款。在特许期满时将工程移交给东道国政府。BOT 工程招标即是对这些工程环节的招标。

5.1.4　建设项目招标基本程序

建设项目招标的基本程序主要包括：履行项目审批手续、编制招标文件及标底、发布招标公告或投标邀请书、资格审查、发售招标文件、现场踏勘和投标预备会、开标、评标、中标和签订合同。

5.1.4.1　履行项目审批手续

《中华人民共和国招标投标法》规定，招标项目按照国家有关规定需要履行项目审批手续的，应当先履行审批手续，取得批准。招标人应当有进行招标项目的相应资金或资金来源已经落实，并应当在招标文件中如实载明。

《中华人民共和国招标投标法实施条例》进一步规定，需要履行项目审批、核准的依法必须进行招标的项目，其招标范围、招标方式、招标组织形式应当报项目审批、核准部门审批、核准。

（1）确定招标范围　建设项目招标可根据招标人实际需要分为项目总承包招标或总体招标；或者其中某个阶段、某一部分的招标。

知识窗

1）我国《中华人民共和国招标投标法》指出，凡在中华人民共和国境内进行下列工程建设项目包括项目的勘察、设计、施工、监理以及与工程建设有关的重要设备、材料等的采购，必须进行招标：

① 大型基础设施、公用事业等关系社会公共利益、公众安全的项目；

② 全部或者部分使用国有资金投资或者国家融资的项目；

③ 使用国际组织或者外国政府贷款、援助资金的项目。

2）2000 年 5 月 1 日，国家计委发布了《工程建设项目招标范围和规模规定》，对《中华人民共和国招标投标法》中工程建设项目招标范围和规模做了具体规定：

① 关系社会公共利益、公众安全的基础设施项目，如煤炭、铁路、电力、水利、环境污染防治等。

② 关系社会公共利益、公众安全的公用事业项目，如供水、供电、文化、体育、旅游等。

③ 使用国有资金投资项目。

④ 国家融资项目。

⑤ 使用国际组织或者外国政府资金的项目。

⑥ 前面①至⑤规定范围内的各类工程建设项目，包括项目的勘查、设计、施工、监理以及与工程建设有关的重要设备、材料等的采购，达到下列标准之一的，必须进行招标：

a. 施工单项合同估算价在 400 万元人民币以上的。

b. 重要设备、材料等货物的采购、单项合同估算价在 200 万元人民币以上的。

c. 勘查、设计、监理等服务的采购，单项合同估算价在 100 万元人民币以上的。

d. 单项估算价低于第 a、b、c 项规定的标准，但项目总投资额在 3000 万元人民币以上的。

国家发展改革委员会可以根据实际需要，会同国务院有关部门对已经确定的必须进行招标的具体范围和规模标准进行部分调整。省、自治区、直辖市人民政府根据实际情况，可以规定本地区必须进行招标的具体范围和规模标准，但不得缩小上述必须招标的规模标准。

（2）工程报建　按照《工程建设项目报建管理办法》中规定，建设项目应由建设单位或其代理机构在项目可行性研究报告或其他立项文件被批准后，须向当地建设行政主管部门或其授权机构进行报建。报建内容主要包括项目名称、建设地点、投资规模、资金来源、结构类型、发包方式、计划开竣工日期、工程筹建情况等。

（3）选定招标方式　根据相关法律规定及建设项目特点确定招标形式是自行招标，还是委托招标代理机构进行招标；选定招标方式是采用公开招标还是邀请招标。

（4）招标备案　招标人发布招标公告或投标邀请书之前，应向建设行政主管部门办理招标备案，建设行政主管部门通过后方可开展后续招标事宜。

5.1.4.2　编制招标文件

《中华人民共和国招标投标法》规定，招标人应当根据招标项目的特点和需要编制招标文件。招标文件应当包括招标项目的技术要求、对投标人资格审查的标准、投标报价要求和评标标准等所有实质性要求和条件，以及拟签订合同的主要条款。国家对招标项目的技术、标准有规定的，招标人应当按照其规定在招标文件中提出相应要求。

招标文件是招标人阐述建设项目招标条件和具体要求以及确定、修改和解释招标事宜的书面形式的统称。招标文件的编制须做到系统、完善、准确，使投标者能够一目了然。招标文件的主要内容包括：招标公告或投标邀请书、投标人须知、评标办法、技术条款、投标文件格式、拟签订合同主要条款和合同格式、附件以及其他要求投标人提供的材料。采用工程量清单招标的，应当提供工程量清单。

招标人可以自行决定是否编制标底。一个招标项目只能有一个标底。标底必须保密。招标人设有最高投标限价的，应当在招标文件中明确最高投标限价或者最高投标限价的计算方法。招标人不得规定最低投标限价。

住房和城乡建设部 2013 年 12 月发布的《建筑工程施工发包与成本计价管理办法》中规定，国有资金投资的建筑工程招标的，应当设有最高投标限价；非国有资金投资的建筑工程招标的，可以设有最高投标限价或者招标标底。最高投标限价应当根据工程量清单、工程计价有关规定和市场价格信息等编制。招标人设有最高投标限价的，应当在招标时公布最高投标限价的总价，以及各单位工程的分部分项工程费、措施项目费、其他项目费、规费和税金。招标标底应当依据工程计价有关规定和市场价格信息等编制。

5.1.4.3　发布招标公告或投标邀请书

根据选定方式发布招标公告或投标邀请书，招标公告或投标邀请书应当载明招标人的名称和地址、招标项目的性质、数量、实施地点和时间以及获取招标文件的办法等事项。

招标人可以根据招标项目本身的要求，在招标公告或投标邀请书中，要求潜在投标人提供有关资质证明文件和业绩情况，并对潜在投标人进行资格审查。

5.1.4.4　资格审查

资格审查分为资格预审和资格后审。

资格预审指招标人在招标开始前或开始初期，由招标人对申请参加竞标的投标人进行资质条件、业绩、信誉、技术、人员、资金等情况进行资格审查。《中华人民共和国招标投标法实施条例》规定，招标人采用资格预审办法对潜在投标人进行资格审查的，应当发布资格预审公告、编制资格预审文件。

资格预审文件的主要内容有资格预审公告、申请人须知、申请书格式、资格预审评审办法和项目建设概况。

招标人根据资格预审文件相关要求对报名参加投标的申请人的承包能力、业绩、资格和资质、历史工程情况、财务状况和信誉等进行审查，确定符合要求的投标人名单，并向所有参加资格预审申请人公布评审结果。

招标人采用资格后审办法对投标人进行资格审查的，应当在开标后由评标委员会按照招标文件规定的标准和方法对投标人的资格进行审查。

5.1.4.5　发售招标文件

（1）招标文件的发售　招标人向合格投标人发放招标文件及有关技术资料，招标人对所发出的招标文件可以酌情收取工本费，但不得以此牟利。

（2）招标文件澄清与修改　投标人收到招标文件、图纸和有关技术资料后，如发现缺页或附件不全，应及时向招标人提出，以便招标人补全。若有疑问或不清楚的问题需要解答的，应当在招标文件相应规定的时间内以书面形式向招标人提出，招标人需以书面形式或在投标预备会上予以解答。

招标人对招标文件所做的任何澄清和修改，须同时报建设行政主管部门备案，并在投标截止期15日前发给购买招标文件的所有投标人。如果澄清或修改招标文件后的时间不足15天，相应推迟投标截止日期。投标人收到招标文件的澄清或修改内容后应在规定时间内以书面形式确定。招标文件的澄清或修改内容作为招标文件的有效组成部分，对招投标双方均有约束作用。

5.1.4.6　现场踏勘和投标预备会

现场踏勘的目的是让投标人了解工程场地及周边环境，以获取投标人认为有必要的信息。投标预备会也称答疑会、标前会议，是指招标人对招标文件中的某些内容加以修改或补充说明，澄清或解答投标人书面提出的问题或招标文件和现场踏勘中的问题，使投标人更好地编制投标文件而组织召开的会议。会议结束后，招标人应将会议纪要用书面通知的形式发给每一个投标人。会议纪要和会议中解答投标人问题的答复函件形成招标文件的补充文件，都是招标文件的有效组成文件，与招标文件具有同等法律效力，当补充文件与招标文件不一致时，应以补充文件为准。

5.1.4.7　开标与评标

（1）开标　《中华人民共和国招标投标法》规定，开标应当在招标文件确定的提交投标文件截止的同一时间公开进行，按招标文件规定的时间、地点，在投标单位法定代表人或授权代理人在场的情况下举行开标会议。

开标由招标人主持，邀请所有投标人参加。开标时，由投标人或者推选的代表检查投标文件的密封情况，也可以由招标人委托的公证机构检查并公证；经确认无误后，由工作人员当众拆封，宣读投标人名称、投标价格和投标文件的其他主要内容。招标人在招标文件要求提交投标文件的截止时间前收到的所有投标文件，开标时都应该当众予以拆封、宣读。开标过程应当记录，并存档备查。

对于编制标底的工程，招标单位可以规定在标底上下浮动一定范围内的投标报价为有效，并在招标文件中写明。在开标时，如果仅有少于三家的投标报价符合规定的浮动范围，招标单位可以采用加权平均的方法修订规定，或者宣布实行合理低价中标，或者重新组织招标。

（2）评标　评标由招标人依法组建的评标委员会负责，招标人应当采取必要的措施，保证评标在严格保密的情况下进行。任何单位和个人不得非法干预、影响评标的过程和结果。

评标委员会应当按照招标文件确定的评标标准和方法，对投标文件进行评审和比较；招标项目设有标底的，应当参考标底，并在开标时公布，但不得以投标报价是否接近标底作为中标条件，也不得以投标报价超过标底上下浮动范围作为否决投标的条件。

评标委员会完成评标后，应当向招标人提出书面评标报告，并推荐合格的中标候选人。

5.1.4.8　中标与合同签订

招标人根据评标委员会提出的书面评标报告和推荐的中标候选人确定中标人。招标人也可以授权评标委员会直接确定中标人。中标单位选定后，由招标管理机构核准，获准后招标单位向中标单位发出"中标通知书"。

招标人与中标人自中标通知书发出之日起 30 天内，按招标文件和中标人的投标文件的有关内容签订书面合同，合同的标的、价款、质量、履行期限等主要条款应当与之内容一致。具体招投标流程如图 5.1 所示。

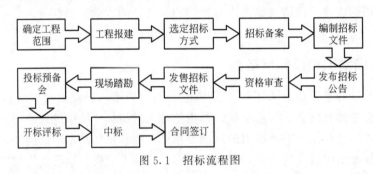

图 5.1　招标流程图

5.1.5 建设项目招投标阶段工程造价管理的内容

（1）发包人选择合理的招标方式　《中华人民共和国招标投标法》中规定的招标方式有公开招标和邀请招标。公开招标方式是能够体现公开、公正、公平原则的最佳招标方式；邀请招标一般只适用于国家投资的特殊项目和非国有资金的项目。选择合适的招标方式是合理确定工程合同价款的基础。

（2）发包人选择合理的承包模式　常见的承包模式包括总分包模式、平行承包模式、联合体承包模式和合作承包模式，不同的承包模式适用于不同类型的工程建设项目，对工程造价的控制也体现出不同的作用。

总分包模式的总包合同可以较早确定，业主可以承担较少的风险，对总承包商而言，责任重，风险大，获得高额利润的潜力也比较大。

平行承包模式的总合同价短期不易确定，从而影响工程造价控制的实施。工程招标任务量大，需控制多项合同价格，从而增加了工程造价控制的难度。但对于大型复杂工程，如果分别招标，可参与竞争的投标人增多，业主就能够获得具有竞争性的商业报价。

联合体承包对业主而言，合同结构简单，有利于工程造价的控制，对联合体而言，可以集中各成员单位在资金、技术和管理等方面的优势，增强了抗风险能力。

合作承包模式与联合体承包相比，业主的风险较大，合作各方之间信任度不够。

（3）发包人编制招标文件，确定合理的工程计量方法和投标报价方法，确定招标工程标底　建设项目的发包数量、合同类型和招标方式一经批准确定以后，即应编制为招标服务的有关文件。工程计量方法和报价方法的不同，会产生不同的合同价格，因而在招标前，应选择有利于降低工程造价和便于合同管理的工程计量方法和报价方法。编制标底是建设项目招标前的另一项重要工作，而且是较复杂和细致的工作。标底的编制应当实事求是，综合考虑和体现发包人和承包人的利益。没有合理的标底可能会导致工程招标的失误，达不到降低建设投资、缩短建设工期、保证工程质量、择优选用项目承包人的目的。

（4）承包人编制投标文件，合理确定投标报价　拟投标招标工程的承包人在通过资格审查后，根据获取的招标文件，编制投标文件并对其做出实质性响应。在核实工程量的基础上依据企业定额进行工程报价，然后在广泛了解潜在竞争者及工程情况的基础上，运用投标技巧，选用正确的策略来确定最终报价。

（5）发包人选择合理的评标方式进行评标，在正式确定中标单位之前，对潜在中标单位进行询标　评标过程中使用的方法很多，不同的计价方式对应不同的评标方法，正确的评标方法选择有助于科学选择承包人。在正式确定中标单位之前，一般都对得分最高的一二家潜在中标单位的标函进行质询，意在对投标函中有意或无意的不明和笔误之处做进一步明确或纠正。尤其是当投标人对施工图计量的遗漏、对定额套用的错项、对工料机市场价格不熟悉而引起的失误，以及对其他规避招标文件有关要求的投机取巧行为进行剖析，以确保发包人和潜在中标人等各方的利益都不受损害。

（6）发包人通过评标定标，选择中标单位，签订承包合同　评标委员会依据评标规则，对投标人评分并排名，向业主推荐中标人，并以中标人的报价作为承包价。合同的形式应在招标文件中确定，并在投标函中做出响应。目前建筑工程合同格式一般有三种：参考 FIDIC 合同格式订立的合同；按照国家工商部门、住房和城乡建设部推荐的《建设工程合同示范文本》格式订立的合同；由建设单位和施工单位协商订立的合同。不同的合同格式适用于不同类型的工程，正确选用合适的合同类型是保证合同顺利执行的基础。

例 5.1　某建设工程的建设单位自行办理招标事宜，由于该工程技术复杂且需采用大型专用施工设备和相关技术，经有关主管部门批准，建设单位决定采用邀请招标，共邀请A、B、C 三家符合条件的企业参加投标。问：对于必须招标的项目，在哪些情况下经有关主管部门批准可以采用邀请招标？

解　《中华人民共和国招标投标法实施条例》规定，国有资金占控股或者主导地位的依法必须招标的项目，应当公开招标；但有下列情形之一的，可以邀请招标：

① 技术复杂、有特殊要求或者受自然环境限制，只有少量潜在投标人可供选择。

② 采用公开招标方式的费用占项目合同金额的比例过大。

《工程建设项目施工招标投标办法》进一步规定，对于必须招标的项目，有下列情形之一的，经批准可以进行邀请招标：

① 项目技术复杂或有特殊要求，只有少数几家潜在投标人可供选择的；

② 受自然地域环境限制的；

③ 涉及国家安全、国家秘密或抢险救灾，适宜招标但不宜公开招标的；

④ 拟公开招标的费用与项目的价值相比，不值得的；

⑤ 法律、法规规定不宜公开招标的。

5.2 招标文件的编制与投标报价

5.2.1 招标文件的编制及内容

招标文件是建设项目招标工作的纲领性文件，同时也是投标人编制投标书的依据，以及双方签订合同的主要内容。招标文件的编制要满足投资控制、进度控制、质量控制的总体目标，符合发包人的要求及项目特点。

根据《中华人民共和国房屋建筑和市政工程标准施工招标文件》（2010 年版）（该文件可依据前言指示方法下载电子资料包学习）的规定，施工招标文件包括以下内容。

（1）招标公告（或投标邀请书）

（2）投标人须知

（3）评标办法

（4）合同条款及格式

（5）工程量清单

（6）图纸

（7）技术标准和要求

（8）投标文件格式

（9）规定的其他材料

在招标文件编写过程中进行造价控制的主要工作是选定合理的工程计量方法和计价方法。按照我国目前的规定，对于全部使用国有资金投资或国有资金投资为主的大中型建设工程应使用工程量清单计价模式，其他项目可使用定额计价的模式。

（1）工程量清单编制　招标文件内容包括招标工程量清单。工程量清单是按照国家或地方颁布的计算规则、统一的工程项目划分方法、统一的计量单位、统一的工程量计算规则，根据设计图纸、设计说明、图纸会审记录、考虑招标人的要求、工程项目的特点计算工程量并予以统计、排列，从而得到的清单。它作为投标报价参考文件的重要组成部分提供给投标人，目的在于将投标价格的工程量部分固定不变。编制工程量清单，应充分体现"量价分离"的风险分担原则，工程量清单的编制方法见模块二相关内容。

（2）报价方法　报价方法要根据招标文件的要求的计价模式进行选择，如按定额计价方式，则选用工料单价法和综合单价法。工料单价法针对单位工程，汇总所有分部分项工程各种工料机数量，乘以相应的工料机市场单价，所得总和，再考虑总的间接费、利润和税金后报出总价。它不但包括各种费用计算顺序，而且反映各种工料机市场单价。综合计价法针对分部分项工程，综合考虑其工料机成本和各类间接费及利润和税金后报出单价，再根据各分项量价积之和而组成工程总价，一般不反映工料机单价。如采用工程量清单计价，则要按照工程量清单的综合单价法进行报价，每个分部分项工程综合单价包括直接工程费、管理费、利润和风险金，不包括措施费、规费和税金，在汇总所有分部分项工程费后加措施费、其他费、规费和税金后得到单位工程报价。

5.2.2 招标标底的编制

5.2.2.1 标底的概念

标底是指招标人根据招标项目的具体情况，编制的完成招标项目所需的全部费用，是根据国家规定的计价依据和计价办法计算出来的工程造价，是招标人对建设工程的期望价格。

招标人可根据工程的实际情况决定是否编制标底。一般情况下，即使采用无标底方式招标，招标人也需对工程的建造费用事先进行估计，以便心中有数。

5.2.2.2 标底的编制原则

① 根据国家公布的统一工程项目划分、计量单位、工程量计算规则以及设计图纸、招标文件，并参照国家、行业或地方批准发布的定额和国家、行业、地方规定的技术标准规范，以及生产要素市场价格编制标底。标底价格反映市场平均水平。

② 标底作为招标人的期望价格，应力求与市场的实际变化吻合，要有利于竞争和保证工程质量。

③ 标底应由直接费、间接费、利润、税金等组成，一般应控制在批准的项目投资估算或总概算（修正概算）的限额以内。

④ 标底应考虑人工、材料、设备、机械台班等价格变化因素，还应包括措施费、不可预见费（特殊情况）、预算包干费、现场因素费用、保险以及采用固定价格的工程的风险金等。工程要求优良的还应增加相应的费用。

⑤ 一个工程只能编制一个标底。

⑥ 标底编制完成后应及时封存，开标前应严格保密，所有接触过工程标底的人员均负有保密责任，不得泄露。

5.2.2.3 标底的编制程序

工程标底价格的编制必须遵循一定的程序才能保证标底价格的正确性。

（1）准备工作 首先，要确定标底价格的编制单位。标底价格由招标人自行编制，或由受其委托具有编制标底资格和能力的中介机构代理编制。要熟悉图纸设计和说明，如发现问题或不明确之处，可要求设计单位进行交底说明或补充，并做好记录，在招标文件上加以说明；其次，要勘查现场，实地了解工程现场情况及周边环境，以作为确定施工方案、包干系数和技术措施费等有关费用计算的依据；再者，要根据招标文件中规定的招标范围、建设项目质量和工期要求进行编制，而且要进行充分的市场调查，掌握各要素的市场价格。

（2）收集编制资料 编制标底需收集有关资料和依据，包括建设行政主管部门制定的有关工程造价的规定、文件；设计文件、图纸、技术说明和工程量清单等有关技术资料；拟采用的施工组织设计、施工方案、技术措施等，工程定额、现场环境条件、市场价格信息等。总之，工程项目建设实施过程中涉及可能影响项目造价的各种影响因素，在编制标底时都应予以考虑。

（3）确定标底计价方法，计算标底价格

① 以工程量清单确定划分的计价项目及其工程量，按照国家、行业或地区发布的工程

定额或招标文件的规定，计算整个建设项目的人工、材料、机械台班需求量。

② 确定人工、材料、设备、机械台班的市场价格，分别编制人工工日及单价表、材料价格清单表、机械台班及单价表等标底价格表格。

③ 确定工程项目措施费和特殊费用，编制工程现场因素、施工技术措施、赶工措施费用表及其他特殊费用表。

④ 采用固定合同价格的，预测和测算工程施工周期内的人工、材料、设备、机械台班价格波动的风险系数。

⑤ 根据招标文件的要求，按工料单价计算直接工程费，之后计算措施费、间接费、利润和税金，编制工程标底价格计算书和标底价格汇总表。或者根据招标文件的要求，通过综合计算完成分部分项工程产生的直接工程费、措施费、间接费、利润和税金，形成综合单价，按综合单价法编制工程标底价格计算书和标底价格汇总表。如采用工程量清单计价，则结合国家、行业或地区发布的工程定额和人工、材料、设备、机械台班等的市场价格，形成综合单价，按工程量清单的综合单价法计算标底价格。

（4）审核标底价格　计算得到标底价格后，应再依据项目设计图纸、特殊施工方法、工程定额等对填有单价与合价的工程量清单、标底价格计算书、标底价格汇总表、采用固定价格的风险系数测算明细，以及现场环境因素、施工技术措施测算明细、材料设备清单等标底价格编制表格进行复查与审核。

5.2.2.4　标底文件的主要内容

① 标底的综合编制说明。

② 标底价格审定书、标底价格计算书、带有价格的工程量清单、现场因素、各种施工措施费的测算明细以及采用固定价格工程的风险系数测算明细等。

③ 主要人工、材料、机械设备用量表。

④ 标底附件。

⑤ 标底价格编制的有关表格。

5.2.2.5　标底价格的编制方法

（1）定额计价法编制标底　定额计价法编制标底采用的是分部分项工程项目的直接工程费单价（或称为工料机单价），该单价中仅仅包括了人工、材料、机械费用。

① 单位估价法。单位估价法编制招标工程的标底大多是在工程概预算定额基础上做出的，但它不完全等同于工程概预算。编制一个合理、可靠的标底还必须在此基础上综合考虑工期、质量、自然地理条件和招标工程范围等因素。

② 实物量法。用实物量法编制标底，主要先用计算出的各分项工程的实物工程量，分别套取工程定额中的人工、材料、机械消耗指标，并按类别汇总相加，求出单位工程所需的各种人工、材料、施工机械台班的总消耗量，然后分别乘以当时当地的人工、材料、施工机械台班市场单价，求出人工费、材料费、施工机械使用费，再汇总求和得到直接工程费。对于间接费、利润和税金等费用的计算则根据当时当地建筑市场的供求情况给予具体确定。

虽然以上两种方法在本质上没有大的区别，但由于标底具有力求与市场的实际变化相吻合的特点，所以标底应考虑人工、材料、设备、机械台班等价格变化因素，还应考虑不可预见费用（特殊情况）、预算包干费用、现场因素费用、保险以及采用固定价格合同的工程的风险费用。工程质量要求优良的还应增加相应的费用。

（2）清单计价法编制标底　工程量清单计价法编制标底时采用的单价主要是综合单价。用综合单价编制标底价格，要根据统一的项目划分，按照统一的工程量计算规则计算工程量，确定分部分项工程项目以及措施项目的工程量清单。然后分别计算其综合单价，该单价是根据具体项目分别计算的。综合单价确定以后，填入工程量清单中，再与工程量相乘得到合价，汇总之后最后考虑规费、税金即可得到标底价格。

采用工程量清单计价法编制标底时还应注意两点：一是若编制工程量清单与编制招标标底不是同一单位时，应注意发放招标文件中的工程量清单与编制标底的工程量清单在格式、内容、项目特征描述等各方面保持一致，避免由此而造成的招标失败或评标的不公正；二是要仔细区分清单中分部分项工程清单费用、措施项目清单费用、其他项目清单费用和规费、税金等各项费用的组成，避免重复计算。

5.2.2.6　标底价格的计算

（1）标底价格的计算方式　工程标底的编制，需要根据招标工程的具体情况，如设计文件和图纸的深度、工程的规模和复杂程度、招标人的特殊要求、招标文件对投标报价的规定等，选择合适的编制方法计算。

在工程招标时施工图设计已经完成的情况下，标底价格应按施工图纸进行编制；如果招标时只是完成了初步设计，标底价格只能按照初步设计图纸进行编制；如果招标时只有设计方案，标底价格可用每平方米造价指标或单位指标等进行编制。

标底价格的编制，除依据设计图纸进行费用的计算外，还需考虑图纸以外的费用，包括由合同条件、现场条件、主要施工方案、施工措施等所产生费用的取定，依据招标文件或合同条件规定的不同要求，选择不同的计价方式。根据我国现行工程造价的计算方式与惯例做法，在按工程量清单计算标底价格时，单价的计算可采用工料单价法和综合单价法。综合单价法针对分部分项工程内容，综合考虑其工料机成本和各类间接费及利税后报出单价，再根据各分项量价积之和组成工程总价；工料单价法则首先汇总各种工料机消耗量，乘以相应的工料机市场单价，得到直接工程费，再考虑措施费、间接费和利税得出总价。

（2）标底价格计算需考虑的其他因素

① 标底价格必须适应目标工期的要求。预算价格反映的是按定额工期完成合格产品的价格水平。若招标工程的目标工期不属于正常工期，而需要缩短工期，则应按提前天数给出必要的赶工费和奖励，并列入标底价格。

② 标底价格必须反映招标人的质量要求。预算价格反映的是按照国家有关施工验收规范规定完成合格产品的价格水平。当招标人提出需达到高于国家验收规范的质量要求时，就意味着承包方要付出比完成合格水平的工程更多的费用。因此，标底价格应体现优质优价。

③ 标底价格计算时，必须合理确定措施费、间接费、利润等费用，费用的计取应反映企业和市场的现实情况，尤其是利润，一般应以行业平均水平为基础。

④ 标底价格应根据招标文件或合同条件的规定，按规定的工程发承包模式，确定相应的计价方式，考虑相应的风险费用。

⑤ 标底价格必须综合考虑招标工程所处的自然地理环境条件和招标工程的范围等因素。

5.2.2.7　标底的审查

（1）审查标底的作用　对于实行设有标底进行招标承发包的建设项目，必须严格审查标底价格，保证标底价格的准确、严谨和科学。标底价格如有漏洞，应予以调整和修正。如果标底价超过概算，应按照有关规定进行处理，同时也不得以压低标底价格作为压低投资的手段。

（2）标底审查的内容

① 审查标底的计价依据：承包范围、招标文件规定的计价方法等。

② 审查标底价格的组成内容：工程量清单及其单价组成，措施费费用组成，间接费、利润、规费、税金的计取，有关文件规定的调价因素等。

③ 审查标底价格相关费用：人工、材料、机械台班的市场价格，现场因素费用、不可预见费用。对于采用固定价格合同的还应审查在施工周期内价格的风险系数等。

5.2.3　招标控制价的编制

5.2.3.1　招标控制价的概念

招标控制价是指招标人根据国家、省级、行业建设主管部门颁发的有关计价依据和办法，按照图纸和有关技术文件要求计算的，对招标建设项目限定的工程最高造价，也称拦标价、预算控制价或最高报价等。

国有资金投资的工程进行招标，根据《中华人民共和国招标投标法》的规定，招标人可以设标底。当招标人不设标底时，为有利于客观、合理地评审投标报价和避免哄抬标价、造成国有资产流失，根据《建设工程工程量清单计价规范》（GB 50500—2013）规定国有资金时工程招标人必须编制招标控制价。

招标控制价的作用决定了招标控制价不同于标底，无需保密。为体现招标的公平、公正，防止招标人有意抬高或压低工程造价，招标人应在招标文件中如实公布招标控制价，不得对所编制的招标控制价进行上浮或下调。招标人在招标文件公布招标控制价时，应公布招标控制价各组成部分的详细内容，不得只公布招标控制价总价。同时，招标人应将招标控制价报工程所在地的工程造价管理机构备案。

5.2.3.2　招标控制价的编制原则

招标控制价是招标人控制投资、确定招标工程造价的重要手段，招标控制价在计算时要力求科学合理、计算准确。在编制的过程中，应遵循以下原则。

① 国有资金投资的项目实行的是投资概算审批制度，国有资金投资的工程原则上不能超过批准的投资概算。因此，在工程招标发包时，当编制的招标控制价超过批准的概算，招标人应当将其报原概算审批部门重新审核。

② 招标人设有最高投标限价的，应当在招标文件中明确最高投标限价或者最高投标限价的计算方法。招标人不得规定最低投标限价。

③ 国有资金投资的工程，招标人编制并公布的招标控制价相当于招标人的采购预算，同时要求其不能超过批准的概算，因此，招标控制价是招标人在工程招标时能接受投标人报

价的最高限价。国有资金中的财政性资金投资的工程在招标时还应符合《中华人民共和国政府采购法》相关条款的规定。

知识窗

《中华人民共和国政府采购法》第三十六条中规定，在招标采购中，出现下列情形之一的，应予废标：

（一）符合专业条件的供应商或者对招标文件作实质响应的供应商不足三家的；

（二）出现影响采购公正的违法、违规行为的；

（三）投标人的报价均超过了采购预算，采购人不能支付的；

（四）因重大变故，采购任务取消的。

5.2.3.3　招标控制价的编制依据

招标控制价的编制依据是指在编制招标控制价时需要进行工程量计价、价格确认、工程计价的有关参数、率值的确定等工作时所需的基础性资料，主要包括以下几方面。

① 现行国家标准《建设工程工程量清单计价规范》（GB 50500—2013）与专业工程计量规范。

② 国家或省级、行业建设主管部门颁发的计价定额和计价方法。

③ 建设工程设计文件及相关资料。

④ 拟定的招标文件及招标工程量清单。

⑤ 与建设项目相关的标准、规范、技术资料。

⑥ 施工现场情况、工程特点及常规施工方案。

⑦ 工程造价管理机构发布的工程造价信息；工程造价信息没有发布的，参照市场价。

5.2.3.4　招标控制价的编制方法

根据有关文件规定，工程施工招标控制价的编制多采用两种方式：一是传统计价模式以工料单价法编制招标控制价；二是工程量清单计价模式以综合单价法编制招标控制价。

（1）综合单价法　采用综合单价法计价时，招标控制价的编制内容包括分部分项工程费、措施项目费、其他项目费、规费和税金。

1）分部分项工程费应根据招标文件中的分部分项工程量清单项目的特征描述及有关要求，按照《建设工程工程量清单计价规范》（GB 50500—2013）有关规定确定综合单价进行计算。工程量依据招标文件中提供的分部分项工程量清单确定。综合单价中应包括招标文件中要求投标人承担的风险费用。招标文件提供了暂估单价的材料，按暂估的单价计入综合单价。为使招标控制价与投标报价所包含的内容一致，综合单价中应包括招标文件中要求投标人所承担的风险内容及其范围产生的风险费用。

2）措施项目费中的安全文明施工费应当按照国家或省级、行业建设主管部门的规定标准计价，该部分不得作为竞争性费用。措施项目费应按招标文件中提供的措施项目清单确定，措施项目分以"量"和以"项"计算两种。对于可精确计量的措施项目，以"量"计算，即按与分部分项工程量清单单价相同的方式确定综合单价；对于不可精确计量的措施项目，则以"项"为单位，采用费率法时需确定某项费用的计费基数及其费率，结果应是包括除规费、税金以外的全部费用。计算公式为：

$$以"项"计算的措施项目清单费＝措施项目计费基数×费率 \qquad (5-1)$$

3）其他项目费应按下列规定计价。

① 暂列金额。暂列金额可根据工程的复杂程度、设计深度、工程环境条件（包括地质、水文、气候条件等）进行估算，一般可按分部分项工程费的10％～15％作为参考。

② 暂估价。暂估价包括材料暂估价和专业工程暂估价。暂估价中的材料单价应按照工程造价管理机构发布的工程造价信息中的材料单价计算，工程造价信息未发布的材料单价，其单价参考市场价格估算；暂估价中的专业工程暂估价应分不同专业，按有关计价规定估算。

③ 计日工。计日工包括计日工人工、材料和施工机械。在编制招标控制价时，对计日工中的人工单价和施工机械台班单价应按省级行业建设主管部门或其授权的工程造价管理机构公布的单价计算；材料应按工程造价管理机构发布的工程造价信息中的材料单价计算，工程造价信息未发布材料单价的材料，其价格应按市场调查确定的单价计算。

④ 总承包服务费。招标人应根据招标文件中列出的内容和向总承包人提出的要求，参照下列标准计算。

招标人要求对分包的专业工程进行总承包管理和协调时，按分包的专业工程估算造价的1.5％计算。

招标人要求对分包的专业工程进行总承包管理和协调，并同时要求提供配合服务时，根据招标文件中列出的配合服务内容和提出的要求，按分包的专业工程估算造价的3％～5％计算。

招标人自行供应材料的，按招标人供应材料价值的1％计算。

招标控制价的规费和税金必须按国家或省级行业建设主管部门的规定计算。税金计算公式为：

$$税金＝（分部分项工程量清单费＋措施项目清单费＋其他项目清单费）×综合费率 \qquad (5-2)$$

单位工程招标控制价/投标报价汇总表，见表5.1。

表 5.1 单位工程招标控制价/投标报价汇总表

工程名称：　　　　　　　　　　　　标段：　　　　　　　　　　　　第　页　共　页

序号	汇总内容	计算方法	金额/元
1	分部分项工程	按计价规定计算/(自主报价)	
1.1			
1.2			
2	措施项目	按计价规定计算/(自主报价)	
2.1	其中:安全文明施工费	按规定标准估算/(按规定标准计算)	
3	其他项目		
3.1	其中:暂列金额	按计价规定估算/(按招标文件提供金额计列)	
3.2	其中:专业工程暂估价	按计价规定估算/(按招标文件提供金额计列)	
3.3	其中:计日工	按计价规定计算/(自主报价)	
3.4	其中:总承包服务费	按计价规定计算/(自主报价)	
4	规费	按规定标准计算	

序号	汇总内容	计算方法	金额/元
5	税金	（人工费＋材料费＋施工机具使用费＋ 企业管理费＋利润＋规费）×规定税率	
招标控制价/（投标报价）		合计＝1＋2＋3＋4＋5	

招标控制价应在招标文件中注明，不应上调或下浮，招标人应将招标控制价及有关资料报送工程所在地工程造价管理机构备查。招标控制价超过批准的概算时，招标人应将其报原概算审批部门审核，投标人的投标报价高于招标控制价的，其投标应予拒绝。

（2）工料单价法　工料单价法是指分部分项工程单价为直接工程费单价，以分部分项工程量乘以对应分部分项工程单价后的合价为单位工程直接工程费。直接工程费汇总后另加措施费、间接费、利润、税金生成项目承包价。根据所选用的定额的形式分为预算单价法和实物量法。

① 预算单价法编制招标控制价，就是选用各地区、各部门编制的单位估价表或预算定额单价，根据图纸计算出的各分项工程量，分别乘以相应单价或预算定额单价，求出工程的人工费、材料费、机械使用费，将其汇总求和，得到单位工程的直接工程费。

根据费用定额进行取费，求得间接费、利润及税金。对上述各项费用按照当时当地的市场调价文件进行价差调整，最终得到招标控制价格。

预算单价法是比较传统的预算编制方法，也是目前国内编制招标控制价的主要方法。这种方法计算简单，便于进行技术经济分析，但由于采用事先编制好的单位估价表或预算定额单价，其价格水平往往无法准确反映当时当地的市场价格，造成计算的造价偏离实际价格水平，虽然可以对价差进行调整，但从测定到颁布调价系数和指数，不仅数据滞后计算也较烦琐。

② 实物量法编制招标控制价，选用的定额形式是建设行政主管部门颁发的消耗量定额。根据定额中规定的工程量计算规则，计算分部分项工程量。将工程量套用定额中各子目的工料机消耗量指标，求出整个工程所需的人工消耗量、材料消耗量、机械台班消耗量，根据当时当地的市场价格水平，计算整个工程的人工费、材料费、机械使用费，并汇总求和，得到单位工程直接费。

根据费用定额取费，将直接费、间接费、利润和税金汇总，得到招标控制价格。

采用实物法时，在计算出工程量后，不直接套用预算定额单价，而是将量价分离，先套用相应预算人工、材料、机械台班定额用量，并汇总出各类人工、材料和机械台班的消耗量，再分别乘以当时当地的人工、材料、机械台班单价，得到单位工程人工、材料、机械使用费。这种方法能比较准确地反映实际水平，误差较小，适合市场经济条件下价格波动较大的情况。但是此方法会造成搜集统计工作量较大，计算过程烦琐。然而，随着建筑市场的开放和价格信息系统的建立，以及竞争机制作用的发挥和计算机的普及，实物法将是一种与统一"量"、指导"价"、竞争"费"的工程造价管理机制相适应的行之有效的编制方法。

5.2.3.5　招标控制价的审查

设置招标控制价的目的是为了适应市场定价机制，规范建设市场秩序，进一步规范建设项目招投标管理，最大限度满足降低工程造价、保证工程质量的需要。另外，招标控制价的设立，避免了投标人出现压低价格，串标、联合串标的形成，防止招标人有意抬高或压低工程造价，提供一个公平、公正、公开的平台。

招标控制价编制完成后，需要认真进行审查，招标控制价的审查对于提高编制的准确性、正确贯彻国家有关方针政策、降低工程造价具有重要的意义。招标控制价审查的重点是工程量计算是否准确，定额套用、各项取费标准是否符合现行规定或单价计算是否合理等方面。主要审查工程量、单价及有关费用取用的计算是否符合规定要求。

5.2.4 投标与报价

5.2.4.1 投标报价的原则

① 根据招标文件中设定的工程发承包模式和发承包双方责任划分，综合考虑投标报价的费用项目、费用计算方法和计算深度。

② 投标报价计算前须经技术经济比较，确定拟投标工程的施工方案、技术措施等。

③ 应以反映企业技术和管理水平的企业定额来计算人工、材料和机械台班消耗量。

④ 充分利用现场考察、调研的成果及市场价格信息、行情资料，编制基价，确定调价方法。

5.2.4.2 投标报价的计算依据

① 招标人发放的招标文件及提供的设计图纸、工程量清单及有关的技术说明书等。

② 国家及地区颁发的现行建筑、安装工程预算定额及与之相配套执行的各种费用定额和企业内部制定的有关取费、价格等的规定、标准。

③ 拟投标工程当地现行材料预算价格、采购地点及供应方式，其他市场价格信息等。

④ 由招标单位答疑后书面回复的有关资料。

⑤ 其他与报价计算有关的各项政策、规定及调整系数等。

5.2.4.3 投标报价的编制方法

我国工程项目投标报价的编制是投标单位对承建招标工程所要发生的各种费用的计算。投标报价的编制方法和标底的编制方法一致，也分为定额计价法和工程量清单计价法两种方法。

5.2.4.4 投标报价的编制依据

① 招标单位提供的招标文件。

② 招标单位提供的设计图纸及有关的技术说明书等。

③ 国家及地区颁发的现行建筑、安装工程预算定额及与之相配套执行的各种费用定额、规定等。

④ 地方现行材料预算价格、采购地点及供应方式等。

⑤ 因招标文件及设计图纸等不明确，经咨询后由招标单位书面答复的有关资料。

⑥ 企业内部制定的有关取费、价格等的规定、标准。

⑦ 其他与报价计算有关的各项政策、规定及调整系数等。

⑧ 在标价的计算过程中，对于不可预见费用的计算必须慎重考虑，不要遗漏。

5.2.4.5　投标报价的程序

投标报价的编制程序应与招标程序相配合、适应，程序如下。

（1）研究招标文件　投标单位报名参加或接受邀请参加某一建设项目的投标，通过了资格预审并取得招标文件后，首要的工作就是认真仔细地研究招标文件，充分了解其内容和要求，以便有针对性地安排投标工作。

（2）调查投标环境　所谓投标环境就是招标工程的自然、经济和社会条件，这些条件都可以成为工程的制约因素或有利因素，必然会影响到工程成本，是投标人报价时必须考虑的，所以在报价前尽可能了解清楚。

（3）投标价的计算　投标价的计算是投标单位对将要投标的工程所发生的各种费用的计算。在进行投标计算时，必须首先根据招标文件计算和复核工程量，作为投标价计算的必要条件。另外在投标价的计算前，还应预先确定施工方案和施工进度，投标价计算还必须与所采用的合同形式相协调。

（4）确定投标策略　正确的投标策略对提高中标率、获得较高的利润有重要的作用。投标策略主要内容有：以信取胜、以快取胜、以廉取胜、靠改进设计取胜、采用以退为进的策略、采用长远发展的策略等。

（5）编制正式的投标书　投标单位应该按照招标单位的要求和确定的投标策略编制投标书，并且对招标文件提出的实质要求和条件进行响应。一般不能带有任何附加条件，否则可能导致被否定或废标处理。招标项目属于建设施工的，投标文件的内容应当包括拟派出的项目负责人与主要技术人员的简历、业绩和拟用于完成招标项目的机械设备等。

《建筑工程施工发包与承包计价管理办法》中规定，投标报价不得低于工程成本，不得高于最高投标限价。投标报价应当依据工程量清单、工程计价有关规定、企业定额和市场价格信息等编制。

投标人应当在招标文件要求提交投标文件的截止时间前，将投标文件送达投标地点。投标文件要进行密封和标识，招标人收到投标文件后，应当签收封存，不得开启。投标人少于三个的，招标人应当依照规定重新招标。在招标文件要求提交投标文件的截止时间后送达的投标文件，招标人应当拒收。

5.2.4.6　投标报价的计算

（1）复核或计算工程量　建设项目招标文件中若提供工程量清单，投标报价之前，要对工程量进行复核。若招标文件中没有提供工程量清单，则必须根据图纸计算全部工程量。

（2）确定单价，计算合价　计算单价时，应将构成分部分项工程的所有费用项目都归入其中。人工、材料、机械费应该是根据分部分项工程的人工、材料、机械消耗量及其相应的市场价格计算而来。一般来说，投标人应用企业定额对某一具体工程进行投标报价时，需要对选用的单价进行审核评价与调整，使之符合拟投标工程的实际情况，反映市场价格的变化。

（3）确定分包工程费　来自分包人的工程分包费用是投标价格的一个重要组成部分，在编制投标价格时需要熟悉分包工程的范围，对分包人的能力进行评估，从而确定一个合适的价格。

（4）确定利润和风险费　利润指的是投标人的预期利润，确定其取值的目标是考虑既可以获得最大的可能利润，又要保证投标价格具有一定的竞争力。投标报价时投标人应根据市场竞争情况确定在该建设项目上的利润率。

风险费对投标人来说是一个未知数，在投标时应根据该工程规模及所在地的实际情况，由专业技术人员对可能存在的风险因素进行逐项分析后确定一个比较合理的费用比率。

（5）确定投标价格 将全部分部分项工程的合价费用汇总后计算出工程的总价，由于计算出来的价格可能重复也可能漏算，某些费用的预估可能出现偏差等，因此还必须对计算出来的工程总价进行调整。调整总价应用多种方法从多角度对工程进行盈亏分析及预测，找出计算可能存在的问题，分析可以通过采取哪些措施降低成本、增加盈利，并确定最后的投标报价。

5.2.4.7 工程量清单计价与投标报价

严格意义上讲，工程量清单计价作为一种独立的计价模式，并不一定用在招投标阶段，但在我国目前的情况下，工程量清单计价作为一种市场价格的定价模式，其使用主要在工程招投标阶段。因此，工程量清单计价的操作过程可以从招标、投标、评标三个阶段来阐述。

（1）工程招标阶段 招标单位在工程方案设计、初步设计或部分施工图设计完成后，即可委托标底编制单位（或招标代理单位）按照统一的工程量计算规则，以单位工程为对象，计算并列出各分部分项工程的工程量清单，作为招标文件的组成部分发放给各投标人。其工程量清单的详细程度、准确程度取决于工程的设计深度及编制人员的经验、技术水平。在分部分项工程量清单中，项目编码、项目名称、计量单位和工程数量等项由招标人根据全国统一的工程量清单项目设置和计量规则填写。综合单价和合价由投标人根据自己的施工组织设计（如工程量的大小、施工方案的选择、施工机械和劳动力的配备、材料供应等）以及招标人对工程的质量要求等因素综合评定后填写。

（2）投标单位编制标书阶段 投标单位在对招标文件中所列的工程量清单进行审核时要视招标是否允许对工程量清单内所列的工程量误差进行调整而决定审核办法。如果允许调整，就要详细审核工程量清单内所列的各工程项目的工程量，对有较大误差的，通过招标答疑会提出调整意见，取得招标人同意后进行调整；如果不允许调整工程量，则不需要对工程量进行详细的审核，只对主要项目或工程量大的项目进行审核，发现这些项目有较大误差时，可以利用调整项目单价的方法解决。工程量单价的套用有两种方法，即工料单价法和综合单价法。工料单价法，即工程量清单的单价按照现行预算定额的工、料、机消耗标准及预算价格确定。措施费、间接费、利润、有关文件规定的调价、风险金、税金等费用计入其他相应报价计算表中。综合单价法，即工程量清单的单价综合了人工费、材料费、机械台班费、管理费、利润等，并考虑风险费用的综合单价。工料单价法虽然价格的构成比较清楚，但缺点也是明显的，它反映不出工程实际的质量要求和投标企业的真实技术水平，容易使企业再次陷入定额计价的老路。综合单价法的优点是当工程量发生变更时，易于查对，能够反映本企业的工程管理能力与技术能力。根据我国现行的工程量清单计价办法，单价采用的是综合单价。

（3）评标阶段 在评标时可以对投标单位的最终总报价以及分部分项工程项目和措施项目的综合单价的合理性进行评审。由于采用了工程量清单计价方法，所有投标单位都站在同一起跑线上，因而竞争更为公平合理，有利于实现优胜劣汰，而且在评标时应坚持倾向于合理低价中标的原则。当然，目前在评标时仍然可以采用综合计分的方法，即不仅考虑报价因素，而且还对投标人的施工组织设计、企业业绩和信誉等按一定的权重分值分别进行计分，按总评分的高低确定中标单位。或者采用两阶段评标的办法，即先对投标单位的技术方案进行评判，在技术方案可行的前提下，再以投标人的报价作为评标定标的唯一因素，这样既可以保证工程质量，又有利于业主选择一个合理的、报价较低的中标单位。

（4）投标报价中工程量清单计价 投标报价应根据招标文件中的工程量清单和有关要求，施工现场实际情况及拟订的施工方案或施工组织设计、企业定额和市场价格信息，并参照建设行政主管部门颁布的消耗量定额进行编制。工程量清单计价应包括按招标文件规定完成工程量清单所需的全部费用，通常由分部分项工程费、措施项目费和其他项目费及规费、税金组成。

5.2.4.8 投标报价策略和技巧

（1）投标报价的策略 投标报价策略指投标人在投标竞争中的系统工作部署及其参与投标竞争的方式和手段。投标策略对投标人有着非常重要的意义和作用。

投标人的决策活动贯穿于投标全过程，是工程竞标的关键。它是保证投标人在满足招标文件中各项要求的条件下，获得预期收益的关键。因此必须随时掌握竞争对手的情况和招标业主的意图，及时制定正确的策略，争取主动。投标策略主要有投标目标策略、技术方案策略、投标方式策略、经济效益策略等。

投标目标策略指导投标人应该重点对哪些招标项目去投标；技术方案和配套设备的档次（品牌、性能和质量）的高低决定了整个工程项目的基础价格，投标前应根据业主投资的大小和意图进行技术方案决策，并指导报价；投标方式策略指导投标人是否联合合作伙伴投标。中小型企业依靠大型企业的技术、产品和声誉的支持进行联合投标是提高其竞争力的一种良策；

经济效益策略直接指导投标报价。制定报价策略必须考虑投标者的数量、主要竞争对手的优势、竞争实力的强弱和支付条件等因素，根据不同情况可计算出高、中、低三套报价方案，具体如下。

1）常规价格策略。常规价格即中等水平的价格，根据系统设计方案，核定施工工作量，确定工程成本，经过风险分析，确定应得的预期利润后进行汇总。然后再结合竞争对手的情况及招标方的心理底价，对不合理的费用和设备配套方案进行适当调整，确定最终投标价。

2）保本微利策略。如果夺标的目的是为了在该地区打开局面，树立信誉、占领市场和建立样板工程，则可采取微利保本策略。甚至不排除承担风险，宁愿先亏后盈。此策略适用于以下情况。

① 投标对手多、竞争激烈、支付条件好、项目风险小。

② 技术难度小、工作量大、配套数量多、都乐意承揽的项目。

③ 为开拓市场，急于寻找客户或解决企业目前的生产困境。

3）高价策略。符合下列情况的投标项目可采用高价策略。

① 专业技术要求高、技术密集型的项目。

② 支付条件不理想、风险大的项目。

③ 竞争对手少，各方面自己都占绝对优势的项目。

④ 交工期甚短，设备和劳力超常规的项目。

⑤ 特殊约定（如要求保密等）需有特殊条件的项目。

（2）报价技巧 报价技巧是指在投标报价中采用一定的手法或技巧使业主可以接受，而中标后可能获得更多的利润，常采用的报价技巧如下。

1）不平衡报价法。

不平衡报价法又称前重后轻法，是指一个建设项目总报价基本确定前提下，通过调整内部各个子项的报价，以期既不提高总报价、不影响中标，又能在结算时得到更理想的经济效益。相对常规的平衡报价而言，其目的是早收钱，多收钱。一般可以考虑在以下几方面采用不平衡报价。

① 对能够早日结账收款的土方、基础等前期工程项目，可适当提高其单价；对水电安装、装饰装修等后期工程项目，可适当降低其单价。

② 对预计今后工程量可能增加的项目，单价可适当提高；对工程量可能减少的项目，单价适当降低。

③ 对设计图纸不明确，估计修改后工程量要增加的，可以适当提高单价；而工程内容解说不清楚的，则可适当降低一些单价，待澄清后可再要求提价。

④ 对没有工程量只填报单价的项目，或招标人要求采用包干报价的项目，单价可适当调高；对其余的项目，单价可适当调低。

⑤ 暂定项目，对这类项目要具体分析。实施可能大的单价可报高些，预计不一定实施的项目，单价可适当调低。

不平衡报价法的优点是有助于对工程量表进行仔细校核和统筹分析，总价相对稳定，不会过高。其缺点是单价报高报低的合理幅度难以掌握，单价报得过低会因为执行中工程量增多而造成承包人损失，报得过高会因招标人要求压价而使承包商得不偿失。因此，在采用不平衡报价时，要特别注意工程量的准确性，避免盲目报价。

2）多方案报价法。

对于一些招标文件，如果发现工程范围不是很明确，条款不清楚或不太公正，或技术规范要求过于苛刻时，则要在充分估计投标风险的基础上，按多方案报价法处理。即是按原招标文件报一个价，然后再提出，如某某条款做某些变动，报价可降低多少，由此可报出一个较低的报价。这样，可以降低总价，吸引业主。

3）增加建议方案法。

有时招标文件中规定，可以提一个建议方案，即是可以修改原设计方案，提出投标者的方案。投标者这时应抓住机会，组织一批有经验的技术工程师，对原招标文件的设计和技术方案仔细研究，提出更为合理的方案以吸引业主，促成自己的方案中标。建议方案不要写得太具体，要保留方案的关键技术，防止业主将此方案交给其他投标人。同时要强调的是，建议方案要比较成熟，有很好的可操作性。

4）分包商报价的采用。

总承包商在投标前找 2～3 家分包商分别报价，而后从中选择其中一家信誉较好、实力较强和报价合理的分包商签订协议，同意该分包商作为本分包工程的唯一合作者，并将分包商的名称列到投标文件中，但要求该分包商相应地提交投标保函。如果该分包商认为这家总承包商确实有可能中标，他也许愿意接受这一条件。这种把分包商的利益同投标人捆在一起的做法，不但可以防止分包商事后反悔和涨价，还可能促使分包时报出较合理的价格，以便共同争取中标。

5）突然降价法。

投标报价中各竞争对手往往通过多种渠道和方法来刺探对手的情况，因而在报价时可以采取迷惑对手的策略。即先按一般情况报价或表现出自己对该工程兴趣不大，到快投标截止时再突然降价，为最后中标打下基础。采用这种方法时，一定要在准备投标报价的过程中考虑好降价的幅度，在临近投标截止日期前，根据情报信息与分析判断，再做最后决策。如果中标，因为采用突然降价法降的是总价，在签订合同后可采用不平衡报价的思想调整工程量表内的各项单价或价格，以获得更高效益。

6）招标的不同特点采用不同的报价。

投标报价时，既要考虑自身的优势和劣势，也要分析招标项目的特点和要求。按照工程项目的不同特点、类别和施工条件等来选择报价策略。

① 遇到如下情况，报价可适当调高一些：施工条件差的项目；专业要求高的技术密集型工程，而本公司在这些方面又有专长，声望也较高；总价低的小工程，以及自己不愿做、又不方便不投标的工程；特殊的工程，如港口码头、地下开挖工程等；工期要求急的工程；投标对手少的工程；支付条件不理想的工程等。

② 遇到如下情况，报价可适当降低一些：施工条件好的工程；工作简单、工程量大而一般公司都可以做的工程；本公司目前急于打入某一市场、某一地区，或在该地区面临工程结束，机械设备等无工地转移时；本公司在附近有工程，而本项目又可以用该工程的设备、劳务，或有条件短期内突击完成的工程；投标对手多，竞争激烈的工程；非急需工程；支付条件好的工程等。

7）计日工单价的报价。

如果是只是报计日工单价，而且不计入总价中，则可以适当报高些，以便在业主额外用工或使用施工机械时可多盈利。但如果计日工单价要计入总报价时，则需具体分析是否报高价，以免抬高总报价。总之，要分析业主在开工后可能使用的计日工数量，再确定报价方针。

8）可供选择方案的项目的报价。

有些工程项目的分项工程，业主可能要求按某一方案报价，而后再提供几种可供选择方案的比较报价，投标人可适当调高项目报价。但是，所谓"可供选择方案的项目"并非由投标人任意选择，而是业主才有权选择。因此，虽然提高了可供选择项目的报价，并不意味着肯定取得较好的利润，只是提供了一种可能性，一旦业主今后选用，承包商即可得到额外加价的利益。

9）暂定工程量的报价。

暂定工程量有三种。一种是业主规定了暂定工程量的分项内容和暂定总价款，并规定所有投标人都必须在总报价中加入这笔固定金额，但由于分项工程量不很准确，允许将来按投标人所报单价和实际完成的工程量付款。另一种是业主列出了暂定工程量的项目和数量，但并没有限制这些工程量的估价总价款，要求投标人既列出单价，也应按暂定项目的数量计算总价，将来结算付款时可按实际完成的工程量和所报单价支付。第二种是只有暂定工程的一笔固定总金额，将来这笔金额做什么用，由业主确定。第一种情况由于暂定总价款是固定的，对各投标人的总报价水平、竞争力没有任何影响，因此，投标时应当对暂定工程量的单价适当提高。这样做，既不会因今后工程量变更而吃亏，也不会削弱投标报价的竞争力。第二种情况，投标人必须慎重考虑。如果单价定得高了，将会增大总报价，将影响投标报价的竞争力；如果单价定得低了，将来这类工程量增大，将会影响收益。一般来说，这类工程量可以采用正常价格，如果承包商估计今后实际工程量肯定会增大，则可适当提高单价，使将来可增加额外收益。第三种情况对投标竞争没有实际意义，按招标文件要求将规定的总报价款列入总报价即可。

10）无利润投标。

缺乏竞争优势的投标人，在不得已的情况下，只好在报价时不考虑利润，以期中标。这种办法一般是处于以下情况时采用。

① 有可能在中标后，将部分工程分包给索价较低的一些分包商。

② 对于分期建设的项目，先以低价获得首期工程，而后创造机会赢得第二期工程中的竞争优势，并在以后的工程实施中取得利润。

③ 较长时期内，投标人没有在建的工程项目，如果再不中标就难以维持生存。因此，虽然本工程无利可图，但能维持公司的正常运转，度过暂时的困难，以求将来的发展。

例 5.2 某大型工程项目由政府投资建设，业主委托某招标代理公司代理施工招标。招标代理公司确定该项目采用公开招标方式进行项目施工招标，招标公告在当地政府规定的招标信息网上公布。招标文件中规定如下。

（1）招标人不接受联合体投标；

（2）投标人必须是国有企业或进入开发区合格承包商信息库的企业；

（3）投标人报价高于招标控制价和低于最低投标限价的，均按废标处理；

（4）投标保证金的有效期应当超出投标有效期 30 天；

在项目投标及评标过程中发生了以下事件。

事件 1：投标人 A 在对设计图纸和工程量清单复核时发现分部分项工程量清单中某分期工程的特征描述与设计图纸不符。

事件 2：投标人 B 采用不平衡报价的策略，对前期工程和工程量可能减少的工程适度提高了报价，对暂估价材料采用了与招标控制价中相同材料的单价计入了综合单价。

问题：

1. 根据招标投标法及实施条例，逐一分析项目招标公告和招标文件中（1）～（4）项规定是否妥当，并分别说明理由。

2. 事件 1 中，投标人 A 应当如何处理？

3. 事件 2 中，投标人 B 的做法是否妥当？并说明理由。

解析

1. 第（1）项规定妥当，招标人是有权选择是否接受联合体投标的。

第（2）项规定不妥，此项属于排斥潜在投标人的规定；

第（3）项规定不妥，不应设置最低投标限价，只应设置最高投标限价。高于招标控制价的为废标；

第（4）项规定不妥，投标保证金的有效期应与投标有效期一致。

2. 投标人 A 应将发现的分部分项工程量清单中不符的内容，以招标文件中描述的该清单项目特征确定综合单价。

3. 工程量可能减少的工程提高报价，这个说法不妥，应该是降低报价。因为，按照不平衡报价策略，估计今后会增加工程量的项目，单价可提高些；反之，估计工程量将会减少的项目单价可减低些。对于前期工程，单价可以提得高一些，有助于回款。暂估价材料采用了与招标控制价中相同的单价计入综合单价，是妥当的，因为暂估价必须按照招标人提供的暂估单价计入清单项目的综合单价。

5.3 合同价款的确定与合同签订

5.3.1 建设项目合同价款的确定

招投标等工作主要是围绕合同价款展开的，建设项目合同价款是发包人和承包人在协议中约定，发包人用以支付承包人按照合同约定完成承包范围内全部工程并承担质量保修责任的价款，是工程合同中双方当事人最关心的核心条款，是由发包人、承包人依据中标通知书中的中标价格在协议书内的约定。合同价款在协议书内约定后，任何一方不能擅自更改。

根据《中华人民共和国合同法》及住房和城乡建设部有关规定，依据招标文件、投标文件，双方在签订合同时，按计价方式的不同，工程合同价可以采用三种方式：固定合同价、可调合同价和成本加酬金合同价。

5.3.1.1 固定合同价

固定合同价格是指在约定的风险范围内价款固定，不再调整的合同。双方须在专用条款内约定合同价款包含的风险范围、风险费用的计算方法和承包风险范围以外对合同价款影响的调整方法，在约定的风险范围内合同价款不再调整。固定合同价可分为固定合同总价和固定合同单价两种方式。

（1）固定合同总价 固定总价合同的价格计算是以图纸、规定及规范等为依据，工程任务和内容明确，业主的要求和条件清楚，合同总价一次包死，固定不变，即不再因为工程量的增减和市场环境的变化而更改，无特定情况不作变化。

采用这种合同，承包商承担了全部的工程量和价格的风险，在合同执行过程中，承发包双方均不能以工程量、设备和材料价格、工资等变动为理由，提出对合同总价调整的要求。所以，作为合同总价计算依据的图纸、规定及规范需对工程做出详尽的描述，承包方在报价时应对一切费用的价格变动因素以及不可预见因素做出充分的估计，并将其包含在合同价格之中。在合同双方都无法预测的风险条件下和可能有工程变更的情况下，承包方承担了较大的风险，业主的风险较小。

固定总价合同一般适用于：

① 招标时的设计深度已达到施工图设计要求，工程设计图纸完整齐全，项目、范围及工程量计算依据确切，合同履行过程中不会出现较大的设计变更，承包方依据的报价工程量与实际完成的工程量不会有较大的差异。

② 规模较小，技术不太复杂的中小型工程。承包方一般在报价时可以合理地预见到实施过程中可能遇到的各种风险。

③ 合同工期较短，一般为一年之内的工程。

（2）固定合同单价 固定单价合同分为：估算工程量单价合同与纯单价合同。

1）估算工程量单价合同。是以工程量清单和工程单价表为基础和依据来计算合同价格的，亦可称为计量估价合同。估算工程量单价合同通常是由发包方提出工程量清单，列出分部分项工程量，由承包方以此为基础填报相应单价，累计计算后得出合同价格。但最后的工程结算价应按照实际完成的工程量来计算，即按合同中的分部分项工程单价和实际工程量，计算得出工程结算和支付的工程总价格。

采用这种合同时，要求实际完成的工程量与原估计的工程量不能有实质性的变更。因为承包方给出的单价是以相应的工程量为基础的，如果工程量大幅度增减可能影响工程成本。不过在实践中往往很难确定工程量究竟有多大范围的变更才算实质性变更，这是采用这种合同计价方式需要考虑的一个问题。有些固定单价合同规定，如果实际工程量与报价表中的工程量相差超过±10％时，允许承包方调整合同价。此外，也有些固定单价合同在材料价格变动较大时允许承包方调整单价。

采用估算工程量单价合同时，工程量是统一计算出来的，承包方只要经过复核后填上适当的单价，承担风险较小；发包方也只需审核单价是否合理即可，对双方都较为方便。由于具有这些特点，估算工程量单价合同是比较常见的一种合同计价方式。估算工程量单价合同大多用于工期长、技术复杂、实施过程中可能会发生各种不可预见因素较多的建设工程。在施工图不完整或当准备招标的工程项目内容、技术经济指标一时尚不能明确时，往往要采用这种合同计价方式。这样在不能精确地计算出工程量的条件下，可以避免使发包或承包的任何一方承担过大的风险。

2）纯单价合同。采用这种计价方式的合同时，发包方只向承包方给出发包工程的有关分部分项工程以及工程范围，不对工程量做任何规定。即在招标文件中仅给出工程内各个分部分项工程一览表、工程范围和必要的说明，而不必提供实物工程量。承包方在投标时只需要对这类给定范围的分部分项工程做出报价即可，合同实施过程中按实际完成的工程量进行结算。

这种合同计价方式主要适用于没有施工图，或工程量不明、却急需开工的紧迫工程，例如设计单位来不及提供正式施工图纸，或虽有施工图但由于某些原因不能比较准确地计算工程量时。当然，对于纯单价合同来说，发包方必须对工程范围的划分做出明确的规定，以使承包方能够合理地确定工程单价。

5.3.1.2 可调合同价

可调合同价是指合同总价或者单价，在合同实施期内根据合同约定的办法调整，即在合同的实施过程中可以按照约定，随资源价格等因素的变化而调整的价格。

（1）可调合同总价　可调总价合同的总价一般也是以设计图纸及规定、规范为基础，在报价及签约时，按招标文件的要求和当时的物价来计算合同总价。但合同总价是一个相对固定的价格，在合同执行过程中，由于通货膨胀而使所用的工料成本增加，可对合同总价进行相应的调整。可调总价合同的合同总价不变，只是在合同条款中增加调价条款，如果出现通货膨胀这一不可预见的费用因素，合同总价就可按约定的调价条款做相应调整。

可调总价合同列出的有关调价的特定条款，往往是在合同专用条款中列明，调价必须按照这些特定的调价条款进行。这种合同与固定总价合同的不同之处在于，它对合同实施中出现的风险做了分摊，发包方承担了通货膨胀的风险，而承包方承担合同实施中实物工程量、成本和工期因素等其他风险。

可调总价合同适用于工程内容和技术经济指标规定很明确的项目，由于合同中列有调价条款，所以工期在一年以上的工程项目较适于采用这种合同计价方式。

（2）可调合同单价　合同单价的可调，一般是在工程招标文件中规定、在合同中签订的单价，根据合同约定的条款，如在工程实施过程中物价发生变化等，可做调整。有的工程在招标或签约时，因某些不确定因素而在合同中暂定某些分部分项工程的单价，在工程结算时，再根据实际情况和合同约定对合同单价进行调整，确定实际结算单价。

5.3.1.3　成本加酬金合同价

成本加酬金合同是将工程项目的实际投资划分成直接成本费和承包方完成工作后应得酬金两部分。工程实施过程中发生的直接成本费由发包方实报实销，再按合同约定的方式另外支付给承包方相应报酬。

这种合同计价方式主要适用于工程内容及技术经济指标尚未全面确定，投标报价的依据尚不充分的情况下，发包方因工期要求紧迫，必须发包的工程；或者发包方与承包方之间有着高度的信任，承包方在某些方面具有独特的技术、特长或经验。由于在签订合同时，发包方提供不出可供承包方准确报价所必需的资料，报价缺乏依据，因此，在合同内只能商定酬金的计算方法。成本加酬金合同广泛地适用于工作范围很难确定的工程和在设计完成之前就开始施工的工程。

以这种计价方式签订的工程承包合同，有两个明显缺点：一是发包方对工程总价不能实施有效的控制；二是承包方对降低成本也不太感兴趣。因此，采用这种合同计价方式，其条款必须非常严格。

按照酬金的计算方式不同，成本加酬金合同又分为以下几种形式。

（1）成本加固定百分比酬金确定的合同价　采用这种合同计价方式，承包方的实际成本实报实销，同时按照实际成本的固定百分比付给承包方一笔酬金。工程的合同总价表达式为：

$$C = C_d + C_d \times P \tag{5-3}$$

式中　C——合同价；

　　C_d——实际发生的成本；

　　P——双方事先商定的酬金固定百分比。

这种合同计价方式，工程总价及付给承包方的酬金随工程成本而水涨船高，这不利于鼓励承包方降低成本，正是由于这种弊病所在，使得这种合同计价方式很少被采用。

（2）成本加固定金额酬金确定的合同价　采用这种合同计价方式与成本加固定百分比酬金合同相似。其不同之处仅在于在成本上所增加的费用是一笔固定金额的酬金。酬金一般是按估算工程成本的一定百分比确定，数额是固定不变的。计算表达式为：

$$C = C_d + F \tag{5-4}$$

式中　F——双方约定的酬金具体数额。

这种计价方式的合同虽然也不能鼓励承包商关心和降低成本，但从尽快获得全部酬金减少管理投入出发，会有利于缩短工期。

采用上述两种合同计价方式时，为了避免承包方企图获得更多的酬金而对工程成本不加控制，往往在承包合同中规定一些补充条款，以鼓励承包方节约工程费用的开支，降低成本。

（3）成本加奖罚确定的合同价　采用成本加奖罚合同，是在签订合同时双方事先约定该工程的预期成本（或称目标成本）和固定酬金，以及实际发生的成本与预期成本比较后的奖罚计算办法。在合同实施后，根据工程实际成本的发生情况，确定奖罚的额度，当实际成本低于预期成本时，承包方除可获得实际成本补偿和酬金外，还可根据成本降低额得到一笔奖金；当实际成本大于预期成本时，承包方仅可得到实际成本补偿和酬金，并视实际成本高出预期成本的情况，被处以一笔罚金。成本加奖罚合同的计算表达式为：

$$\left. \begin{array}{ll} C=C_d+F & (C_d=C_o) \\ C=C_d+F+\Delta F & (C_d<C_o) \\ C=C_d+F-\Delta F & (C_d>C_o) \end{array} \right\} \qquad (5\text{-}5)$$

式中　C_o——签订合同时双方约定的预期成本；

　　　ΔF——奖罚金额（可以是百分数，也可以是绝对数，而且奖与罚可以是不同计算标准）。

这种合同计价方式可以促使承包方关心和降低成本，缩短工期，而且目标成本可以随着设计的进展而加以调整，所以承发包双方都不会承担太大的风险，故这种合同计价方式应用较多。

（4）最高限额成本加固定最大酬金　在这种计价方式的合同中，首先要确定最高限额成本、报价成本和最低成本，当实际成本没有超过最低成本时，承包方花费的成本费用及应得酬金等都可得到发包方的支付，并与发包方分享节约额；如果实际工程成本在最低成本和报价成本之间，承包方只有成本和酬金可以得到支付；如果实际工程成本在报价成本与最高限额成本之间，则只有全部成本可以得到支付；实际工程成本超过最高限额成本，则超过部分，发包方不予支付。

这种合同计价方式有利于控制工程投资，并能鼓励承包方最大限度地降低工程成本。

5.3.2　施工合同的签订

5.3.2.1　施工合同格式的选择

合同是双方对招标成果的认可，是招标之后、开工之前双方签订的工程施工、付款和结算的凭证。合同的形式应在招标文件中确定，投标人应在投标文件中做出响应。目前的建筑工程施工合同格式一般采用如下几种方式。

（1）参考 FIDIC 合同格式订立的合同　FIDIC 合同是国际通用的规范合同文本。它一般用于大型的国家投资项目和世界银行贷款项目。采用这种合同格式，可以有效避免工程竣工结算时的经济纠纷；但因其使用条件较严格，因而在一般中小型项目中较少采用。

（2）《建设工程施工合同》（示范文本）（GF—2013—0201）（简称"示范文本合同"）按照国家工商管理部门、住房和城乡建设部推荐的《建设工程施工合同》（示范文本）（具体内容可依据前言指示方法下载电子资料包查看）格式订立的合同是比较规范的，也是公开招标的中小型工程项目采用最多的一种合同格式。该合同格式由四部分组成：协议书、通用条款、专用条款和附件。"协议书"明确了双方最主要的权利义务，经当事人签字盖章，具有最高的法律效力；"通用条款"具有通用性，基本适用于各类建筑施工和设备安装；"专用条款"是对"通用条款"必要的修改与补充，其与"通用条款"相对应，多为空格形式，需双方协商完成，更好地针对工程的实际情况，体现了双方的统一意志；"附件"对双方的某项义务以确定格式予以明确，便于实际工作中的执行与管理。整个示范文本合同是招标文件的延续，故一些项目在招标文件中就拟定了补充条款内容以表明招标人的意向；投标人若对此有异议时，可在招标答疑会上提出，并在投标函中提出施工单位能接受的补充条款；双方对补充条款再有异议时可在询标时得到最终统一。

（3）自由格式合同　自由格式合同是由建设单位和施工单位协商订立的合同，它一般适用于通过邀请招标或议标发包而定的工程项目，这种合同是一种非正规的合同形式，往往会由于一方（主要是建设单位）对建筑工程复杂性、特殊性等方面考虑不周，从而使其在工程实施阶段陷于被动。

5.3.2.2　施工合同签订过程中的注意事项

（1）关于合同文件部分　招投标过程中形成的补遗、修改、书面答疑、各种协议等均应作为合同文件的组成部分。特别应注意作为付款和结算依据的工程量和价格清单，应根据评标阶段做出的修正稿重新整理、审定，并且应标明按完成的工程量测算付款和按总价付款的内容。

（2）关于合同条款的约定　在编制合同条款时，应注重有关风险和责任的约定，将项目管理的理念融入合同条款中，尽量将风险量化，责任明确，公正地维护双方的利益。其中主要重视以下几类条款。

① 程序性条款。目的在于规范工程价款结算依据的形成，预防不必要的纠纷。程序性条款贯穿于合同行为的始终。包括信息往来程序、计量程序、工程变更程序、索赔处理程序、价款支付程序、争议处理程序等。编写时注意明确具体步骤，约定时间期限。

② 有关工程计量的条款。注重计算方法的约定，应严格确定计量内容（一般按净值计量），加强隐蔽工程计量的约定。计量方法一般按工程部位和工程特性确定，以便于核定工程量及便于计算工程价款为原则。

③ 有关工程计价的条款。应特别注意价格调整条款，如对未标明价格或无单独标价的工程，是采用重新报价方法，还是采用定额及取费方法，或者协商解决，在合同中应约定相应的计价方法。对于工程量变化的价格调整，应约定费用调整公式；对工程延期的价格调整、材料价格上涨等因素造成的价格调整，是采用补偿方式，还是变更合同价，应在合同中约定。

④ 有关双方职责的条款。为进一步划清双方责任，量化风险，应对双方的职责进行恰当的描述。对那些未来很可能发生并影响工作、增加合同价款及延误工期的事件和情况加以明确，防止索赔、争议的发生。

⑤ 工程变更的条款。适当规定工程变更和增减总量的限额及时间期限。如在 FIDIC 合同条款中规定，单位工程的增减量超过原工程量 15% 应相应调整该项的综合单价。

⑥ 索赔条款。明确索赔程序、索赔的支付、争端解决方式等。

5.3.3　不同计价模式对合同价和合同签订的影响

采用不同的计价模式会直接影响到合同价的形成方式，从而最终影响合同的签订和实施。工程量清单的计价方法能确定更为合理的合同价，并且便于合同的实施。

首先，工程量清单计价的合同价的形成方式使工程造价更接近工程实际价值。因为确定合同价的两个重要因素——投标报价和标底价都以实物法编制，采用的消耗量、价格、费率都是市场波动值，因此使合同价能更好地反映工程的性质和持点，更接近市场价值。其次，易于对工程造价进行动态控制。在定额计价模式下，无论合同采用固定价还是可调价格，无论工程量变化多大，无论施工工期多长，双方只要约定采用国家定额、国家造价管理部门调整的材料指导价和颁布的价格调整系数，便适用于合同内、外项目的结算。在工程量清单计价模式下，工程量由招标人提供，报价人的竞争性报价是基于工程量清单上所列量值，招标人为避免由于对图纸理解不同而引起的问题，一般不要求报价人对工程量提出意见或做出判断。但是工程量变化会改变施工组织、改变施工现场情况，从而引起施工成本、利润率、管理费率变化，因此带来项目单价的变化。新的计价模式能实现真正意义上的工程造价动态控制。

在合同条款的约定上，应加强双方的风险和责任意识。在定额计价模式下，由于计价方法单一，承发包双方对有关风险和责任意识不强；工程量清单计价模式下，招投标双方对合同价的确定共同承担责任。招标人提供工程量，承担工程量变更或计算错误的责任，投标单位只对自己所报的成本、单价负责。工程量结算时，根据实际完成的工程量，按约定的办法调整，双方对工程情况的理解以不同的方式体现在合同价中，招标方以工程量清单表现，投标方体现在报价中。另外，一般工程项目造价已通过清单报价明确下来，在日后的施工过程中，施工企业为获取最大利益，会利用工程变更和索赔手段追求额外的利润。因此双方对合同管理的意识会大大加强，合同条款的约定会更加周密。

工程量清单计价模式赋予造价控制工作新的内容和新的侧重点。首先工程量清单成为报价的统一基础，使获得竞争性投标报价得到有力保证，无标底合理低价中标评标方式使评选的中标价更为合理，合同条款更注重风险的合理分摊，更注重对造价的动态控制，更注重对价格调整及工程变更、索赔等方面的约定。

例 5.3 某业主与某施工单位签订了施工总承包合同，该工程采用边设计边施工的方式进行，合同的部分条款如下。

××工程施工合同书（节选）

一、协议书

（一）工程概况

该工程位于某市的××路段，建筑面积 3000m²，砖混结构住宅楼（其他概况略）。

（二）承包范围

承包范围为该工程施工图所包括的土建工程。

（三）合同工期

合同工期为 2010 年 11 月 20 日～2011 年 6 月 30 日，合同工期总日历天数为 223 天。

（四）合同价款

本工程采用总价合同形式，合同总价为：人民币贰佰叁拾肆万元整（￥234.00 万元）。

（五）工程款支付

在工程基本竣工时，支付全部合同价款，为确保工程如期竣工，乙方不得因甲方资金的暂时不到位而停工和拖延工期。

二、其他补充协议

（一）乙方在施工前不允许将工程分包，只可以转包。

（二）甲方不负责提供施工场地的工程地质和地下主要管网线路资料。

（三）乙方应按项目经理批准的施工组织设计组织施工。

（四）涉及质量标准的变更由乙方自行解决。

问题：

1. 该项工程施工合同协议书中有哪些不妥之处？请指出并改正。

2. 该项工程施工合同的补充协议中有哪些不妥之处？请指出并改正。

3. 该工程按工期定额来计算，其工期为 212 天，那么该工程的合同工期应为多少天？

解

1. 协议书的不妥之处及正确做法具体如下。

（1）不妥之处：承包范围为该工程施工图所包括的土建工程。

正确做法：承包范围为施工图所包括的土建、装饰、水暖电等全部工程。

（2）不妥之处：本工程采用总价合同形式。

正确做法：应采用单价合同。

（3）不妥之处：在工程基本竣工时，支付全部合同价款。

正确做法：建设工程项目竣工结算时，必须从应付工程款中预留部分资金作为工程质量保证金，其比例为工程价款结算总额的 5% 左右。

（4）不妥之处：乙方不得因甲方资金的暂时不到位而停工和拖延工期。正确做法：应说明甲方资金不到位在什么期限内乙方不得停工和拖延工期。

2. 补充协议的不妥之处及正确做法具体如下。

（1）不妥之处：乙方在施工前不允许将工程分包，只可以转包。

正确做法：乙方在施工前不允许将工程转包，可以分包。

（2）不妥之处：甲方不负责提供施工场地的工程地质和地下主要管线资料。

正确做法：甲方应负责提供施工场地的工程地质和地下主要管线的资料。

（3）不妥之处：乙方应按项目经理批准的施工组织设计组织施工。

正确做法：乙方应按工程师（或业主代表）批准的施工组织设计组织施工。并保证资料（数据）真实、准确。

（4）不妥之处：涉及质量标准的变更由乙方自行解决。

正确做法：涉及质量标准的变更应由甲方、乙方以及监理工程师共同商定。

3. 按照合同文件解释顺序的规定应以施工总承包合同文件条款为准，应认定目标工期为 223 天。

注：施工招标文件范本可依据前言指示方法下载电子资料包学习。

 技能训练

一、单项选择题

1. 建设项目招标的基本程序主要包括：①发布招标公告或投标邀请书；②编制招标文件及标底；③资格审查；④履行项目审批手续。下列选项中正确的是（　　）。

A. ④②③① 　　　　B. ④②①③ 　　　　C. ①③②④ 　　　　D. ②③④①

2. 根据《中华人民共和国招标投标法》，下列关于招标的说法中，错误的是（　　）。

A. 招标方式分为公开招标和邀请招标

B. 履行审批手续的项目不一定需要招标

C. 招标应当具备法定的条件方可进行

D. 依法进行招标的项目必须委托招标

3. 在公开招标过程中，若已进行了资格预审，则施工招标文件中应包括（　　）。

A. 投标邀请书 　　　　　　　　　　　B. 招标公告

C. 资格预审公告　　　　　　　　　　　　D. 资格预审通过通知书

4. 下列各项中，只能用于投标报价编制，而通常不用于招标控制价编制的是（　　　　）。

A. 建设工程工程量清单计价规范

B. 建设工程设计文件及相关资料

C. 与建设项目相关的标准、规范、技术资料

D. 施工现场情况、工程特点及拟定的投标施工组织设计或施工方案

5. 对投标人而言，下列可适当降低报价的情形是（　　　　）。

A. 总价低的小工程

B. 施工条件好的工程

C. 投标人专业声望较高的工程

D. 不愿承揽又不方便不投标的工程

6. 编制工程施工招标标底时，分部分项工程量的单价为直接费。直接费以人工、材料、机械的消耗量及其相应价格确定；间接费、利润、税金按照有关规定另行计算。此种方法称为：（　　　　）。

A. 工料单价法　　　　B. 综合单价法　　　　C. 清单计价法　　　　D. 其他方法

7. 当工程内容明确、工期较短时，宜采用（　　　　）

A. 可调总价合同　　B. 固定总价合同　　C. 单价合同　　D. 成本加酬金合同

8. 按计价方式不同，建设工程施工合同可分为：(1) 固定合同；(2) 可调合同；(3) 成本加酬金合同三种。以承包商所承担的风险从小到大的顺序来排列，应该是（　　　　）。

A. (2) (1) (3)　　　　B. (1) (3) (2)　　　　C. (3) (2) (1)　　　　D. (2) (3) (1)

二、多项选择题

1. 根据《工程建设项目招投标范围和规模标准规定》的规定，下列项目中必须进行招标的是（　　　　）。

A. 项目总投资为 3500 万元，但施工单项合同估算价为 60 万元的体育中心篮球场工程

B. 某中学新建一栋投资额约 150 万元的教学楼工程

C. 利用国家扶贫资金 300 万元，以工代赈且使用农民工的防洪堤工程

D. 项目总投资为 2800 万元，但合同估算价约为 120 万元的某市科技服务中心的主要设备采购工程

E. 总投资 2400 万元，合同估算金额为 60 万元的某商品住宅的勘察设计工程

2. 被宣布为废标的投标书包括（　　　　）。

A. 投标书未按招标文件中规定封标

B. 逾期送达的标书

C. 投标人不参加开标会议的标书

D. 未按招标文件的内容和要求编写、内容不全或字迹无法辨认的标书

3. 资格预审文件的主要内容有（　　　　）。

A. 资格预审公告　　　　　　　　　　　B. 申请人须知

C. 投标申请书　　　　　　　　　　　　D. 项目建设概况

E. 工程量清单

4. 施工合同订立应具备的条件是（　　　　）。

A. 竣工结算文件已编制完成

B. 工程项目已经列入年度建设计划

C. 有能够满足施工需要的设计文件和有关技术资料

D. 建设资金和主要建筑材料设备来源已经落实

E. 招标工程中标通知书已经下达

5. 标底的编制依据有（　　）。

A. 招标文件确定的计价依据和计价方法　　B. 经验数据资料

C. 工程量清单　　　　　　　　　　　　　D. 工程设计文件

E. 施工组织设计和施工方案等

三、思考题

1. 建设项目招标主要有哪些方式？分别有什么优缺点？

2. 建设工程招投标的基本程序有哪些？

3. 招标文件的主要内容有哪些？

4. 何为招标控制价？编制招标控制价应该遵循哪些原则？

5. 投标报价的程序有哪些？如何计算投标报价？

6. 投标报价有哪些策略和技巧？

7. 合同价款的确定方式有哪些？分别有什么特点？

四、案例题

1. 某建设单位经相关主管部门批准，组织某建设项目全过程总承包（即 EPC 模式）的公开招标工作。根据实际情况和建设单位要求，该工程工期定为两年，考虑到各种因素的影响，决定该工程在基本方案确定后即开始招标，确定的招标程序如下：（1）成立该工程招标领导机构；（2）委托招标代理机构代理招标；（3）发出投标邀请书；（4）对报名参加投标者进行资格预审，并将结果通知合格的申请投标者；（5）向所有获得投标资格投标者发售招标文件；（6）召开投标预备会；（7）招标文件的澄清与修改；（8）建立评标组织，制定标底和评标、定标办法；（9）召开开标会议，审查投标书；（10）组织评标；（11）与合格的投标者进行质疑澄清；（12）决定中标单位；（13）发出中标通知书；（14）建设单位与中标单位签订承发包合同。

问题：

（1）指出上述招标程序中的不妥和不完善之处。

（2）该工程共有 7 家投标人投标，在开标过程中，出现如下情况：①其中 1 家投标人的投标书没有按照招标文件的要求进行密封和加盖企业法人印章，经招标监督机构认定，该投标作无效投标处理；②其中 1 家投标人提供的企业法定代表人委托书是复印件，经招标监督机构认定，该投标作无效投标处理；③开标人发现剩余的 5 家投标人中，有 1 家的投标报价与标底价格相差较大，经现场商议，也作为无效投标处理。指明以上处理是否正确，并说明原因。

2. 某国有资金参股的智能化写字楼建设项目，经过相关部门批准拟采用邀请招标方式进行施工招标。招标人于 2012 年 10 月 8 日向具备承担该项目能力的 A、B、C、D、E 五家投标人发出投标邀请书，其中说明，10 月 12～18 日 9 至 16 时在该招标人总工办领取一招标文件，11 月 8 日 14 时为投标截止时间。该五家投标人均接受邀请，并按规定时间提交了投标文件。但投标人 A 在送出投标文件后发现报价估算有较严重的失误，遂赶在投标截止时间前 10 分钟递交了一份书面声明，撤回已提交的投标文件。开标时，由招标人委托的市公证处人员检查投标文件的密封情况，确认无误后，由工作人员当众拆封。由于投标人 A 已撤回投标文件，故招标人宣布有 B、C、D、E 四家投标人投标，并宣读该四家投标人的投标价格、工期和其他主要内容。评标委员会委员全部由招标人直接确定，共由 7 人组成，其中招标人代表 2 人，本系统技术专家 2 人、经济专家 1 人，外系统技术专家 1 人、经济专家 1 人。

在评标过程中，评标委员会要求 B、D 两投标人分别对其施工方案做详细说明，并对若干技术要点和难点提出问题，要求其提出具体、可靠的实施措施。作为评标委员的招标人代表希望投标人 B 再适当考虑一下降低报价的可能性。

按照招标文件中确定的综合评标标准，4 个投标人综合得分从高到低的顺序依次为 B、D、C、E，故评标委员会确定投标人 B 为中标人。投标人 B 为外地企业，招标人于 11 月 20 日将中标通知书以挂号方式寄出，投标人 B 于 11 月 24 日收到中标通知书。

由于从报价情况来看，4 个投标人的报价从低到高的顺序依次为 D、C、B、E，因此，从 11 月 26 日至 12 月 21 日招标人又与投标人 B 就合同价格进行了多次谈判，结果投标人 B 将价格降到略低于投标人 C 的报价水平，最终双方于 12 月 22 日签订了书面合同。

问题：

(1) 从招标投标的性质来看，本案例中的要约邀请、要约和承诺的具体表现是什么？

(2) 从所介绍的背景资料来看，在该项目的招标投标程序中有哪些不妥之处？请逐一说明原因。

3. 某投标人通过资格预审后，对招标文件进行了仔细分析，发现招标人所提出的工期要求过于苛刻，且合同条款中规定每拖延 1 天逾期违约金为合同价的 0.1%。若要保证实现该工期要求，必须采取特殊措施，从而大大增加成本；还发现原设计结构方案采用框架剪力墙体系过于保守。因此，该投标人在投标文件中说明招标人的工期要求难以实现，因而按自己认为的合理工期（比招标人要求的工期增加 6 个月）编制施工进度计划并据此报价；还建议将框架剪力墙体系改为框架体系，并对这两种结构体系进行了技术经济分析和比较，证明框架体系不仅能保证工程结构的可靠性和安全性、增加使用面积、提高空间利用的灵活性，而且可降低造价约 3%。

该投标人将技术标和商务标分别封装，在封口处加盖本单位公章和项目经理签字后，在投标截止日期前一天上午将投标文件报送招标人。次日（即投标截止日当天）下午，在规定的开标时间前 1 小时，该投标人又递交了一份补充材料，其中声明将原报价降低 4%。但是，招标人的有关工作人员认为，根据国际上"一标一投"的惯例，一个投标人不得递交两份投标文件，因而拒收该投标人的补充材料。

开标会由市招投标办的工作人员主持，市公证处有关人员到会，各投标人代表均到场。开标前，市公证处人员对各投标人的资质进行审查，并对所有投标文件进行审查，确认所有投标文件均有效后，正式开标。主持人宣读投标人名称、投标价格、投标工期和有关投标文件的重要说明。

问题：

(1) 该投标人运用了哪几种报价技巧？其运用是否得当？请逐一加以说明。

(2) 招标人对投标人进行资格预审应包括哪些内容？

(3) 从所介绍的背景资料来看，在该项目招标程序中存在哪些不妥之处？请分别做简单说明。

模块六 建设项目施工阶段的工程造价管理

知识目标

- 掌握工程变更和合同价款的调整
- 掌握工程索赔的处理原则和计算
- 熟悉工程价款的结算
- 熟悉项目资金计划的编制,掌握投资偏差分析的方法及纠正措施

技能目标

- 会处理施工阶段的工程索赔
- 会进行工程结算

学习重点

- 工程索赔的处理原则和计算
- 工程价款的结算

施工阶段是实现建设工程价值的主要阶段,也是资金投入量最大的阶段。在施工阶段,由于施工组织设计、工程变更、索赔、工程计量方式的差别以及工程实施中各种不可预见因素的存在,使得施工阶段的造价管理难度加大。

在施工阶段,建设单位应通过编制资金使用计划、及时进行工程量确认与结算、预防并处理好工程变更与索赔,有效控制工程造价。施工单位也应做好成本计划及动态监控等工作,综合考虑建造成本、工期成本、质量成本、安全成本、环保成本等要素,有效控制施工成本。

6.1 资金使用计划的编制

资金使用计划的编制是在工程项目结构分解的基础上,将工程造价的总目标值逐层分解到各个单元,形成各分目标值,从而可以定期地将工程项目中各个子目标实际支出额与目标值进行比较,以便于及时发现偏差,找出偏差原因并及时采取纠正措施,将工程造价偏差控制在一定范围内。

6.1.1 施工阶段资金使用计划的作用

施工阶段资金使用计划的编制与控制在整个工程造价管理中处于重要而独特的地位，它对工程造价的重要影响表现在以下几方面。

① 通过编制资金使用计划，合理确定工程造价施工阶段目标值，使工程造价的控制有所依据，并为资金的筹集与协调打下基础。

② 通过资金使用计划的科学编制，可以对未来工程项目的资金使用和进度控制有所预测，消除不必要的资金浪费和进度失控，也能够避免在今后工程项目中由于缺乏依据而进行轻率判断所造成的损失，减少盲目性，增加自觉性，使现有资金充分地发挥作用。

③ 通过资金使用计划的严格执行，可以有效地控制工程造价上升，最大限度地节约投资，提高投资效益。

对脱离实际的工程造价目标值和资金使用计划，应在科学评估的前提下，允许修订和修改，使工程造价更加趋于合理水平，从而保障建设单位和承包商各自的合法利益。

6.1.2 施工阶段资金使用计划的编制方法

主要有以下几种。

（1）按不同子项目编制资金使用计划　一个建设项目往往由多个单项工程组成，每个单项工程还可能由多个单位工程组成，而单位工程总是由若干个分部分项工程组成。按不同子项目划分资金的使用，进而做到合理分配，首先必须对工程项目进行合理划分，划分的粗细程度根据实际需要而定。项目总投资可以按照图6.1来进行分解。

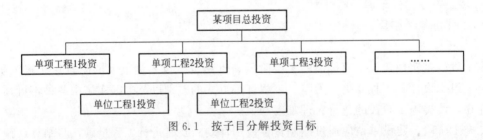

图 6.1　按子目分解投资目标

（2）按投资构成分解的资金使用计划　工程项目的投资主要分为建筑安装工程投资、设备工器具购置投资以及工程建设其他投资，各个部分可以根据实际投资控制要求进一步分解。工程项目投资的总目标就可以按图6.2分解。

当然，实际工程实施过程中，可能仅仅按其中一部分或几部分进行投资构成分解，主要

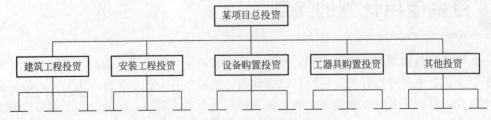

图 6.2　按投资构成分解投资目标

依据工程具体情况以及发包方委托合同的要求而定。

（3）按时间进度编制的资金使用计划 按时间进度编制的资金使用计划通常采用横道图、时标网络图、S形曲线、香蕉图等形式。

1）横道图法。是用不同的横道图标识已完工程计划投资、实际投资及拟完工程计划投资，横道图的长度与其数据成正比。横道图的优点是形象直观，但信息量少，一般用于管理的较高层次。

2）时标网络图法。是在确定施工计划网络图基础上，将施工进度与工期相结合而形成的网络图。

3）S形曲线法（即时间-投资累计曲线）。S形曲线绘制步骤包括以下几步。

① 确定工程进度，编制进度计划的横道图，见表6.1。

表 6.1 某工程进度计划横道图　　　　　　　　　　　单位：万元

分项工程	进度计划/周											
	1	2	3	4	5	6	7	8	9	10	11	12
A	100	100	100	100	100	100	100					
B		100	100	100	100	100	100	100				
C			100	100	100	100	100	100	100	100		
D				200	200	200	200	200	200			
E						100	100	100	100	100	100	
F						200	200	200	200	200	200	200

② 根据每单位时间内完成的实物工程量或投入的人力、物力和财力，计算单位时间的投资，见表6.2。

表 6.2 单位时间投资

时间/月	1	2	3	4	5	6	7	8	9	10	11	12
投资/万元	100	200	300	500	600	800	800	700	600	400	300	200

③ 计算规定时间 t 计划累计完成的投资额，其计算方法为：各单位时间计划完成的投资额累加求和，可按下式计算：

$$Q_t = \sum_{n=1}^{t} q_n \tag{6-1}$$

式中　Q_t——某时间 t 计划累计完成投资额；

　　　q_n——单位时间 n 的计划完成投资额；

　　　t——规定的计划时间。

将各单位时间计划完成的投资额累计，得到计划累计完成的投资额，见表6.3。

表 6.3 计划累计完成的投资额

时间/月	1	2	3	4	5	6	7	8	9	10	11	12
投资/万元	100	200	300	500	600	800	800	700	600	400	300	200
计划累积投资	100	300	600	1100	1700	2500	3300	4000	4600	5000	5300	5500

④ 绘制S形曲线，如图6.3所示。每一条S形曲线都是对应某一特定的工程进度计划。进度计划的非关键路线中存在许多有时差的工序或工作，因而S形曲线（投资计划值曲线）

必然包括在由全部活动都按最早开工时间开始和全部活动都按最迟开工时间开始的曲线所组成的"香蕉图"内，如图6.4所示。建设单位可根据编制的投资支出预算来合理安排资金，同时建设单位也可以根据筹措的建设资金来调整S形曲线，即通过调整非关键线路上工序项目的开工时间，力争将实际的投资支出控制在预算的范围内。

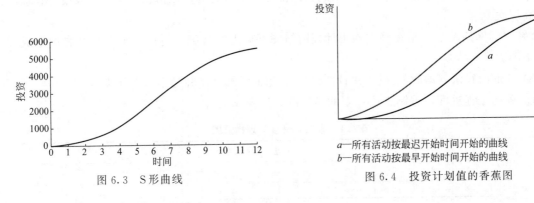

图6.3　S形曲线　　　　　　　　　　图6.4　投资计划值的香蕉图

a—所有活动按最迟开始时间开始的曲线
b—所有活动按最早开始时间开始的曲线

4）香蕉图绘制方法。同S形曲线，不同在于分别绘制按最早开工时间和最迟开工时间的曲线，两条曲线形成类似于香蕉的曲线图，如图6.4所示。

6.2 工程变更与合同价款的确定

6.2.1 工程变更概述

6.2.1.1 工程变更分类

由于工程建设的周期长，涉及的经济关系和法律关系复杂，受自然条件和客观因素的影响大，导致项目的实际情况与项目招标投标时的情况相比会发生一些变化。工程变更包括工程量变更、工程项目的变更（如发包人提出增加或者删减原项目内容）、进度计划的变更、施工条件的变更等。如果按照变更的起因划分，变更的种类有很多，如：发包人的变更指令（包括发包人对工程有了新的要求、发包人修改项目计划、发包人削减预算、发包人对项目进度有了新的要求等）；设计错误，必须对设计图纸做修改；工程环境变化；新的技术和知识，有必要改变原设计、实施方案或实施计划；法律法规或者政府对建设项目有了新的要求等。当然，这样的分类并不是十分严格的，变更原因也不是相互排斥的。这些变更最终往往表现为设计变更，因为我国要求严格按图施工，因此如果变更影响了原来的设计，则首先应当变更原设计。考虑到设计变更在工程变更中的重要性，往往将工程变更分为设计变更和其他变更两大类。

（1）设计变更　在施工过程中如果发生设计变更，将对施工进度产生很大的影响。因此，应尽量减少设计变更，如果必须对设计进行变更，必须严格按照国家的规定和合同约定的程序变更进行。

由于发包人对原设计进行变更，并经工程师同意的，发包人进行的设计变更导致合同价款的增加而造成承包人的损失由发包人承担，延误的工期相应顺延。能够构成设计变更的事项包括以下变更。

① 更改有关部分的标高、基线、位置和尺寸。

② 增减合同中约定的工程量。

③ 改变有关工程的施工时间和顺序。

④ 其他有关工程变更需要的附加工作。

（2）其他变更 从合同角度看，除设计变更外，其他能够导致合同内容变更的都属于其他变更。如双方对工程质量要求的变化、双方对工期要求的变化、施工条件和环境的变化导致施工机械和材料的变化等。

6.2.1.2 工程变更的处理要求

（1）如果出现了必须变更的情况，应当尽快变更。变更既已不可避免，不论是停止施工等待变更指令，还是继续施工，无疑都会增加损失。

（2）工程变更后，应当尽快落实变更。工程变更指令发出后，应当迅速落实指令，全面修改相关的各种文件。承包人也应当抓紧落实，如果承包人不能全面落实变更指令，则扩大的损失应当由承包人承担。

（3）对工程变更的影响应当做进一步分析。工程变更的影响往往是多方面的，影响持续的时间也往往较长，对此应当有充分的分析。

6.2.2 我国现行合同条款下的工程变更

6.2.2.1 工程变更的范围和内容

根据《建设工程施工合同（示范文本）》（GF-2013-0201）的规定，工程变更的范围和内容包括以下几点。

① 增加或减少合同中任何工作，或追加额外的工作；

② 取消合同中任何一项工作，但转由他人实施的工作除外；

③ 改变合同中任何一项工作的质量标准或其他特性；

④ 改变合同工程的基线、标高、位置和尺寸；

⑤ 改变合同中任何一项工作的施工时间或改变已批准的施工工艺或顺序。

在履行合同过程中，经发包人同意，监理人可按约定的变更程序向承包人做出变更指示，承包人应遵照执行。没有监理人的变更指示，承包人不得擅自变更。

6.2.2.2 工程变更程序

在合同履行过程中，监理人发出变更指示包括下列三种情形。

（1）监理人认为可能要发生变更的情形 在合同履行过程中，可能发生上述变更情形的，监理人可向承包人发出变更意向书。变更意向书应说明变更的具体内容和发包人对变更的时间要求，并附必要的图纸和相关资料。变更意向书应要求承包人提交包括拟实施变更工作的计划、措施和竣工时间等内容的实施方案。发包人同意承包人根据变更意向书要求提交的变更实施方案的，由监理人发出变更指示。若承包人收到监理人的变更意向书后认为难以实施此项变更，应立即通知监理人，说明原因并附详细依据。监理人与承包人和发包人协商后确定撤销、改变或不改变原变更意向书。

（2）监理人认为发生了变更的情形　在合同履行过程中，发生合同约定的变更情形的，监理人应向承包人发出变更指示。变更指示应说明变更的目的、范围、变更内容以及变更的工程量及其进度和技术要求，并附有关图纸和文件。承包人收到变更指示后，应按变更指示进行变更工作。

（3）承包人认为可能要发生变更的情形　承包人收到监理人按合同约定发出的图纸和文件，经检查认为其中存在变更情形的，可向监理人提出书面变更建议。变更建议应阐明要求变更的依据，并附必要的图纸和说明。监理人收到承包人书面建议后，应与发包人共同研究，确认存在变更的，应在收到承包人书面建议后的 14 天内做出变更指示。经研究后不同意作为变更的，应由监理人书面答复承包人。

无论何种情况确认的变更，变更指示只能由监理人发出。变更指示应说明变更的目的、范围、变更内容以及变更的工程量及其进度和技术要求，并附有关图纸和文件。承包人收到变更指示后，应按变更指示进行变更工作。

6.2.2.3　工程变更的价款调整方法

（1）分部分项工程费的调整　工程变更引起分部分项工程项目发生变化的，应按照下列规定调整。

1）已标价工程量清单中有适用于变更工程项目的，且工程变更导致的该清单项目的工程数量变化不足 15％时，采用该项目的单价。直接采用适用的项目单价的前提是其采用的材料、施工工艺和方法相同，也不因此增加关键线路上工程的施工时间。

2）已标价工程量清单中没有适用、但有类似于变更工程项目的，可在合理范围内参照类似项目的单价或总价调整。采用类似的项目单价的前提是其采用的材料、施工工艺和方法基本相似，不增加关键线路上工程的施工时间，可仅就其变更后的差异部分，参考类似的项目单价由发承包双方协商新的项目单价。

3）已标价工程量清单中没有适用也没有类似于变更工程项目的，由承包人根据变更工程资料、计量规则和计价办法、工程造价管理机构发布的信息（参考）价格和承包人报价浮动率，提出变更工程项目的单价或总价，报发包人确认后调整。承包人报价浮动率可按下列公式计算：

① 实行招标的工程

$$承包人报价浮动率 L = \left(1 - \frac{中标价}{招标控制价}\right) \times 100\% \qquad (6\text{-}2)$$

② 不实行招标的工程

$$承包人报价浮动率 L = \left(1 - \frac{报价值}{施工图预算}\right) \times 100\% \qquad (6\text{-}3)$$

注：上述公式中的中标价、招标控制价或报价值、施工图预算，均不含安全文明施工费。

4）已标价工程量清单中没有适用也没有类似于变更工程项目，且工程造价管理机构发布的信息（参考）价格缺价的，由承包人根据变更工程资料、计量规则、计价办法和通过市场调查等有合法依据的市场价格提出变更工程项目的单价或总价，报发包人确认后调整。

（2）措施项目费的调整　工程变更引起措施项目发生变化的，承包人提出调整措施项目费的，应事先将拟实施的方案提交发包人确认，并详细说明与原方案措施项目相比的变化情况。拟实施的方案经发承包双方确认后执行。并应按照下列规定调整措施项目费。

① 安全文明施工费，按照实际发生变化的措施项目调整，不得浮动。

② 采用单价计算的措施项目费，按照实际发生变化的措施项目按前述分部分项工程费的调整方法确定单价。

③ 按总价（或系数）计算的措施项目费，除安全文明施工费外，按照实际发生变化的措施项目调整，但应考虑承包人报价浮动因素，即调整金额按照实际调整金额乘以按照公式(6-2)或公式(6-3)得出的承包人报价浮动率（L）计算。

如果承包人未事先将拟实施的方案提交给发包人确认，则视为工程变更不引起措施项目费的调整或承包人放弃调整措施项目费的权利。

（3）删减工程或工作的补偿　如果发包人提出的工程变更，因非承包人原因删减了合同中的某项原定工作或工程，致使承包人发生的费用或（和）得到的收益不能被包括在其他已支付或应支付的项目中，也未被包含在任何替代的工作或工程中，则承包人有权提出并得到合理的费用及利润补偿。

6.2.2.4　项目特征不符

（1）项目特征描述　项目的特征描述是确定综合单价的重要依据之一，承包人在投标报价时应依据发包人提供的招标工程量清单中的项目特征描述，确定其清单项目的综合单价。发包人在招标工程量清单中对项目特征的描述，应被认为是准确的和全面的，并且与实际施工要求相符合。承包人应按照发包人提供的招标工程量清单，根据其项目特征描述的内容及有关要求实施合同工程，直到其被改变为止。

（2）合同价款的调整方法　承包人应按照发包人提供的设计图纸实施合同工程，若在合同履行期间，出现设计图纸（含设计变更）与招标工程量清单任一项目的特征描述不符，且该变化引起该项目的工程造价增减变化的，发承包双方应当按照实际施工的项目特征，重新确定相应工程量清单项目的综合单价，调整合同价款。

6.2.2.5　工程量清单缺项

（1）清单缺项漏项的责任　招标工程量清单必须作为招标文件的组成部分，其准确性和完整性由招标人负责。因此，招标工程量清单是否准确和完整，其责任应当由提供工程量清单的发包人负责。作为投标人的承包人不应承担因工程量清单的缺项、漏项以及计算错误带来的风险与损失。

（2）合同价款的调整方法

① 分部分项工程费的调整。施工合同履行期间，由于招标工程量清单中分部分项工程出现缺项漏项，造成新增工程清单项目的，应按照工程变更事件中关于分部分项工程费的调整方法，调整合同价款。

② 措施项目费的调整。新增分部分项工程项目清单后，引起措施项目发生变化的，应

当按照工程变更事件中关于措施项目费的调整方法，在承包人提交的实施方案被发包人批准后，调整合同价款；由于招标工程量清单中措施项目缺项，承包人应将新增措施项目实施方案提交发包人批准后，按照工程变更事件中的有关规定调整合同价款。

6.2.2.6 工程量偏差

（1）工程量偏差的概念 工程量偏差是指承包人根据发包人提供的图纸（包括由承包人提供经发包人批准的图纸）进行施工，按照现行国家工程量计算规范规定的工程量计算规则，计算得到的完成合同工程项目应予计量的工程量与相应的招标工程量清单项目列出的工程量之间出现的量差。

（2）合同价款的调整方法 施工合同履行期间，若应予计算的实际工程量与招标工程量清单列出的工程量出现偏差，或者因工程变更等非承包人原因导致工程量偏差，该偏差对工程量清单项目的综合单价将产生影响，是否调整综合单价以及如何调整，发承包双方应当在施工合同中约定。如果合同中没有约定或约定不明的，可以按以下原则办理。

1）综合单价的调整原则。当应予计算的实际工程量与招标工程量清单列出的工程量出现偏差（包括因工程变更等原因导致的工程量偏差）超过 15% 时，对综合单价的调整原则为：当工程量增加 15% 以上时，其增加部分的工程量的综合单价应予调低；当工程量减少 15% 以上时，减少后剩余部分的工程量的综合单价应予调高。至于具体的调整方法，可参见公式(6-4) 和公式(6-5)。

① 当 $Q_1 > 1.15Q_0$ 时：

$$S = 1.15Q_0 \times P_0 + (Q_1 - 1.15Q_0) \times P_1 \tag{6-4}$$

② 当 $Q_1 < 0.85Q_0$ 时：

$$S = Q_1 \times P_1 \tag{6-5}$$

式中　S——调整后的某一分部分项工程费结算价；

Q_1——最终完成的工程量；

Q_0——招标工程量清单中列出的工程量；

P_1——按照最终完成工程量重新调整后的综合单价；

P_0——承包人在工程量清单中填报的综合单价。

③ 新综合单价 P_1 的确定方法。新综合单价 P_1 的确定，一是发承包双方协商后确定，二是与招标控制价相联系，当工程量偏差项目出现承包人在工程量清单中填报的综合单价与发包人招标控制价相应清单项目的综合单价偏差超过 15% 时，工程量偏差项目综合单价的调整可参考公式(6-6) 和公式(6-7)。

a）当 $P_0 < P_2 \times (1-L) \times (1-15\%)$ 时，该类项目的综合单价：

$$P_1 \text{ 按照 } P_2 \times (1-L) \times (1-15\%) \text{ 调整} \tag{6-6}$$

b）当 $P_0 > P_2 \times (1+15\%)$ 时，该类项目的综合单价：

$$P_1 \text{ 按照 } P_2 \times (1+15\%) \text{ 调整} \tag{6-7}$$

c）$P_0 > P_2 \times (1-L) \times (1-15\%)$ 且 $P_0 < P_2 \times (1+15\%)$ 时，可不调整。

式中　P_1——新综合单价；

P_0——承包人在工程量清单中填报的综合单价；

P_2——发包人招标控制价相应清单项目的综合单价；

L——承包人报价浮动率。

例 6.1　某工程项目招标工程量清单数量为 1520m³，施工中由于设计变更调增为 1824m³，该项目招标控制价综合单价为 350 元，投标报价为 406 元，应如何调整？

解　1824/1520 = 120%，工程量增加超过 15%，需对单价做调整。

$$P_1 = P_2 \times (1 + 15\%) = 350 \times (1 + 15\%) = 402.50(元) < 406(元)$$

该项目变更后的综合单价应调整为 402.50 元。

$$S = 1520 \times (1 + 15\%) \times 406 + (1824 - 1520 \times 1.15) \times 402.50$$
$$= 709688 + 76 \times 402.50 = 740278(元)$$

2）总价措施项目费的调整。当应予计算的实际工程量与招标工程量清单中的工程量出现偏差（包括因工程变更等原因导致的工程量偏差）超过 15%，且该变化引起措施项目相应发生变化，如该措施项目是按系数或单一总价方式计价的，对措施项目费的调整原则为：工程量增加的，措施项目费调增；工程量减少的，措施项目费调减。至于具体的调整方法，则应由双方当事人在合同专用条款中约定。

6.2.2.7　计日工

（1）计日工费用的产生　发包人通知承包人以计日工方式实施的零星工作，承包人应予执行。采用计日工计价的任何一项变更工作，承包人应在该项变更的实施过程中，按合同约定提交以下报表和有关凭证送发包人复核。

① 工作名称、内容和数量；

② 投入该工作所有人员的姓名、工种、级别和耗用工时；

③ 投入该工作的材料名称、类别和数量；

④ 投入该工作的施工设备型号、台数和耗用台时；

⑤ 发包人要求提交的其他资料和凭证。

（2）计日工费用的确认和支付　任一计日工项目实施结束。承包人应按照确认的计日工现场签证报告核实该类项目的工程数量，并根据核实的工程数量和承包人已标价工程量清单中的计日工单价计算，提出应付价款；已标价工程量清单中没有该类计日工单价的，由发承包双方按工程变更的有关的规定商定计日工单价计算。

每个支付期末，承包人应与进度款同期向发包人提交本期间所有计日工记录的签证汇总表，以说明本期间自己认为有权得到的计日工金额，调整合同价款，列入进度款支付。

6.2.2.8　暂估价

暂估价是指招标人在工程量清单中提供的用于支付必然发生但暂时不能确定价格的材料、工程设备的单价以及专业工程的金额。

（1）给定暂估价的材料、工程设备

① 不属于依法必须招标的项目。发包人在招标工程量清单中给定暂估价的材料和工程设备不属于依法必须招标的，由承包人按照合同约定采购，经发包人确认后以此为依据取代暂估价，调整合同价款。

② 属于依法必须招标的项目。发包人在招标工程量清单中给定暂估价的材料和工程设备属于依法必须招标的，由发承包双方以招标的方式选择供应商。依法确定中标价格后，以此为依据取代暂估价，调整合同价款。

（2）给定暂估价的专业工程

1）不属于依法必须招标的项目。发包人在工程量清单中给定暂估价的专业工程不属于依法必须招标的，应按照前述工程变更事件的合同价款调整方法，确定专业工程价款。并以此为依据取代专业工程暂估价，调整合同价款。

2）属于依法必须招标的项目。发包人在招标工程量清单中给定暂估价的专业工程属于依法必须招标的，应当由发承包双方依法组织招标选择专业分包人，并接受建设工程招标投标管理机构的监督。

① 除合同另有约定外，承包人不参加投标的专业工程，应由承包人作为招标人，但拟定的招标文件、评标方法、评标结果应报送发包人批准。与组织招标工作有关的费用应当被认为已经包括在承包人的签约合同价（投标总报价）中。

② 承包人参加投标的专业工程，应由发包人作为招标人，与组织招标工作有关的费用由发包人承担。同等条件下，应优先选择承包人中标。

③ 专业工程依法进行招标后，以中标价为依据取代专业工程暂估价，调整合同价款。

知识窗

参见《建设工程工程量清单计价规范》（GB 50500—2013）中"9 合同价款调整"。

例 6.2 某路堤土方工程完成后，发现原设计在排水方面考虑不周，为此业主同意在适当位置增设排水管涵。在工程量清单上有 100 多道类似管涵，但承包商却拒绝直接从中选择合适的作为参考依据。理由是变更设计提出时间较晚，其土方已经完成并准备开始路面施工，新增排水管涵工程不但打乱了其进度计划，而且二次开挖土方难度较大，特别是重新开挖用石灰土处理过的路堤，与开挖天然土不能等同。承包商的意见是否可以采纳？

解 造价管理者认为承包商的意见可以接受，不宜直接套用清单中的管涵单价。经与承包商协商，决定采用工程量清单上的几何尺寸、地理位置等条件相近的管涵价格作为新增工程的基本单价，但对其中的"土方开挖"一项在原报价基础上按某个系数予以适当提高，提高的费用叠加在基本单价上构成新增工程价格。

专项技能训练 6-1 工程变更价款调整

【案例背景】某厂与某建筑公司订立了某项工程项目施工合同，双方合同约定：采用单价合同，每一分项工程的实际工程量增加（或减少）超过招标文件中工程量的 10% 以上时调整单价。

在施工过程中，因设计变更，工作 E 由招标文件中的 300m³ 增至 350m³，超过 10%，合同中该工作的综合单价为 55 元/m³，经协商调整后综合单价为 50 元/m³。合同价是多少？工作 E 结算价应为多少？

【分析与指导】

（1）工作 E 的合同价为 $300 \times 55 = 16500$（元）

（2）工作 E 的结算价

按原单价结算工程量：$300 \times (1 + 10\%) = 330$（m³）

按新单价结算工程量：$350 - 330 = 20$（m³）

总结算价 $= 55 \times 330 + 50 \times 20 = 19150$（元）

6.3　工程索赔

6.3.1　工程索赔的概念和分类

6.3.1.1　工程索赔的概念

工程索赔是在工程承包合同履行中，当事人一方由于另一方未履行合同所规定的义务或者出现了应当由对方承担的风险而遭受损失时，向另一方提出赔偿要求的行为。在实际工作中，"索赔"是双向的，《中华人民共和国标准施工招标文件》中通用合同条款中的索赔就是双向的，既包括承包人向发包人的索赔，也包括发包人向承包人的索赔。但在工程实践中，发包人索赔数量较小，而且处理方便。可以通过冲账、扣拨工程款、扣保证金等实现对承包人的索赔；而承包人对发包人的索赔则比较困难一些。通常情况下，索赔是指承包人（施工单位）在合同实施过程中，对非自身原因造成的工程延期、费用增加而要求发包人给予补偿损失的一种权利要求。

索赔有较广泛的含义，可以概括为如下三个方面。

① 一方违约使另一方蒙受损失，受损方向对方提出赔偿损失的要求。

② 发生应由发包人承担责任的特殊风险或遇到不利自然条件等情况，使承包人蒙受较大损失而向发包人提出补偿损失要求。

③ 承包人本应当获得的正当利益，由于没能及时得到监理人的确认和发包人应给予的支付，而以正式函件向发包人索赔。

6.3.1.2　工程索赔产生的原因

（1）当事人违约　当事人违约常常表现为没有按照合同约定履行自己的义务。发包人违约常常表现为没有为承包人提供合同约定的施工条件、未按照合同约定的期限和数额付款等。监理人未能按照合同约定完成工作，如未能及时发出图纸、指令等也视为发包人违约。承包人违约的情况则主要是没有按照合同约定的质量、期限完成施工，或者由于不当行为给发包人造成其他损害。

（2）不可抗力或不利的物质条件　不可抗力又可以分为自然事件和社会事件。自然事件主要是工程施工过程中不可避免发生并不能克服的自然灾害，包括地震、海啸、瘟疫、水灾等；社会事件则包括国家政策、法律、法令的变更，战争、罢工等。不利的物质条件通常是指承包人在施工现场遇到的不可预见的自然物质条件、非自然的物质障碍和污染物，包括地下和水文条件。

（3）合同缺陷　合同缺陷表现为合同文件规定不严谨甚至矛盾、合同中的遗漏或错误。在这种情况下，工程师应当给予解释，如果这种解释将导致成本增加或工期延长，发包人应当给予补偿。

（4）合同变更　合同变更表现为设计变更、施工方法变更、追加或者取消某些工作、合同规定的其他变更等。

（5）监理人指令　监理人指令有时也会产生索赔，如监理人指令承包人加速施工、进行某项工作、更换某些材料、采取某些措施等，并且这些指令不是由于承包人的原因造成的。

（6）其他第三方原因　其他第三方原因常常表现为与工程有关的第三方的问题而引起的对本工程的不利影响。

6.3.1.3　工程索赔的分类

工程索赔依据不同的标准可以进行不同的分类。

（1）按索赔的合同依据分类　按索赔的合同依据可以将工程索赔分为合同中明示的索赔和合同中默示的索赔。

① 合同中明示的索赔。合同中明示的索赔是指承包人所提出的索赔要求，在该工程项目的合同文件中有文字依据，承包人可以据此提出索赔要求，并取得经济补偿。这些在合同文件中有文字规定的合同条款，称为明示条款。

② 合同中默示的索赔。合同中默示的索赔，即承包人的该项索赔要求，虽然在工程项目的合同条款中没有专门的文字叙述，但可以根据该合同的某些条款的含义，推论出承包人有索赔权。这种索赔要求，同样有法律效力，有权得到相应的经济补偿。这种有经济补偿含义的条款，在合同管理工作中被称为"默示条款"或称为"隐含条款"。默示条款是一个广泛的合同概念，它包含合同明示条款中没有写入但符合双方签订合同时设想的愿望和当时环境条件的一切条款。这些默示条款，或者从明示条款所表述的设想愿望中引申出来，或者从合同双方在法律上的合同关系引申出来，经合同双方协商一致，或被法律和法规所指明，都成为合同文件的有效条款，要求合同双方遵照执行。

③ 道义索赔。道义索赔是指承包人在合同内或合同外都找不到可以索赔的依据，因而没有提出索赔的条件和理由，但承包人认为自己有要求补偿的道义基础，而对其遭受的损失提出具有优惠性质的补偿要求，即道义索赔。道义索赔的主动权在发包人手中，发包人一般在下面四种情况下，可能会同意并接受这种索赔：第一，若另找其他承包人，费用会更大；第二，为了树立自己的形象；第三，出于对承包人的同情和信任；第四，谋求与承包人更理解或更长久的合作。

（2）按索赔目的分类　按索赔目的可以将工程索赔分为工期索赔和费用索赔。

① 工期索赔。由于非承包人责任的原因而导致施工进程延误，要求批准顺延合同工期的索赔，称之为工期索赔。工期索赔形式上是对权利的要求，以避免在原定合同竣工日不能完工时，被发包人追究拖期违约责任。一旦获得批准合同工期顺延后，承包人不仅免除了承担拖期违约赔偿费的严重风险，而且可能提前工期得到奖励，最终仍反映在经济收益上。

② 费用索赔。费用索赔的目的是要求经济补偿。当施工的客观条件改变导致承包人增加开支，要求对超出计划成本的附加开支给予补偿，以挽回不应由他承担的经济损失。

（3）按索赔事件的性质分类　按索赔事件的性质可以将工程索赔分为工程延误索赔、工程变更索赔、合同被迫终止索赔、工程加速索赔、意外风险和不可预见因素索赔及其他索赔。

① 工程延误索赔。因发包人未按合同要求提供施工条件，如未及时交付设计图纸、施工场地、道路等，或因发包人指令工程暂停或不可抗力事件等原因造成工期拖延的，承包人对此提出索赔。这是工程中常见的一类索赔。

② 工程变更索赔。由于发包人或监理人指令增加或减少工程量或增加附加工程、修改设计、变更工程顺序等，造成工期延长和费用增加，承包人对此提出索赔。

③ 合同被迫终止的索赔。由于发包人或承包人违约以及不可抗力事件等原因造成合同非正常终止，无责任的受害方因其蒙受经济损失而向对方提出索赔。

④ 工程加速索赔。由于发包人或监理人指令承包人加快施工速度，缩短工期，引起承包人的人、财、物的额外开支而提出的索赔。

⑤ 意外风险和不可预见因素索赔。在工程实施过程中，因人力不可抗拒的自然灾害、特殊风险以及一个有经验的承包人通常不能合理预见的不利施工条件或外界障碍，如地下水、地质断层、溶洞、地下障碍物等，引起的索赔。

⑥ 其他索赔。如因货币贬值、汇率变化、物价上涨、政策法令变化等原因引起的索赔。

6.3.2　工程索赔的处理程序

6.3.2.1　《标准施工招标文件》规定的工程索赔程序

当合同当事人一方向另一方提出索赔时，要有正当的索赔理由，且有索赔事件发生时的有效证据。发包人未能按合同约定履行自己的各项义务或发生错误以及第三方原因，给承包人造成延期支付合同价款、延误工期或其他经济损失，包括不可抗力延误的工期。

① 承包人提出索赔申请。索赔事件发生 28 天内，向工程师发出索赔意向通知。

② 发出索赔意向通知后 28 天内，向工程师提出补偿经济损失和（或）延长工期的索赔报告及有关资料。

③ 工程师审核承包人的索赔申请（见表 6.4）。工程师在收到承包人送交的索赔报告和有关资料后，于 28 天内给予答复，或要求承包人进一步补充索赔理由和证据。工程师在 28 天内未予答复或未对承包人作进一步要求，视为该项索赔已经认可。

表 6.4　费用索赔申请（核准）表

工程名称：	标段：	编号：

致：_____（发包人全称）

　　根据施工合同条款第_____条的约定，由于_____原因，我方要求索赔金额（大写）_____元，（小写）_____元，请予核准。

　　附：1.费用索赔的详细理由和依据；

　　　　2.索赔金额的计算；

　　　　3.证明材料。

承包人（章）_____

　　造价人员_____　　　　　承包人代表_____　　　　　日　期_____

复核意见： 　　根据施工合同条款第____条的约定，你方提出的费用索赔申请经复核： □不同意此项索赔，具体意见见附件。 □同意此项索赔，索赔金额的计算，由造价工程师复核。 　　监理工程师_____ 　　日　期_____	复核意见： 　　根据施工合同条款第____条的约定，你方提出的费用索赔申请经复核，索赔金额为（大写）_____元，（小写）_____元。 　　造价工程师_____ 　　日　期_____

审核意见：

□不同意此项索赔。

□同意此项索赔，与本期进度款同期支付。

发包人（章）_____
发包人代表_____
日　期_____

注：1.在选择栏中的"□"内作标识"√"。

　　2.本表一式四份，由承包人填报，发包人、监理人、造价咨询人、承包人各存一份。

④ 当该索赔事件持续进行时，承包人应当阶段性向工程师发出索赔意向，在索赔事件终了后28天内，向工程师提供索赔的有关资料和最终索赔报告。

⑤ 工程师与承包人谈判达不成共识时，工程师有权确定一个他认为合理的单价或价格作为最终的处理意见报送业主并相应通知承包人。

⑥ 发包人审批工程师的索赔处理证明。

⑦ 承包人是否接受最终的索赔决定。

承包人未能按合同约定履行自己的各项义务和发生错误给发包人造成损失的，发包人也可按上述时限向承包人提出索赔。

6.3.2.2　FIDIC合同条件规定的工程索赔程序

FIDIC合同条件只对承包商的索赔做出了规定。

（1）承包商发出索赔通知。如果承包商认为有权得到竣工时间的任何延长期和（或）任何追加付款，承包商应当向工程师发出通知，说明索赔的事件或情况。该通知应当尽快在承包商察觉或者应当察觉该事件或情况后28天内发出。

（2）承包商未及时发出索赔通知的后果。如果承包商未能在上述28天期限内发出索赔通知，则竣工时间不得延长，承包商无权获得追加付款，而业主应免除有关该索赔的全部责任。

（3）承包商递交详细的索赔报告。在承包商察觉或者应当察觉该事件或情况后42天内，或在承包商可能建议并经工程师认可的其他期限内，承包商应当向工程师递交一份充分详细的索赔报告，包括索赔的依据、要求延长的时间和（或）追加付款的全部详细资料。

（4）如果引起索赔的事件或者情况具有连续影响，则：

① 上述充分详细索赔报告应被视为中间的。

② 承包商应当按月递交进一步的中间索赔报告，说明累计索赔延误时间和（或）金额，以及能说明其合理要求的进一步详细资料。

③ 承包商应当在索赔的事件或者情况产生影响结束后28天内，或在承包商可能建议并经工程师认可的其他期限内，递交一份最终索赔报告。

（5）工程师的答复。工程师在收到索赔报告或对过去索赔的任何进一步证明资料后42天内，或在工程师可能建议并经承包商认可的其他期限内，做出回应，表示"批准"或"不批准"，或"不批准并附具体意见"等处理意见。工程师应当商定或者确定应给予竣工时间的延长期及承包商有权得到的追加付款。

6.3.2.3　索赔报告的内容

索赔报告的具体内容，随该索赔事件的性质和特点而有所不同。一般来说，完整的索赔报告应包括以下四个部分。

（1）总论部分　一般包括以下内容：序言；索赔事项概述；具体索赔要求；索赔报告编写及审核人员名单。

文中首先应概要地论述索赔事件的发生日期与过程；施工单位为该索赔事件所付出的努力和附加开支；施工单位的具体索赔要求。在总论部分最后，附上索赔报告编写组主要人员及审核人员的名单，注明有关人员的职称、职务及施工经验，以表示该索赔报告的严肃性和权威性。总论部分的阐述要简明扼要，说明问题。

（2）根据部分 本部分主要是说明自己具有的索赔权利，这是索赔能否成立的关键。根据部分的内容主要来自该工程项目的合同文件，并参照有关法律规定。该部分中施工单位应引用合同中的具体条款，说明自己理应获得经济补偿或工期延长。

根据部分的篇幅可能很大，其具体内容随各个索赔事件的情况而不同。一般地说，根据部分应包括以下内容：索赔事件的发生情况；已递交索赔意向书的情况；索赔事件的处理过程；索赔要求的合同根据；所附的证据资料。

在写法结构上，按照索赔事件发生、发展、处理和最终解决的过程编写，并明确全文引用有关的合同条款，使建设单位和监理工程师能全面地、逻辑地了解索赔事件的始末，并充分认识该项索赔的合理性和合法性。

（3）计算部分 该部分是以具体的计算方法和计算过程，说明自己应得经济补偿的款额或延长时间。如果说根据部分的任务是解决索赔能否成立，则计算部分的任务就是决定应得到多少索赔款额和工期。前者是定性的，后者是定量的。

在款额计算部分，施工单位必须阐明下列问题：索赔款的要求总额；各项索赔款的计算，如额外开支的人工费、材料费、管理费和损失利润；指明各项开支的计算依据及证据资料，施工单位应注意采用合适的计价方法。至于采用哪一种计价法，应根据索赔事件的特点及自己所掌握的证据资料等因素来确定。其次，应注意每项开支款的合理性，并指出相应的证据资料的名称及编号。切忌采用笼统的计价方法和不实的开支款额。

（4）证据部分 证据部分包括该索赔事件所涉及的一切证据资料，以及对这些证据的说明，证据是索赔报告的重要组成部分，没有翔实可靠的证据，索赔是不能成功的。在引用证据时，要注意该证据的效力或可信程度。为此，对重要的证据资料最好附以文字证明或确认件。例如，对一个重要的电话内容，仅附上自己的记录本是不够的，最好附上经过双方签字确认的电话记录；或附上发给对方要求确认该电话记录的函件，即使对方未给复函，亦可说明责任在对方，因为对方未复函确认或修改，按惯例应理解为已默认。

1）索赔依据的要求。

① 真实性。索赔依据必须是在实施合同过程中确定存在和发生的，必须完全反映实际情况，能经得住推敲。

② 全面性。索赔依据应能说明事件的全过程。索赔报告中涉及的索赔理由、事件过程、影响、索赔数额等都应有相应依据，不能零乱和支离破碎。

③ 关联性。索赔依据应当能够相互说明，相互具有关联性，不能互相矛盾。

④ 及时性。索赔依据的取得及提出应当及时，符合合同约定。

⑤ 具有法律证明效力。索赔依据必须是书面文件，有关记录、协议、纪要必须是双方签署的；工程中重大事件、特殊情况的记录、统计必须由合同约定的监理人签证认可。

2）索赔依据的种类。

① 招标文件、工程合同、发包人认可的施工组织设计、工程图纸、技术规范等。

② 工程各项有关的设计交底记录、变更图纸、变更施工指令等。

③ 工程各项经发包人或监理人签认的签证。

④ 工程各项往来信件、指令、信函、通知、答复等。

⑤ 工程各项会议纪要。

⑥ 施工计划及现场实施情况记录。

⑦ 施工日报及工长工作日志、备忘录。

⑧ 工程送电、送水、道路开通、封闭的日期及数量记录。

⑨ 工程停电、停水和干扰事件影响的日期及恢复施工的日期记录。

⑩ 工程预付款、进度款拨付的数额及日期记录。

⑪ 工程图纸、图纸变更、交底记录的送达份数及日期记录。

⑫ 工程有关施工部位的照片及录像等。

⑬ 工程现场气候记录，如有关天气的温度、风力、雨雪等。

⑭ 工程验收报告及各项技术鉴定报告等。

⑮ 工程材料采购、订货、运输、进场、验收、使用等方面的凭据。

⑯ 国家和省级或行业建设主管部门有关影响工程造价、工期的文件、规定等。

6.3.3　工程索赔的处理原则及计算

6.3.3.1　工程索赔的处理原则

（1）索赔必须以合同为依据　不论是风险事件的发生，还是当事人不完成合同工作，都必须在合同中找到相应的依据，当然，有些依据可能是合同中隐含的。工程师依据合同和事实对索赔进行处理是其公平性的重要体现。在不同的合同条件下，这些依据很可能是不同的。如因为不可抗力导致的索赔，在国内《中华人民共和国标准施工招标文件》的合同条款中，承包人机械设备损坏的损失，是由承包人承担的，不能向发包人索赔；但在 FIDIC 合同条件下，不可抗力事件一般都列为业主承担的风险，损失都应当由业主承担。如果到了具体的合同中，各个合同的协议条款不同，其依据的差别就更大了。

（2）及时、合理地处理索赔　索赔事件发生后，索赔的提出应当及时，索赔的处理也应当及时。索赔处理不及时，对双方都会产生不利的影响，如承包人的索赔长期得不到合理解决，索赔积累的结果会导致其资金困难，同时会影响工程进度，给双方都带来不利影响。处理索赔还必须坚持合理性原则，既考虑到国家的有关规定，也应当考虑到工程的实际情况。如：承包人提出索赔要求，机械停工按照机械台班单价计算损失显然是不合理的，因为机械停工不发生运行费用。

（3）加强主动控制，减少工程索赔　对于工程索赔应当加强主动控制，尽量减少索赔。这就要求在工程管理过程中，应当尽量将工作做在前面，减少索赔事件的发生。这样能够使工程更顺利地进行，降低工程投资，减少施工工期。

6.3.3.2　索赔的计算

可索赔的费用，费用内容一般可以包括以下几个方面。

① 人工费。包括增加工作内容的人工费、停工损失费和工作效率降低的损失费等的累计，其中增加工作内容的人工费应按照计日工费计算，而停工损失费和工作效率降低的损失费按窝工费计算，窝工费的标准双方应在合同中约定。

② 设备费。可采用机械台班费、机械折旧费、设备租赁费等几种形式。当工作内容增加引起的设备费索赔时，设备费的标准按照机械台班费计算。因窝工引起的设备费索赔，当施工机械属于施工企业自有时，按照机械折旧费计算索赔费用；当施工机械是施工企业从外部租赁时，索赔费用的标准按照设备租赁费计算。

③ 材料费。对于索赔费用中的材料费部分包括：由于索赔事项的材料实际用量超过计划用量而增加的材料费；由于客观原因材料价格大幅度上涨；由于非施工单位责任工程延误导致的材料价格上涨和材料超期储存费用。

④ 保函手续费。工程延期时，保函手续费相应增加，反之，取消部分工程且发包人与承包人达成提前竣工协议时，承包人的保函金额相应折减，则计入合同价内的保函手续费也应扣减。

⑤ 迟延付款利息。发包人未按约定时间进行付款的，应按银行同期贷款利率支付迟延付款的利息。

⑥ 保险费。

⑦ 管理费。此项又可分为现场管理费和公司管理费两部分，由于二者的计算方法不一样，所以在审核过程中应区别对待。

⑧ 利润。在不同的索赔事件中可以索赔的费用是不同的。根据《中华人民共和国标准施工招标文件》中通用合同条款的内容，可以合理补偿承包人的条款见表6.5。

表6.5 《中华人民共和国标准施工招标文件》中通用合同条款规定的可以合理补偿承包人索赔的条款

序号	条款号	主要内容	可补偿内容		
			工期	费用	利润
1	1.10.1	施工过程发现文物、古迹以及其他遗迹、化石、钱币或物品	√	√	
2	4.11.2	承包人遇到不利物质条件	√	√	
3	5.2.4	发包人要求向承包人提前交付材料和工程设备		√	
4	5.2.6	发包人提供的材料和工程设备不符合合同要求	√	√	√
5	8.3	发包人提供基准资料错误导致承包人的返工或造成工程损失	√	√	√
6	11.3	发包人的原因造成工期延误	√	√	√
7	11.4	异常恶劣的气候条件	√		
8	11.6	发包人要求承包人提前竣工		√	
9	12.2	发包人原因引起的暂停施工	√	√	
10	12.4.2	发包人原因造成暂停施工后无法按时复工	√	√	√
11	13.1.3	发包人原因造成工程质量达不到合同约定验收标准的	√	√	√
12	13.5.3	监理人对隐蔽工程重新检查,经检验证明工程质量符合合同要求的	√	√	√
13	16.2	法律变化引起的价格调整		√	
14	18.4.2	发包人在全部工程竣工前,使用已接收的单位工程导致承包人费用增加	√	√	√
15	18.6.2	发包人的原因导致试运行失败的		√	√
16	19.2	发包人原因导致的工程缺陷和损失		√	√
17	21.3.1	不可抗力	√		

例6.3 某高速公路由于业主高架桥修改设计导致承包商工程暂停两个月。讨论：承包商可索赔哪些费用？

解 承包商可索赔的费用：人工费、材料费、施工机械使用费、分包费用、现场管理费、公司管理费、保险费、保函手续费、利息。

6.3.3.3 费用索赔的计算

计算方法有总费用法、修正总费用法、实际费用法等。

（1）总费用法 计算出索赔工程的总费用，减去原合同报价，即得索赔金额。这种计算方法简单但不尽合理，因为实际完成工程的总费用中，可能包括由于承包人的原因（如管理不善、材料浪费、效率太低等）所增加的费用，而这些费用是属于不该索赔的；另一方面，原合同价也可能因工程变更或单价合同中的工程量变化等原因而不能代表真正的工程成本。凡此种种原因，使得采用此法往往会引起争议，故一般不常用。

但是在某些特定条件下，当需要具体计算索赔金额很困难，甚至不可能时，则也有采用此法的。这种情况下，应具体核实已开支的实际费用，取消其不合理部分，以求接近实际情况。

（2）修正总费用法 原则上与总费用法相同，计算对某些方面做出相应的修正，以使用结果更趋合理，修正的内容主要有：一是计算索赔金额的时期仅限于受事件影响的时段，而不是整个工期；二是只计算在该时期内受影响项目的费用，而不是全部工作项目的费用；三是不直接采用原合同报价，而是采用在该时期内如未受事件影响而完成该项目的合理费用。根据上述修正，可比较合理地计算出索赔事件影响，而实际增加的费用。

（3）实际费用法 实际费用法即根据索赔事件所造成的损失或成本增加，按费用项目逐项进行分析、计算索赔金额的方法。这种方法比较复杂，但能客观地反映施工单位的实际损失，比较合理，易于被当事人接受，在国际工程中被广泛采用。实际费用法是按每个索赔事件所引起损失的费用项目分别分析计算索赔值的一种方法，通常分三步：第一步，分析每个或每类索赔事件所影响的费用项目，不得有遗漏，这些费用项目通常应与合同报价中的费用项目一致；第二步，计算每个费用项目受索赔事件影响的数值，通过与合同价中的费用价值进行比较即可得到该项费用的索赔值；第三步，将各费用项目的索赔值汇总，得到总费用索赔值。

例 6.4 某施工合同约定，施工现场主导施工机械一台，由施工企业租赁，台班单价为 300 元/台班，租赁费为 100 元/台班，人工工资为 40 元/工日，窝工补贴为 10 元/工日，以人工费为基数的综合费率为 35%，在施工过程中，发生了如下事件：①出现异常恶劣天气导致工程停工 2 天，人员窝工 30 个工日；②因恶劣天气导致场外道路中断，抢修道路用工 20 工日；③场外大面积停电，停工 2 天，人员窝工 10 工日。为此，施工企业可向业主索赔费用为多少？

解 各事件处理结果如下。

① 异常恶劣天气导致的停工通常不能进行费用索赔。

② 抢修道路用工的索赔额 = 20×40× （1+35%） = 1080 （元）

③ 停电导致的索赔额 = 2×100 + 10×10 = 300 （元）

总索赔费用 = 1080 + 300 = 1380 （元）

6.3.3.4 工期索赔中应当注意的问题

在工期索赔中特别应当注意以下问题。

（1）划清施工进度拖延的责任 因承包人的原因造成施工进度滞后，属于不可原谅的延期；只有承包人不应承担任何责任的延误，才是可原谅的延期。有时工程延期的原因中可能包含有双方责任，此时监理人应进行详细分析，分清责任比例，只有可原谅延期部分才能批准顺延合同工期。可原谅延期，又可细分为可原谅并给予补偿费用的延期和可原谅但不给予补偿费用的延期；后者是指非承包人责任的影响并未导致施工成本的额外支出，大多属于发包人应承担风险责任事件的影响，如异常恶劣的气候条件影响的停工等。

（2）被延误的工作应是处于施工进度计划关键线路上的施工内容　只有位于关键线路上工作内容的滞后，才会影响到竣工日期。但有时也应注意，既要看被延误的工作是否在批准进度计划的关键路线上，又要详细分析这一延误对后续工作的可能影响。因为若对非关键路线工作的影响时间较长，超过了该工作可用于自由支配的时间，也会导致进度计划中非关键路线转化为关键路线，其滞后将影响总工期的拖延。此时，应充分考虑该工作的自由时间，给予相应的工期顺延，并要求承包人修改施工进度计划。

6.3.3.5　工期索赔的计算

工期索赔的计算主要有网络图分析和比例计算法两种。

（1）网络图分析法　是利用进度计划的网络图，分析其关键线路。如果延误的工作为关键工作，则总延误的时间为批准顺延的工期；如果延误的工作为非关键工作，当该工作由于延误超过时差限制而成为关键工作时，可以批准延误时间与时差的差值；若该工作延误后仍为非关键工作，则不存在工期索赔问题。

例 6.5

【背景资料】某工程项目的原施工进度双代号网络计划如图 6.5 所示，该工程总工期为 18 个月。在网络计划中，工作 C、F、J 三项工作均为土方工程，土方工程量分别为 7000m³、10000m³、6000m³，共计 23000m³，土方单价为 17 元/m³。合同中规定，土方工程量增加超出原估算工程量 15% 时，新的土方单价可从原来的 17 元/m³ 调整到 15 元/m³。在工程按计划进行 4 个月后（已完成 A、B 两项工作的施工），业主提出增加一项新的土方工程 N，该项工作要求在 F 工作结束以后开始，并在 G 工作开始前完成，以保证 G 工作在 E 和 N 工作完成后开始施工，根据承包商提出并经监理工程师审核批复，该项 N 工作的土方工程量约为 9000m³，施工时间需要 3 个月。

根据施工计划安排，C、F、J 工作和新增加的土方工程 N 使用同一台挖土机先后施工，现承包方提出由于增加土方工程 N 后，使租用的挖土机增加了闲置时间，要求补偿挖土机的闲置费用（每台闲置 1 天为 800 元）和延长工期 3 个月。

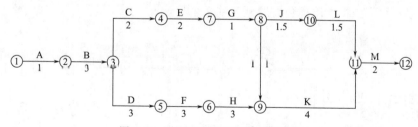

图 6.5　原施工进度双代号网络计划

问题

1. 增加一项新的土方工程 N 后，土方工程的总费用应为多少？

2. 监理工程师是否应同意给予承包方施工机械闲置补偿？应补偿多少费用？

3. 监理工程师是否应同意给予承包方工期延长？应延长多长时间？

解 问题 1：由于在计划中增加了土方工程 N，土方工程总费用计算如下。

(1) 增加 N 工作后，土方工程总量为：

$$23000 + 9000 = 32000(m^3)$$

(2) 超出原估算土方工程量：

$$\frac{32000 - 23000}{23000} \times 100\% = 39.13\% > 15\%，土方单价应进行调整。$$

(3) 超出 15% 的土方量为：

$$32000 - 23000 \times (1 + 15\%) = 5550(m^3)$$

(4) 土方工程的总费用为：

$$23000 \times (1 + 15\%) \times 17 + 5550 \times 15 = 53.29（万元）$$

问题 2：施工机械闲置补偿计算如下。

(1) 不增加 N 工作的原计划机械闲置时间

在图 6.5 中，因 E、G 工作的时间为 3 个月，与 F 工作时间相等，所以安排挖土机按 C→F→J 顺序施工可使机械不闲置。

(2) 增加了土方工作 N 后机械的闲置时间：

在图 6.6 中，安排挖土机按 C→F→N→J 顺序施工，由于 N 工作完成后到 J 工作的开始中间还需 G 工作，所以造成机械闲置 1 个月。

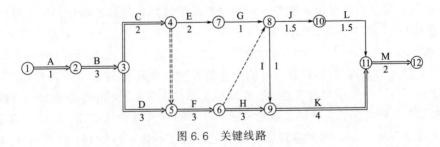

图 6.6 关键线路

(3) 监理工程师应批准给予承包方施工机械闲置补偿费：

$$30 \times 800 = 2.4(万元)（不考虑机械调往其他处使用或退回租赁处）$$

问题 3：工期延长计算。

根据图 6.7 节点最早时间的计算，算出增加 N 工作后工期由原来的 18 个月延长到 20 个月，所以监理工程师应批准给承包方顺延工期 2 个月。

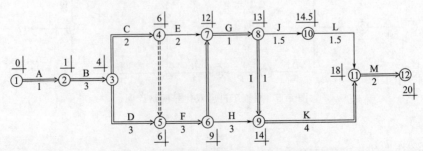

图 6.7 增加工作 N 的双代号网络图

（2）比例计算法　该方法主要应用于工程量有增加时工期索赔的计算，公式为：

$$工期索赔值＝\frac{额外增加的工程量的价格}{原合同总价}×原合同总工期\qquad (6-8)$$

例 6.6　某工程原合同规定分两阶段进行施工，土建工程 21 个月，安装工程 12 个月。假定以一定量的劳动力需要量为相对单位，则合同规定的土建工程量可折算为 310 个相对单位，安装工程量折算为 70 个相对单位。合同规定，在工程量增减 10％的范围内，作为承包商的工期风险，不能要求工期补偿。在工程施工过程中，土建和安装的工程量都有较大幅度的增加。实际土建工程量增加到 430 个相对单位，实际安装工程量增加到 117 个相对单位。求承包商可以提出的工期索赔额。

解　承包商提出的工期索赔为：

不索赔的土建工程量的上限为：310×1.1＝341 个相对单位

不索赔的安装工程量的上限为：70×1.1＝77 个相对单位

由于工程量增加而造成的工期延长：

土建工程工期延长 ＝ 21×[(430/341) － 1] ＝ 5.5(个月)

安装工程工期延长 ＝ 12×[(117/77) － 1] ＝ 6.2(个月)

总工期索赔为：5.5＋6.2＝11.7 （个月）

6.3.3.6　共同延误的处理

在实际施工过程中，工期拖期很少是只由一方造成的，往往是两三种原因同时发生（或相互作用）而形成的，故称为"共同延误"。在这种情况下，要具体分析哪一种情况延误是有效的，应依据以下原则。

① 首先判断造成拖期的哪一种原因是最先发生的，即确定"初始延误"者，它应对工程拖期负责。在初始延误发生作用期间，其他并发的延误者不承担拖期责任。

② 如果初始延误者是发包人原因，则在发包人原因造成的延误期内，承包人既可得到工期延长，又可得到经济补偿。

③ 如果初始延误者是客观原因，则在客观因素发生影响的延误期内，承包人可以得到工期延长，但很难得到费用补偿。

④ 如果初始延误者是承包人原因，则在承包人原因造成的延误期内，承包人既不能得到工期补偿，也不能得到费用补偿。

专项技能训练 6-2　工程索赔费用计算

【案例背景】某工程项目采用固定单价合同。工程招标文件中提供的用砂地点距工地 4公里。但是开工后，检查该砂质量不符合要求，承包商只得从另一距工地 20 公里的供砂地点采购。而在一个关键工作面上又发生了几种原因造成的临时停工：5 月 20 日至 5 月 26 日承包商的施工设备出现了从未出现过的故障；应于 5 月 24 日交给承包商的后续图纸直到 6月 10 日才交给承包商；6 月 7 日到 6 月 12 日施工现场下了罕见的特大暴雨，造成 6 月 11 日到 6 月 14 日的该地区的供电全面中断。

请问：1. 由于供砂距离增大，必然引起费用的增加，承包商经过仔细计算后，在业主指令下达的第 3 天，向业主提交了将原有用砂单价每吨提高 5 元的索赔要求，该索赔是否可以被批准？

2. 若业主已同意赔偿承包方 2 万元/天，则承包商可延长工期多少天，费用索赔多少？

【分析与指导】本案例内容涉及了费用索赔和工期索赔计算的主要内容。工程索赔主要分为费用索赔和工期索赔，而且一般情况下，工期索赔同时会伴随着费用索赔，在分析工期索赔时首先要清楚是谁的责任导致工期的延误，如果是非承包商的原因导致的，则工期顺延，如果是承包商的原因导致的，则工期不予延长。

问题 1：因供砂距离增大提出的索赔不能被批准，原因如下。

① 承包商应对自己就招标文件的解释负责；

② 承包商对自己报价的正确性与完备性负责；

③ 作为一个有经验的承包商可以通过现场踏勘确认招标文件参考资料中提供的用砂质量是否合格，若承包商没有通过现场踏勘发现用砂质量问题，其相关风险由承包商承担。

问题 2：① 5 月 20 日至 5 月 26 日出现的设备故障，属于承包商应承担的风险，不应考虑承包商的延长工期和费用索赔要求。

② 5 月 27 日至 6 月 9 日是由于业主迟交图纸引起的，为业主应承担的风险，延长工期 14 天，费用索赔 14×2＝28 万元。

③ 6 月 10 日至 6 月 12 日的特大暴雨属于双方共同的风险，延长工期 3 天，但不考虑费用索赔。

④ 6 月 13 日至 6 月 14 日的停电为业主应承担的风险，延长工期 2 天，索赔费用为 2×2＝4 万元。合计：工期索赔 19 天，费用索赔 32 万元。

6.4 建设工程价款结算

6.4.1 建设工程价款结算方式

根据工程规模、性质、进度及工期要求，并通过合同约定，工程结算有多种方式，我国现行的结算方式主要有以下几种方式。

（1）按月结算　这种结算是旬末或月中预支，月终结算，竣工后清算，每月结算一次的方式。具体结算时间通过合同约定。对于跨年度竣工的工程，在年终进行工程盘点，办理年度结算。这种结算方式，是我国现行建设工程价款结算采用较普遍的方式。

（2）竣工后一次结算　对于工程项目规模不大，建设期在 12 个月以内，合同价值在 100 万元以下的工程，可以实行预支进度款，竣工后一次结算。预支的方式、时间及比例双方可以通过协商或合同约定，通常情况下是月月预支，这样更有利于工程建设。

（3）分阶段结算　对于工程规模较大，工期较长（跨年度）的单项工程或单位工程，除了按月结算方式以外，也可以根据工程形象进度，划分为不同阶段进行结算，通常是按月预支工程价款，完成阶段形象进度后再结算，分段的划分标准，由各部门、自治区、直辖市、计划单列市自行规定。

（4）目标结算方式　这种方式是通过合同约定，将工程内容分解成不同的控制界面，以业主验收控制界面作为支付工程价款的前提条件。也就是说，将合同中的工程内容分解成不同的验收单元，当承包商完成单元工程内容并经业主（或其委托人）验收后，业主支付构成单元工程内容的工程价款。

目标结算方式中，对控制界面的设定应明确描述，便于量化和质量控制，同时要适应项目资金的供应周期和支付频率。通常情况下，一般将建筑安装工程按其分部工程划分为：±0.00 以下基础工程、主体工程、装饰装修工程、水及电气安装工程等目标界面。

（5）其他结算方式　承发包双方可以根据工程性质，在合同中约定其他的方式办理结算，但前提是有利于工程质量、进度及造价管理等因素，并且双方同意。

6.4.2 工程预付款及计算

施工企业承包工程，一般都实行包工包料，这就需要有一定数量的备料周转金。在工程承包合同条款中，一般要明文规定发包人在开工前拨付给承包人一定限额的工程预付款。此预付款构成施工企业为该承包工程项目储备主要材料、结构件所需的流动资金。

按照《建设工程价款结算暂行办法》的规定，在具备施工条件的前提下，发包人应在双方签订合同后的一个月内或不迟于约定的开工日期前的 7 天内预付工程款，发包人不按约定预付，承包人应在预付时间到期后 10 天内向发包人发出要求预付的通知，发包人收到通知后仍不按要求预付，承包人可在发出通知 14 天后停止施工，发包人应从约定应付之日起向承包人支付应付款的利息（利率按同期银行贷款利率计），并承担违约责任。

二维码9

建设工程价款结算暂行办法

工程预付款仅用于承包人支付施工开始时与本工程有关的动员费用。如承包人滥用此款，发包人有权立即收回。在承包人向发包人提交金额等于预付款数额（发包人认可的银行开出）的银行保函后，发包人按规定的金额和规定的时间向承包人支付预付款，在发包人全部扣回预付款之前，该银行保函将一直有效。当预付款被发包人扣回时，银行保函金额相应递减。

6.4.2.1　工程预付款的数额

根据《建设工程工程量清单计价规范》（GB 50500—2013）规定，承包人应将预付款专用于合同工程，包工包料工程的预付款的支付比例不得低于签订合同价（扣除暂列金额）的10%，不宜高于签订合同价（扣除暂列金额）的30%，对重大工程项目，按年度工程计划逐年预付。

在实际工作中，工程预付款的数额，要根据各工程类型、合同工期、承包方式和供应体制等不同条件而定。例如，工业项目中钢结构和管道安装占比重较大的工程，其主要材料所占比重比一般安装工程要高，因而工程预付款数额也要相应提高；工期短的工程比工期长的要高，材料由承包人自购的比由发包人提供的要高。

对于只包定额工日（不包材料定额，一切材料由发包人供给）的工程项目，则可以不预付备料款。

6.4.2.2　工程预付款的扣回

发包单位拨付给承包单位的工程预付款属于预支性质，到了工程实施后，随着工程所需主要材料储备的逐步减少，应以抵充工程价款的方式陆续扣回，抵扣方式必须在合同中约定。扣款的方法有以下两种。

（1）可以从未施工工程尚需的主要材料及构件的价值相当于工程预付款数额时起扣，从每次结算工程价款中，按材料比重扣抵工程价款，竣工前全部扣清。其基本表达公式是：

$$T = P - \frac{M}{N} \tag{6-9}$$

式中　T——起扣点，即工程预付款开始扣回时的累计完成工作量金额；

M——工程预付款限额；

N——主要材料所占比重；

P——承包工程价款总额。

例 6.7　某工程合同总额 200 万元，工程预付款为 24 万元，主要材料、构件所占比重为 60%，问：从什么时候开始以后的工程价款支付中要考虑扣除工程预付款，即起扣点为多少万元？

解　按起扣点计算公式：$T = P - \dfrac{M}{N} = 200 - \dfrac{24}{60\%} = 160（万元）$

则当工程完成 160 万元时，本项工程预付款开始起扣。

（2）按合同约定扣款。预付款的扣款方法由发包人和承包人通过洽商后在合同中予以确定，一般是在承包人完成金额累计达到合同总价的一定比例后，由承包人开始向发包人还款，发包人从每次应付给承包人的金额中扣回工程预付款，发包人至少在合同规定的完工期前将工程预付款的总金额逐次扣回。国际工程中的扣款方法一般为：当工程进度款累计金额超过合同价格的 10%～20% 时开始起扣，每月从进度款中按一定比例扣回。

6.4.2.3　安全文明施工费

发包人应在工程开工后的 28 天内预付不低于当年施工进度计划的安全文明施工费总额的 60%，其余部分按照提前安排的原则进行分解，与进度款同期支付。

发包人没有按时支付安全文明施工费的，承包人可催告发包人支付；发包人在付款期满后的 7 天内仍未支付的，若发生安全事故，发包人应承担连带责任。

6.4.3　工程进度款的支付（期中支付）

施工企业在施工过程中，按逐月（或按形象进度）完成的工程数量计算各项费用，向发包人办理工程进度款的支付（即中间结算）

以按月结算为例，工程进度款的支付步骤如图 6.8 所示。

图 6.8　工程进度款支付步骤

6.4.3.1　工程量计算

根据《建设工程价款结算暂行办法》的规定，工程量计算的主要规定如下。

① 承包人应当按照合同约定的方法和时间，向发包人提交已完工程量的报告。发包人接到报告后 14 天内核实已完工程量，并在核实前 1 天通知承包人，承包人应提供条件并派人参加核实，承包人收到通知后不参加核实，以发包人核实的工程量作为工程价款支付的依据。发包人不按约定时间通知承包人，致使承包人未能参加核实，核实结果无效。

② 发包人收到承包人报告后 14 天内未核实完工程量，从第 15 天起，承包人报告的工程量即视为被确认，作为工程价款支付的依据，双方合同另有约定的，按合同执行。

③ 对承包人超出设计图纸（含设计变更）范围和因承包人原因造成返工的工程量，发包人不予计量。

6.4.3.2　合同收入的组成

财政部制定的《企业会计准则——建造合同》中对合同收入的组成内容进行了解释。合同收入包括两部分内容。

① 合同中规定的初始收入，即建造承包商与客户在双方签订的合同中最初商订的合同总金额。它构成了合同收入的基本内容。

② 因合同变更、索赔、奖励等构成的收入，这部分收入并不构成合同双方在签订合同时已在合同中商订的合同总金额，而是在执行合同过程中由于合同变更、索赔、奖励等原因而形成的追加收入。

6.4.3.3　工程进度款支付

① 根据确定的工程计量结果，承包人向发包人提出支付工程进度款申请，见表 6.6，自承包商提出支付工程进度款申请 14 天内，发包人应按不低于工程价款的 60%、不高于工程价款的 90% 向承包人支付工程进度款。按约定时间发包人应扣回的预付款，与工程进度款同期结算抵扣。

表 6.6　工程款支付申请（核准）表

工程名称：　　　　　　　　　　标段：　　　　　　　　　　编号：

致：＿＿＿＿＿＿（发包人全称）
　　我方于＿＿＿＿至＿＿＿＿期间已完成了＿＿＿＿工作,根据施工合同的约定,现申请支付本期的工程价款为(大写)＿＿＿＿元,(小写)＿＿＿＿元,请予核准。

序号	名　称	金额/元	备注
1	累计已完成的工程价款		
2	累计已实际支付的工程价款		
3	本周期已完成的工程价款		
4	本周期完成的计日工金额		
5	本周期应增加和扣减的变更金额		
6	本周期应增加和扣减的索赔金额		
7	本周期应抵扣的预付款		
8	本周期应扣减的质保金		
9	本周期应增加或扣减的其他金额		
10	本周期实际应支付的工程价款		

承包人（章）

承包人代表＿＿＿＿＿

日　　期＿＿＿＿＿

续表

复核意见： □与实际施工情况不相符,修改意见见附件。 □与实际施工情况相符,具体金额由造价工程师复核。 监理工程师_____ 日　　期_____	复核意见： 　　你方提出的支付申请经复核,本周期已完成工程价款为(大写)_____元,(小写)_____元,本期间应支付金额为(大写)_____元,(小写)_____元。 造价工程师_____ 日　　期_____
审核意见： □不同意。 □同意,支付时间为本表签发后的 15 天内。	发包人(章)_____ 　　　　　　　　　发包人代表_____ 　　　　　　　　　日　　期_____

注：1. 在选择栏中的"□"内作标识"√"。
　　2. 本表一式四份,由承包人填报,发包人、监理人、造价咨询人、承包人各存一份。

②　发包人超过约定的支付时间不支付工程进度款,承包人应及时向发包人发出要求付款的通知,发包人收到承包人通知后仍不能按要求付款,可与承包人协商签订延期付款协议,经承包人同意后可延期支付,协议应明确延期支付的时间和从工程计量结果确认后第15 天起计算应付款的利息（利率按同期银行贷款利率计）。

③　发包人不按合同约定支付工程进度款,双方又未达成延期付款协议,导致施工无法进行,承包人可停止施工,由发包人承担违约责任。

知识窗

《建设工程工程量清单计价规范》（GB 50500—2013）10.3.8 条款中对承包人向发包人提出支付工程进度款申请做出如下详细解释。

承包人应在每个计量周期后的 7 天内向发包人提交已完工程进度款支付申请（见表 6.6）一式四份,详细说明此周期认为有权得到的款额,包括分包人已完工程的价款。支付申请应包括下列内容：

(1) 累计已完成的合同价款；

(2) 累计已实际支付的合同价款；

(3) 本周期合计完成的合同价款；

① 本周期已完成单价项目的金额；

② 本周期应支付的总价项目的金额；

③ 本周期已完成的计日工价款；

④ 本周期应支付的安全文明施工费；

⑤ 本周期应增加的金额；

(4) 本周期合计应扣减的金额；

① 本周期应扣回的预付款；

② 本周期应扣减的金额；

(5) 本周期实际应支付的合同价款。

6.4.4　质量保留金

根据《建设工程质量保证金管理办法》（建质［2017］138号）的规定，建设工程质量保证金（以下简称"保证金"）是指发包人与承包人在建设工程承包合同中约定，从应付的工程款中预留，用以保证承包人在缺陷责任期内对建设工程出现的缺陷进行维修的资金。具体关于质量保证金相关事宜详见本书模块七中的7.3内容。

6.4.5　竣工结算

6.4.5.1　竣工结算的含义

工程竣工结算是指施工企业按照合同规定的内容全部完成所承包的工程，经验收质量合格，并符合合同要求之后，向发包单位进行的最终工程价款结算。工程竣工结算分为单位工程竣工结算、单项工程竣工结算和建设项目竣工总结算。

竣工结算是工程竣工验收后，根据施工过程实际发生的工程变更等情况，对原工程合同价或原施工图预算（按实结算工程）进行调整修正，最终确定的工程造价的技术经济文件。由承包人编制、发包人审查，双方最终确定的，是承包人与发包人办理工程价款结算的依据，也是业主编制工程总投资额（竣工决算）的基础资料。因此，从这个意义上讲，竣工结算造价，应是工程产品业主与承包人两个交易主体最终成交的价格，即工程产品建造的价格，也即工程造价的第二种含义。因此，结算造价是构成决算的基础，从这里就能更好地去理解工程价格与投资费用两个概念。

6.4.5.2　竣工结算的编制

竣工结算的编制依据、编制方法与工程合同约定的结算方式，以及招投标工程造价计价的方式都有关，不同性质的合同，不同方式计价的标底与报价，结算办理方式是不同的。但其主要都涉及两个方面，即原合同总价或者合同单价，工程变更及索赔事件等引起的调整费用或单价，但都是以合同为依据，承包企业编制、业主审查并确认，具体依据及方法如下。

（1）竣工结算编制的主要依据

① 经业主认可的全套工程竣工图及有关竣工资料等；

② 工程合同、招标文件、投标文件及有关补充协议等；

③ 计价定额、计价规范、材料及设备价格、取费标准及有关计价规定等；

④ 施工图预算书；

⑤ 设计变更通知单、会签的施工技术核定单、工程有关签证单、隐蔽工程验收记录、材料代用核定单、有关材料设备价格变更文件等工程质保、质检资料；

⑥ 经双方协商统一并办理了签证的应列入工程结算的其他事项。

（2）竣工结算编制方法

① 对于按工程量清单计价中标的单价合同的工程项目，办理结算时，对新增的清单项目的工程量及综合单价按业主签证同意的量及价进行调整清单费用。对于原合同约定清单项目工程量有增减时，应按实调整，以上两部分调整如果总额在总价包干合同的浮差以内时，

这种合同一般不做总价调整。关于工程量清单计价的中标工程，由于是单价合同，办理结算时，关键是综合单价确认的有效性，很多风险是在承包人这一方。因此，办理结算时一定要资料完备有效，以合同为依据，以计价规范为准则，及时调整并办理竣工结算。

② 对于一般按现行定额单价计价中标的工程，办理结算时，主要是比较原施工图预算的构成内容与实际施工的变化，通常根据各种设计变更资料、现场签证、工程量核定单等相关资料，在原施工图预算的基础上，计算增减，并经业主认可后办理竣工结算。

(3) 竣工结算的编制要求　我国《建设工程施工合同（示范文本）》的通用条款中对竣工结算的办理做了如下规定。

① 工程竣工验收报告经发包方认可后 28 天内，承包方向发包方递交竣工结算报告及完整的结算资料，双方按协议书约定的合同价款及专用条款约定的合同价款调整内容，进行竣工结算。

② 发包方收到承包方递交的竣工结算报告及结算资料后 28 天内进行核实，给予确认或者提出修改意见。发包方确认竣工结算报告后，通知经办银行向承包方支付工程竣工结算价款。承包方收到竣工结算后 14 天内将竣工工程交付发包方。

③ 发包方收到竣工结算报告及结算资料后 28 天内无正当理由不支付工程竣工结算价款，从第 29 天起按承包方同期向银行贷款利率支付拖欠工程价款的利息，并承担违约责任。

④ 发包方收到竣工结算报告及结算资料后 28 内不支付工程竣工结算价款，承包方可以催告发包方支付结算价款，发包人在收到竣工结算报告及结算资料后，56 天内仍不支付的，承包方可以与发包方协议将工程折价，也可以由承包方申请人民法院将该工程依法拍卖，承包方就工程折价或拍卖的价款优先受偿。

⑤ 工程竣工验收报告经发包方认可后 28 天内，承包方未能向发包方递交竣工结算及完整结算资料，造成工程竣工结算不能正常进行或工程竣工结算价款不能及时支付，发包方要求交付工程的，承包方应当交付，发包方不要求交付工程的，承包方承担保管责任。

⑥ 发包方和承包方对工程竣工结算价款发生争议时，按争议的约定处理。

在实际工作中，当年开工、当年竣工的工程，只需办理一次性结算。跨年度的工程，在年度办理一次年终结算，将未完工程接转到下一年度，此时竣工结算等于各年度结算的总和。

工程竣工价款结算的金额可用公式(6-10) 表示：

$$竣工结算工程价款＝合同价款＋施工过程中合同价款调整数额－预付及已结算工程价款－保修金$$

$$(6-10)$$

6.4.5.3　竣工结算的作用

① 竣工结算是施工单位与建设单位结清工程费用的依据。施工单位有了竣工结算就可向建设单位结清工程价款，以完结建设单位与施工单位之间的合同关系和经济责任。

② 竣工结算是施工单位考核工程成本，进行经济核算的依据。施工单位统计年竣工建筑面积，计算年完成产值，进行经济核算，考核工程成本时，都必须以竣工结算所提供的数据为依据。

③ 竣工结算是施工单位总结和衡量企业管理水平的依据。通过竣工结算与施工图预算的对比，能发现竣工结算比施工图预算超支或节约的情况，可进一步检查和分析这些情况所造成的原因。因此，建设单位、设计单位和施工单位，可以通过竣工结算，总结工作经验和

教训，找出不合理设计和施工浪费的原因，逐步提高设计质量和施工管理水平。

④ 竣工结算是为建设单位编制竣工决算提供依据。

6.4.5.4　工程价款的动态结算

对于建设项目合同周期较长的，合同价是当时签订合同时的瞬间。随着时间的推移，构成造价的主要人工费、材料费、施工机械费及其他费率不是静态不变的。因此，静态结算，没有反映价格的时间动态性，这对承包商有一定损失，为了克服这个缺点，使工程动态结算是必要的。把各种动态因素纳入到结算过程中认真加以计算，使工程价款结算能基本反映工程项目实际消耗费用，使企业获取一定调价补偿，从而维护双方合法正当权益，常用的动态结算主要方法有以下几种方式。

（1）造价指数调整法　这种方法是发承包双方采用当时的预算（或概算）定额单价计算出承包合同价，待竣工时，根据合理的工期及当地工程造价管理部门所公布的该月度（或季度）的工程造价指数，对原承包合同价予以调整，重点调整那些由于实际人工费、材料费、施工机械费等费用上涨及工程变更因素造成的价差，并对承包人给予调价补偿。

🔖 **例 6.8**　深圳市某建筑公司承建一职工宿舍楼（框架结构），工程合同价款 500 万元，2004 年 2 月签订合同并开工，2005 年 4 月竣工，如根据工程造价指数调整法予以动态结算，求价差调整的款额应为多少？

解　自《深圳市建筑工程造价指数表》查得：宿舍楼（框架结构）2004 年 2 月的造价指数为 113.81，2005 年 4 月的造价指数为 119.23，运用下列公式：

$$调价后价款工程合同价 \times \frac{竣工时工程造价指数}{签订合同时工程造价指数} = 500 \times \frac{119.23}{113.81} = 500 \times 1.0476 = 523.8(万元)$$

此工程价差调整额为 523.8 - 500 = 23.8 万元。

（2）实际价格调整法　在我国，由于建筑材料需市场采购的范围越来越大，有些地区规定对钢材、木材、水泥等三大材的价格采取按实际价格结算的方法，工程承包人可凭发票按实报销。这种方法方便而正确。但由于是实报实销，因而承包商对降低成本不感兴趣，为了避免副作用，地方主管部门要定期发布最高限价，同时合同文件中应规定发包人或工程师有权要求承包人选择更廉价的供应来源。

（3）调价文件计算法　这种方法是发承包双方采取按当时的预算价格承包，在合同工期内，按照造价管理部门调价文件的规定，进行抽料补差（在同一价格期内按所完成的材料用量乘以价差）。也有的地方定期发布主要材料供应价格和管理价格，对这一时期的工程进行抽料补差。

（4）调值公式法　根据国际惯例，对建设项目工程价款的动态结算，一般是采用此法。事实上，在绝大多数国际工程项目中，发、承包双方在签订合同时就明确列出这一调值公式，并以此作为价差调整的计算依据。

建筑安装工程费用价格调值公式一般包括固定部分、材料部分和人工部分。但当建筑安装工程的规模和复杂性增大时，公式也变得更加复杂。调值公式一般为：

$$P = P_0 \left(a_0 + a_1 \frac{A}{A_0} + a_2 \frac{B}{B_0} + a_3 \frac{C}{C_0} + a_4 \frac{D}{D_0} + \cdots \right) \tag{6-11}$$

式中　　　　P——调值后合同价款或工程实际结算款；

　　　　　　P_0——合同价款中工程预算进度款；

a_0——固定要素，代表合同支付中不能调整的部分占合同总价中的比重；

a_1、a_2、a_3、a_4…——代表有关各项费用（如：人工费用、钢材费用、水泥费用、运输费用等）在合同总价中所占比重 $a_1+a_2+a_3+a_4+\cdots=1$；

A_0、B_0、C_0、D_0…——投标截止日期前28天与 a_1、a_2、a_3、a_4…对应的各项费用的基期价格指数或价格；

A，B，C，D…——在工程结算月份与 a_1、a_2、a_3、a_4…对应的各项费用的现行价格指数或价格。

在运用这一调值公式进行工程价款价差调整中要注意以下几点。

① 固定要素取值范围在 0.15～0.35 左右。固定要素对调价的结果影响很大，它与调价余额成反比关系。固定要素相当微小的变化，隐含着在实际调价时很大的费用变动，所以，承包人在调值公式中采用的固定要素取值要尽可能偏小。

② 调值公式中有关的各项费用，按一般国际惯例，只选择用量大、价格高且具有代表性的一些典型人工费和材料费，通常是大宗的水泥、沙石料、钢材、木材、沥青等，并用它们的价格指数变化综合代表材料费的价格变化，以便尽量与实际情况接近。

③ 各部分成本的比重系数，在许多招标文件中要求承包人在投标中提出，并在价格分析中予以论证。但也有的是由发包人在招标文件中规定一个允许范围，由投标人在此范围内选定。

④ 调整有关各项费用要与合同条款规定相一致。签订合同时，发、承包双方一般应商定调整的有关费用和因素，以及物价波动到何种程度才进行调整。在国际工程中，一般在正负 5% 以上才进行调整。

⑤ 调整有关各项费用时应注意地点与时点。地点一般指工程所在地或指定的某地，时点指的是某月某日。这里要确定两个时点价格，即签订合同时间某个时点的市场价格（基础价格）和每次支付前的一定时间的时点价格。这两个时点就是计算调值的依据。

⑥ 确定每个品种的系数和固定要素系数，品种的系数要根据该品种价格对总造价的影响程度而定。各品种系数之和加上固定要素系数应该等于1。

例 6.9 广东某城市土建工程，合同规定结算款为 100 万元，合同原始报价日期为 2015 年 3 月，工程于 2016 年 2 月建成交付使用。根据表 6.7 中所列工程人工费、材料费构成比例以及有关造价指数，计算工程实际结算款。

表 6.7 工程人工费、材料费构成比例及有关造价指数

项目	人工费	钢材	水泥	集料	一级红砖	砂	木材	不调值费用
比例	45%	11%	11%	5%	6%	3%	4%	15%
2015 年 3 月指数	100	100.8	102.0	93.6	100.2	95.4	93.4	—
2016 年 2 月指数	110.1	98.0	112.9	95.9	98.9	91.1	117.9	—

解 实际结算款 $= 100 \times \left[0.15 + 0.45 \times \dfrac{110.1}{100} + 0.11 \times \dfrac{98.0}{100.08} + 0.11 \times \dfrac{112.9}{102.0} + \right.$

$\left. 0.05 \times \dfrac{95.9}{93.6} + 0.06 \times \dfrac{98.9}{100.2} + 0.03 \times \dfrac{91.1}{95.4} + 0.04 \times \dfrac{117.9}{93.4} \right]$

$= 100 \times 1.064 = 106.4$（万元）

因此，通过调整，2016 年 2 月实际结算的工程价款为 106.4 万元，比原始合同价多结 6.4 万元。

专项技能训练 6-3　工程价款结算分析

【案例背景】某承包商于某年承包某外交工程项目施工。与业主签订的承包合同的部分内容如下。

(1) 工程合同价 2000 万元，工程价款采用调值公式动态结算。该工程的人工费占工程价款的 35%，材料费占 50%，不调值费用占 15%。具体的调值公式为：

$$P = P_0 \times (0.15 + \frac{0.35A}{A_0} + \frac{0.23B}{B_0} + \frac{0.12C}{C_0} + \frac{0.08D}{D_0} + \frac{0.07E}{E_0})$$

其中，A_0、B_0、C_0、D_0、E_0 为基期价格指数；A、B、C、D、E 为工程结算日期的价格指数。

(2) 开工前业主向承包商支付合同价 20% 的工程预付款，当工程进度款达到 60% 时，开始从工程结算款中按 60% 抵扣工程预算款，竣工前全部扣清。

(3) 工程进度款逐月结算。

(4) 业主自第一个月起，从承包商的工程价款中按 5% 的比例扣留质量保证金。工程保修期为一年。

该合同的原始报价日期为当年 3 月 1 日。结算各月份的工资、材料价格指数见表 6.8。

表 6.8　工资、材料物价指数表

代号	A_0	B_0	C_0	D_0	E_0
3 月指数	100	153.4	154.4	160.3	144.4
代号	A	B	C	D	E
5 月指数	110	156.2	154.4	162.2	160.2
6 月指数	108	158.2	156.2	162.2	162.2
7 月指数	108	158.4	158.4	162.2	164.2
8 月指数	110	160.2	158.4	164.2	162.4
9 月指数	110	160.2	160.2	164.2	162.8

未调值前各月完成的工程情况为：

5 月份完成工程 200 万元，本月业主供料部门材料费为 5 万元。

6 月份完成工程 300 万元。

7 月份完成工程 400 万元，另外出于业主方设计变更，导致工程局部返工，造成拆除材料费损失 1500 元，人工费损失 1000 元，重新施工人工、材料等费用合计 1.5 万元。

8 月份完成工程 600 万元，另外由于施工中采用的模板形式与定额不同，造成模板增加费用 3000 元。

9 月份完成工程 500 万元，另有批准的工程索赔款 1 万元。

问题

1. 工程预付款是多少？

2. 确定每月业主应支付给承包商的工程款。

3. 工程在竣工半年后，发生屋面漏水，业主应如何处理此事？

【分析与指导】本案例内容涉及了工程结算方式，按月结算工程款的计算方法，工程预付款和起扣点的计算、质量保证金的扣留及工程价款的调整等；在进行结算时都要分别进行考虑。

※解 问题1：

工程预付款：$2000 \times 20\% = 400$（万元）

问题2：

工程预付款的起扣点：$T = 2000 \times 60\% = 1200$（万元）

注：第一次扣预付款款额 $= (200 + 300 + 400 + 600 - 1200) \times 60\% = 300 \times 60\%$（万元）。

每月末业主应支付的工程款：

5月份月末支付：$200 \times (0.15 + 0.35 \times 110/100 + 0.23 \times 156.2/153.4 + 0.12 \times 154.4/154.4 + 0.08 \times 162.2/160.3 + 0.07 \times 160.2/144.4) \times (1 - 5\%) - 5 = 194.08$（万元）

6月份月末支付：$300 \times (0.15 + 0.35 \times 108/100 + 0.23 \times 158.2/153.4 + 0.12 \times 156.2/154.4 + 0.08 \times 162.2/160.3 + 0.07 \times 162.2/144.4) \times (1 - 5\%) = 298.11$（万元）

7月份月末支付：$[400 \times (0.15 + 0.35 \times 108/100 + 0.23 \times 158.4/153.4 + 0.12 \times 158.4/154.4 + 0.08 \times 162.2/160.3 + 0.07 \times 164.2/144.4) + 0.15 + 0.1 + 1.5] \times (1 - 5\%) = 400.28$（万元）

8月份月末支付：$600 \times (0.15 + 0.35 \times 110/100 + 0.23 \times 160.2/153.4 + 0.12 \times 158.4/154.4 + 0.08 \times 164.2/160.3 + 0.07 \times 162.4/144.4) \times (1 - 5\%) - 300 \times 60\% = 423.62$（万元）

9月份月末支付：$[500 \times (0.15 + 0.35 \times 110/100 + 0.23 \times 160.2/153.4 + 0.12 \times 160.2/154.4 + 0.08 \times 164.2/160.3 + 0.07 \times 162.8/144.4) + 1] \times (1 - 5\%) - (400 - 300 \times 60\%) = 284.74$（万元）

问题3：

工程在竣工半年后，发生屋面漏水，由于在保修期内，业主应首先通知原承包商进行维修。如果原承包商不能在约定的时限内派人维修，业主也可委托他人进行修理，费用从质量保证金中支付。

6.5 施工阶段投资偏差与进度偏差分析

6.5.1 投资偏差和进度偏差

施工阶段投资偏差的形成过程，是由于施工过程随机因素与风险因素的影响形成了实际投资与计划投资、实际工程进度与计划工程进度的差异，这些差异称为投资偏差与进度偏差，这些偏差是施工阶段工程造价计算与控制的对象。

6.5.1.1 投资偏差

投资偏差指投资计划值与实际值之间存在的差异，通常用已完工程实际投资（AC-WP——Actual Cost of Work Performed）与已完工程计划投资（BCWP——Budgeted Cost of Work Performed）之差来表示：

$$投资偏差＝已完工程实际投资－已完工程计划投资 \tag{6-12}$$
$$已完工程实际投资＝实际工程量×实际单价 \tag{6-13}$$
$$已完工程计划投资＝实际工程量×计划单价 \tag{6-14}$$

投资偏差结果为正表示投资增加，结果为负表示投资节约。

6.5.1.2　进度偏差

与投资偏差密切相关的是进度偏差，如果不加考虑就不能正确反映投资偏差的实际情况。所以有必要引入进度偏差为了与投资偏差联系起来，进度偏差通常用时间差异来表示，也可利用资金差值来表示。通常是指拟完工程计划投资（BCWS——Budgeted Cost of Work Scheduled）与已完工程计划投资（BCWP）之差来表示。

$$进度偏差＝拟完工程计划投资－已完工程计划投资 \tag{6-15}$$
$$拟完工程计划投资＝拟完工程量×计划单价 \tag{6-16}$$
$$已完工程计划投资＝实际工程量×计划单价 \tag{6-17}$$

进度偏差为正值时，表示工期拖延；结果为负值时，表示工期提前。

6.5.1.3　有关投资偏差的其他概念

在投资偏差分析时，具体如下。

① 局部偏差和累计偏差。

局部偏差有两层含义：一是相对于总项目的投资而言，指各单项工程、单位工程和分部分工程的偏差；二是相对于项目实施的时间而言，指每一控制周期发生的投资偏差。累计偏差，则是在项目已经实施的时间内累计发生的偏差。局部偏差的工程内容及其原因一般都比较明确，分析结果也就比较可靠，而累计偏差所涉及的工程内容较多、范围较大，且原因也较复杂，因而累计偏差分析必须以局部偏差分析的结果进行综合分析，其结果更能显示规律性，对投资工作在较大范围内具有指导作用。

② 绝对偏差和相对偏差。

所谓绝对偏差，是指投资计划值与实际值比较所得的差额。相对偏差，则是指投资偏差的相对数或比例数，通常是用绝对偏差与投资计划值的比值来表示，即：

$$相对偏差＝\frac{绝对偏差}{投资计划值}＝\frac{投资实际值－投资计划值}{投资计划值} \tag{6-18}$$

绝对偏差和相对偏差的数值均可正可负，且两者符号相同，正值表示投资增加，负值表示投资节约。在进行投资偏差分析时，对绝对偏差和相对偏差都要进行计算。绝对偏差的结果比较直观，其作用主要是了解项目投资偏差的绝对数额，指导调整资金支出计划和资金筹措计划。由于项目规模、性质、内容不同，其投资总额会有很大差异，因此，绝对偏差就显得有一定的局限性。而相对偏差就能较客观地反映投资偏差的严重程度或合理程度，从对投资控制工作的要求来看，相对偏差比绝对偏差更有意义，应当给予更高的重视。

6.5.2　常用的偏差分析方法

常用的偏差分析方法有横道图法、时标网络图法、表格法和曲线法。

6.5.2.1　横道图法

用横道图进行投资偏差分析，是用不同的横道标识已完工程计划投资和实际投资以及拟完工程计划投资，横道的长度与其数额成正比，如图6.9所示。

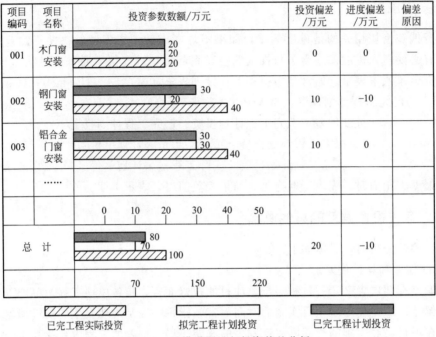

图6.9　用横道图进行投资偏差分析

6.5.2.2　时标网络图法

时标网络图是在确定施工计划网络图的基础上，将施工的实施进度与日历工期相结合而形成的网络图。根据时标网络图可以得到每一时间段的拟完工程计划投资，已完工程实际投资可以根据实际工作完成情况测得，在时标网路图上考虑实际进度前锋线就可以得到每一时间段的已完工程计划投资。实际进度前锋线表示整个项目目前实际完成的工作面情况，将某一确定时点下时标网络图中各个工序的实际进度点相连就可以得到实际进度前锋线。

例6.10　某工程的时标网络图如图6.10所示，工程进展到第5、第10、第15个月底时，分别检查了工程进度，相应绘制了3条前锋线，如图6.10中的点划线。分析第5个月底和第10个月底的投资偏差、进度偏差，并根据第5个月、第10个月的实际进度前锋线分析工程进度情况（此工程每月投资数据统计见表6.9）。

表6.9　某工程每月投资数据统计

月份	1	2	3	4	5	6	7	8	9	10	11	12	13	14	15
累计拟完工程计划投资	5	10	20	30	40	50	60	70	80	90	100	106	112	115	118
累计已完工程实际投资	5	15	25	35	45	53	61	69	77	85	94	103	112	116	120

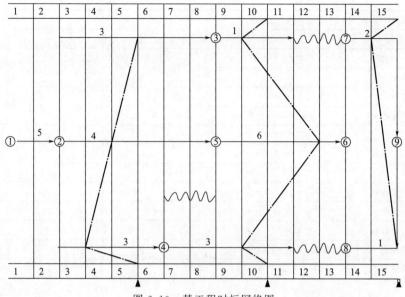

图 6.10 某工程时标网络图

解 第 5 个月底：

已完工程计划投资 $= 2×5+3×3+4×2+3=30$（万元）

投资偏差 $=$ 已完工程实际投资 $-$ 已完工程计划投资 $=45-30=15$（万元）

说明投资增加 15 万元；

进度偏差 $=$ 拟完工程计划投资 $-$ 已完工程计划投资 $=40-30=10$（万元）

说明进度拖延 10 万元。

第 10 个月底：

已完工程计划投资 $= 5×2+3×6+4×6+3×4+1+6×4+3×3=98$（万元）

投资偏差 $=$ 已完工程实际投资 $-$ 已完工程计划投资 $=85-98=-13$（万元）

说明投资节约 13 万元；

进度偏差 $=$ 拟完工程计划投资 $-$ 已完工程计划投资 $=90-98=-8$（万元）

说明进度提前 8 万元。

6.5.2.3 表格法

根据项目的具体情况、数据来源、投资控制工作的要求等条件来设计表格，因而适用性较强。表格法的信息量大，可以反映各种偏差变量和指标，对全面深入地了解项目投资的实际情况非常有益。见表 6.10。

表 6.10 投资偏差分析

项目编码	（1）	001	002	003
项目名称	（2）	木门窗安装	钢门窗安装	铝合金门窗安装
单位	（3）			
计划单价	（4）			
拟完工程量	（5）			
拟完工程计划投资	（6）=（4）×（5）	20	20	30

项目编码	(1)	001	002	003
已完工程量	(7)			
已完工程计划投资	(8)=(4)×(7)	20	30	30
实际单价	(9)			
其他款项	(10)			
已完工程实际投资	(11)=(7)×(9)+(10)	20	40	40
投资局部偏差	(12)=(11)-(8)	0	10	10
投资局部偏差程度	(13)=(11)÷(8)	1	1.33	1.33
投资累计偏差	(14)=∑(12)			
投资累计偏差程度	(15)=∑(11)÷∑(8)			
进度局部偏差	(16)=(6)-(8)	0	-10	0
进度局部偏差程度	(17)=(6)÷(8)	1	0.66	1
进度累计偏差	(18)=∑(16)			
进度累计偏差程度	(19)=∑(6)÷∑(8)			

6.5.2.4 曲线法

"S"曲线法是利用投资累计曲线进行投资偏差分析的方法。如图 6.11 所示，曲线法中横轴代表时间（进度），竖轴代表费用（投资）。在用曲线法进行偏差分析时，通常有三条投资曲线，即已完成工程实际投资曲线 a、已完工程计划投资曲线 b 和拟完工程计划投资曲线 p，图中曲线 a 与曲线 b 的竖向距离表示投资偏差，曲线 p 与曲线 b 的水平距离表示进度偏差。

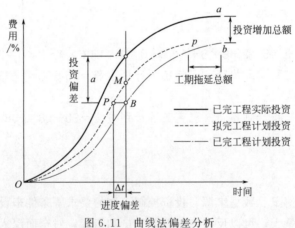

图 6.11　曲线法偏差分析

6.5.3　偏差形成原因及纠偏措施

6.5.3.1　偏差类型

偏差的类型分为四种形式。

① 投资增加且工期拖延。这种类型是纠正偏差的主要对象。

② 投资增加但工期提前。这种情况下要适当考虑工期提前带来的效益；如果增加的资金值超过增加的效益时，要采取纠偏措施，若这种收益与增加的投资大致相当于甚至高于投资增加额，则未必需要采取纠偏措施。

③ 工期拖延但投资节约。这种情况下是否采取纠偏措施要根据实际需要。

④ 工期提前且投资节约。这种情况是最理想的，不需要采取任何纠偏措施。

6.5.3.2 引起偏差的原因

一般来讲，引起投资偏差的原因主要有四个方面：客观原因、业主原因、设计原因和施工原因。

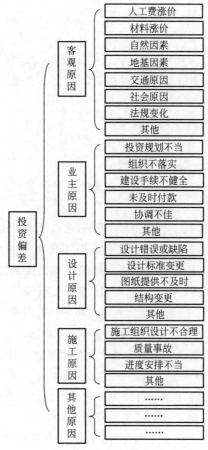

图 6.12 投资偏差原因分析

6.5.3.3 纠偏措施

通常把纠偏措施分为组织措施、经济措施、技术措施、合同措施四个方面。

（1）组织措施 是指从投资控制的组织管理方面采取的措施。例如，落实投资控制的组织机构和人员，明确各级投资控制人员的任务、职能分工、权利和责任，改善投资控制工作流程等。组织措施往往被人忽视，其实它是其他措施的前提和保障，而且一般无需增加什么费用，运用得当时可以收到良好的效果。

（2）经济措施 经济措施最易为人们接受，但运用中要特别注意不可把经济措施简单理解为审核工程量及相应的支付价款。应从全局出发来考虑问题，如检查投资目标分解的合理性、资金使用计划的保障性、施工进度计划的协调性。另外，通过偏差分析和未完工程预测还可以发现潜在的问题，及时采取预防措施，从而取得造价控制的主动权。

（3）技术措施　从造价控制的要求来看，技术措施并不都是因为发生了技术问题才加以考虑的，也可能因为出现了较大的投资偏差而加以运用。不同的技术措施往往会有不同的经济效果，因此运用技术措施纠偏时，要对不同的技术方案进行技术经济分析综合评价后加以选择。

（4）合同措施　合同措施在纠偏方面主要指索赔管理。在施工过程中，索赔事件的发生是难免的，造价工程师在发生索赔事件后，要认真审查有关索赔依据是否符合合同规定，索赔计算是否合理等，从主动控制的角度出发，加强日常的合同管理，落实合同规定的责任。

 技能训练

一、单项选择题

1. 在工程进度款结算与支付中，承包商提交的已完工程量而监理不予计量的是（　　）。

A. 因业主提出的设计变更而增加的工程量

B. 因承包商原因造成工程返工的工程量

C. 因延期开工造成施工机械台班数量增加

D. 因地质原因需要加固处理增加的工程量

2. 在工程进度款结算过程中，除了对承包商超出设计图纸范围而增加的工程量，监理不予计量之外，还包括（　　）。

A. 因发包人原因造成返工的工程量　　　B. 因承包商原因造成返工的工程量

C. 因不可抗力造成返工的工程量　　　　D. 因不利施工条件造成返工的工程量

3. 对承包人超出设计图纸范围和因承包人原因造成返工的工程量，发包人（　　）。

A. 按实际计量　　　　　　　　　　　B. 按图纸计量

C. 不予计量　　　　　　　　　　　　D. 双方协商计量

4. 某独立土方工程，招标文件估计工程量为 100 万立方米，合同约定：工程款按月支付并同时在该款项中扣留 5% 的工程预付款；土方工程为全费用单位，每立方米 10 元，当实际工程量超过估计工程量 10% 时，超过部分调整单价，每立方米为 9 元。某月施工单位完成土方工程量 25 万立方米，截至该月累计完成的工程量为 120 万立方米，则该月应结工程款为（　　）万元。

A. 240　　　　　　B. 237.5　　　　　　C. 228　　　　　　D. 236.6

5. 某分项工程发包方提供的估计工程量 $1500m^3$，合同中规定单价 16 元/m^3，实际工程量超过估计工程量 10% 时，调整单价，单价调为 15 元/m^3，实际经过业主计量确认的工程量为 $1800m^3$，则该分项工程结算款为（　　）元。

A. 28650　　　　　　B. 27000　　　　　　C. 28800　　　　　　D. 28500

6. 如甲方不按合同约定支付工程进度款，双方又未达成延期付款协议，致使施工无法进行，则（　　）。

A. 乙方仍应设法继续施工

B. 乙方如停止施工则应承担违约责任

C. 乙方可停止施工，甲方承担违约责任

D. 乙方可停止施工，由双方共同承担责任

7. 工程师进行投资控制，纠偏的主要对象为（　　）偏差

A. 业主原因　　　　B. 物价上涨原因　　　　C. 施工原因　　　　D. 客观原因

8. 在纠偏措施中，合同措施主要是指（　　）。

A. 投资管理　　　　B. 施工管理　　　　C. 监督管理　　　　D. 索赔管理

二、多项选择题

1. 关于工程预付款结算，下列说法正确的是（　　）。

A. 工程预付款原则上预付比例不低于合同金额的30％，不高于合同金额的60％

B. 对重大工程项目，按年度工程计划逐年预付

C. 实行工程量清单计价的，实体性消耗和非实体性消耗部分应在合同中分别约定预付款比例

D. 预付的工程款必须在合同中约定抵扣方式，并在工程进度款中进行抵扣

E. 凡是没有签订合同或不具备施工条件的工程，业主不得预付工程款

2. 下列费用项目中，哪些属于施工索赔费用范畴？（　　）

A. 人工费　　　　B. 材料费　　　　C. 分包费用　　　　D. 施工企业管理费

E. 建设单位管理费

3. 竣工结算编制的依据包括（　　）。

A. 全套竣工图纸　　　　　　　　　　B. 材料价格或材料、设备购物凭证

C. 双方共同签署的工程合同有关条款　　D. 业主提出的设计变更通知单

E. 承包商单方面提出的索赔报告

4. 进度偏差可以表示为（　　）。

A. 已完工程计划投资－已完工程实际投资

B. 拟完工程计划投资－已完工程实际投资

C. 拟完工程计划投资－已完工程计划投资

D. 已完工程实际投资－已完工程计划投资

E. 已完工程实际进度－已完工程计划进度

三、思考题

1. 试述工程发生变更后，工程价款如何调整。

2. 建设工程价款索赔的程序有哪些？

3. 常用的工程结算有哪些方式？

4. 何为投资偏差？偏差分析有哪些方法？可以采取哪些纠偏的措施？

5. 请简要阐述索赔中的费用索赔有哪些项。

6. 在进行工程结算时都应考虑哪些款项？

四、案例题

1. 某施工单位承包某工程项目，甲乙双方签订的关于工程价款的合同内容如下。

① 建筑安装工程造价660万元，建筑材料及设备费占施工产值的比重为60％。

② 工程预付款为建筑安装工程造价的20％。工程实施后，工程预付款从未施工工程尚需的建筑材料及设备费相当于工程预付款数额时起扣，从每次结算工程价款中按材料和设备占施工产值的比重扣抵工程预付款，竣工前全部扣清。

③ 工程进度款逐月计算。

④ 工程质量保修金为建筑安装工程造价的 3%，竣工后依次扣留。

⑤ 建筑材料和设备费价差调整按当地工程造价管理部门有关规定执行（按当地工程造价管理部门有关规定上半年材料和设备价差上调 10%，在 6 月份一次调增）。

工程各月实际完成产值见表 6.11。

表 6.11　各月实际完成产值　　　　　　　　　　　　　单位：万元

月份	2	3	4	5	6
完成产值	55	110	165	220	110

问题：

(1) 通常工程竣工结算的前提是什么？

(2) 工程价款结算的方式有哪几种？

(3) 该工程的工程预付款、起扣点为多少？

(4) 该工程 2 月至 5 月每月拨付工程款为多少？累计工程款为多少？

(5) 6 月份办理工程竣工结算，该工程结算造价为多少？甲方应付工程结算款为多少？

(6) 该工程在保修期间发生屋面漏水，甲方多次催促乙方修理，乙方一再拖延，最后甲方另请施工单位修理，修理费为 1.5 万元，该项费用如何处理？

2. 某施工单位承担了某综合办公楼的施工任务，并与建设单位签订了该项目建设工程施工合同，合同价 4600 万元人民币，合同工期 10 个月。工程未进行投保保险。

在工程施工过程中，遭受暴风雨不可抗拒的袭击，造成了相应的损失。施工单位及时地向建设单位提出索赔要求，并附索赔有关材料和证据。索赔报告中的基本要求如下。

① 遭暴风雨袭击系非施工单位造成的损失，故应由建设单位承担赔偿责任。

② 给已建部分工程造成破坏，损失 28 万元，应由建设单位承担赔偿责任。

③ 因灾害使施工单位 6 人受伤，处理伤病医疗费用和补偿金总计 3 万元，建设单位应给予补偿。

④ 施工单位进场后使用的机械、设备受到损坏，造成损失 4 万元。由于现场停工造成机械台班费损失 2 万元，工人窝工费 3.8 万元，建设单位应承担修复和停工的经济责任。

⑤ 因灾害造成现场停工 6 天，要求合同工期顺延 6 天。

⑥ 由于工程被破坏，清理现场需费用 2.5 万元，应由建设单位支付。

问题：

(1) 以上索赔是否合理？为什么？

(2) 不可抗力发生风险承担的原则是什么？

3. 某土方工程总挖方量为 $1000m^3$，预算单价为 45 元/m^3。该挖方工程预算总费用为 45 万元，计划用 25 天完成，每天 $400m^3$。开工后第七天早上刚上班时，业主项目管理人员前去测量，取得了两个数据：已完成挖方 $2000m^3$，支付给承包单位的工程进度款累计已达到 12 万元。计算该工程费用偏差及进度偏差。

4. 某工程计划进度与实际进度见表 6.12，表中粗实线表示计划进度（进度线上方的数据为每周计划投资），粗虚线表示实际进度（进度线上方的数据为每周实际投资），假定各分项工程每周计划进度与实际进度均为匀速进度，而且各分项工程实际完成总工程量与计划完成总工程量相等。

表 6.12　某工程计划进度与实际进度表　　　　　　单位：万元

分项工程	进度计划/周											
	1	2	3	4	5	6	7	8	9	10	11	12
A	5	5	5									
	5	5	5									
B		4	4	4	4	4						
		4	4	4	3	3						
C				9	9	9	9					
					9	8	7	7				
D						5	5	5	5			
						4	4	4	5	5		
E							3	3	3			
								3	3	3		3

问题：

（1）计算每周投资数据，并将结果填入表 6.13。

表 6.13　投资数据表　　　　　　单位：万元

项目	投资数据											
	1 周	2 周	3 周	4 周	5 周	6 周	7 周	8 周	9 周	10 周	11 周	12 周
每周拟完工程计划投资												
拟完工程计划投资累计												
每周已完工程实际投资												
已完工程实际投资累计												
每周已完工程计划投资												
已完工程计划投资累计												

（2）试在图 6.13 绘制该工程三种投资曲线，即：①拟完工程计划投资曲线；②已完工程实际投资曲线；③已完工程计划投资曲线。

（3）分析第 6 周末和第 10 周末的投资偏差和进度偏差。

五、实训项目

结合自己身边的实际工程项目，分析其存在哪些导致工期延期的因素，哪方承担延期的责任，如何计算其中的经济索赔和工期索赔。

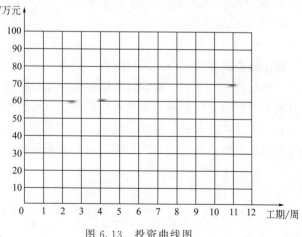

图 6.13　投资曲线图

185

模块七　建设项目竣工验收阶段工程造价管理

知识目标

- 了解竣工验收的组织和方式，熟悉工程竣工验收的条件、标准、范围
- 熟悉工程决算的概念、内容、审核
- 熟悉质量缺陷责任期与保修期的概念及区别
- 掌握质量保证金的处理

技能目标

- 能够参加或组织工程的竣工验收
- 能够起草并编写竣工验收报告
- 能够依据有关资料编制工程竣工决算
- 能够编写质量保修书
- 能够处理质量保证金的使用和返还

学习重点

- 竣工验收的标准
- 竣工决算与结算的区别
- 竣工决算的编制
- 质量保证金的处理

竣工验收是建设工程的最后阶段，是审查投资使用是否合理的重要环节，是投资成果转入生产或使用的标志。只有经过竣工验收，建设投资成果才能投入生产或使用，对促进建设项目及时投产或交付使用、发挥投资效果、总结建设经验有着重要的作用。本模块主要介绍了工程竣工验收的条件、标准、范围，工程决算的概念、内容、编制、审核，质量缺陷责任期与保修期的概念及区别，质量保证金的处理等内容。

7.1 竣工验收

建设项目竣工验收是指由发包人、承包人和项目验收委员会，以项目批准的设计任务书和设计文件，以及国家或部门颁发的施工验收规范和质量检验标准为依据，按照一定的程序和手续，在项目建成并试生产合格后（工业生产性项目），对工程项目的总体进行检验和认证、综合评价和鉴定的活动。按照我国建设程序的规定，竣工验收是建设工程的最后阶段，是建设项目施工阶段和保修阶段的中间过程，是全面检验建设项目是否符合设计要求和工程质量检验标准的重要环节，审查投资使用是否合理的重要环节，是投资成果转入生产或使用的标志。只有经过竣工验收，建设项目才能实现由承包人管理向发包人管理的过渡，它标志着建设投资成果投入生产或使用，对促进建设项目及时投产或交付使用、发挥投资效果、总结建设经验有着重要的作用。

7.1.1 建设项目竣工验收的条件及范围

7.1.1.1 竣工验收的条件

《建设工程质量管理条例》（具体内容可依据前言指示方法下载电子资料包学习）规定，建设工程竣工验收应当具备以下条件。

① 完成建设工程设计和合同约定的各项内容。主要是指设计文件所确定的、在承包合同中载明的工作范围，也包括监理工程师签发的变更通知单中所确定的工作内容。

② 有完整的技术档案和施工管理资料。

③ 有工程使用的主要建筑材料、建筑构配件和设备的进场试验报告。对建设工程使用的主要建筑材料、建筑构配件和设备的进场，除具有质量合格证明资料外，还应当有试验、检验报告。试验、检验报告中应当注明其规格、型号、用于工程的哪些部位、批量批次、性能等技术指标，其质量要求必须符合国家规定的标准。

④ 有勘察、设计、施工、工程监理等单位分别签署的质量合格文件。勘察、设计、施工、工程监理等有关单位依据工程设计文件及承包合同所要求的质量标准，对竣工工程进行检查和评定，符合规定的，签署合格文件。

⑤ 有施工单位签署的工程保修书。

7.1.1.2 竣工验收的范围

国家颁布的建设法规规定，凡新建、扩建、改建的基本建设项目和技术改造项目（所有列入固定资产投资计划的建设项目或单项工程），已按国家批准的设计文件所规定的内容建成，符合验收标准，即：工业投资项目经负荷试车考核，试生产期间能够正常生产出合格产品，形成生产能力的；非工业投资项目符合设计要求，能够正常使用的，不论是属于哪种建设性质，都应及时组织验收，办理固定资产移交手续。

有的工期较长、建设设备装置较多的大型工程，为了及时发挥其经济效益，对其能够独立生产的单项工程，也可以根据建成时间的先后顺序，分期分批地组织竣工验收；对能生产中间产品的一些单项工程，不能提前投料试车，可按生产要求与生产最终产品的工程同步建成竣工后，再进行全部验收。

对于某些特殊情况，工程施工虽未全部按设计要求完成，也应进行验收，这些特殊情况主要有以下几点：

① 因少数非主要设备或某些特殊材料短期内不能解决，虽然工程内容尚未全部完成，但已可以投产或使用的工程项目。

② 规定要求的内容已完成，但因外部条件的制约，如流动资金不足、生产所需原材料不能满足等，而使已建工程不能投入使用的项目。

③ 有些建设项目或单项工程，已形成部分生产能力，但近期内不能按原设计规模续建，应从实际情况出发，经主管部门批准后，可缩小规模对已完成的工程和设备组织竣工验收，移交固定资产。

7.1.2 建设项目竣工验收的标准及方式

7.1.2.1 竣工验收的标准

（1）工业建设项目竣工验收标准

① 生产性项目和辅助性公用设施，已按设计要求完成，能满足生产使用；

② 主要工艺设备配套经联动负荷试车合格，形成生产能力，能够生产出设计文件所规定的产品；

③ 有必要的生活设施，并已按设计要求建成合格；

④ 生产准备工作能适应投产的需要；

⑤ 环境保护设施，劳动、安全、卫生设施，消防设施，已按设计要求与主体工程同时建成使用；

⑥ 设计和施工质量已经过质量监督部门检验并做出评定；

⑦ 工程结算和竣工决算通过有关部门审查和审计。

（2）民用建设项目竣工验收标准

① 建设项目各单位工程和单项工程，均已符合项目竣工验收标准；

② 建设项目配套工程和附属工程，均已施工结束，达到设计规定的相应质量要求并具备正常使用条件。

7.1.2.2 竣工验收的组织

大、中型和限额以上建设项目及技术改造项目，由国家发改委或国家发改委委托项目主管部门、地方政府部门组织验收；小型和限额以下建设项目及技术改造项目，由项目主管部门或地方政府部门组织验收。建设主管部门和建设单位（业主）、接管单位、施工单位、勘察设计及工程监理等有关单位参加验收工作；根据工程规模大小和复杂程度组成验收委员会或验收组，其人员构成应由银行、物资、环保、劳动、统计、消防及其他有关部门的专业技术人员和专家组成。

7.1.2.3　竣工验收的方式

为了保证建设项目竣工验收的顺利进行，验收必须遵循一定的程序，并按照建设项目总体计划的要求以及施工进展的实际情况分阶段进行。建设项目竣工验收，按被验收的对象划分，可分为：单位工程验收、单项工程验收及工程整体验收（或"动用验收"），见表7.1。

表7.1　不同阶段的工程验收方式

类型	验收条件	验收组织
单位工程验收（中间验收）	1. 按照施工承包合同的约定，施工完成到某一阶段后要进行中间验收； 2. 主要的工程部位施工已完成了隐蔽前的准备工作，该工程部位将置于无法查看的状态	由监理单位组织，业主和承包商派人参加，该部位的验收资料将作为最终验收的依据
单项工程验收（交工验收）	1. 建设项目中的某个合同工程已全部完成； 2. 合同内约定有单项移交的工程已达到竣工标准，可移交给业主投入试运行	由业主组织，会同施工单位、监理单位、设计单位及使用单位等有关部门共同进行
工程整体验收（动用验收）	1. 建设项目按设计规定全部建成，达到竣工验收条件； 2. 初验结果全部合格； 3. 竣工验收所需资料已准备齐全	大、中型和限额以上项目由国家发改委或由其委托项目主管部门或地方政府部门组织验收；小型和限额以下项目由项目主管部门组织验收；业主、监理单位、施工单位、设计单位和使用单位参加验收工作

7.1.3　建设项目竣工验收报告及备案

7.1.3.1　工程竣工验收报告

建设项目竣工验收合格后，建设单位应当及时提出工程竣工验收报告。工程竣工验收报告主要包括工程概况，建设单位执行基本建设程序情况，对工程勘察、设计、施工、监理等方面的评价，工程竣工验收时间、程序、内容和组织形式，工程竣工验收意见等内容。

工程竣工验收报告还应附有下列文件。

① 施工许可证；

② 施工图设计文件审查意见；

③ 验收组人员签署的工程竣工验收意见；

④ 市政基础设施工程应附有质量检测和功能性试验资料；

⑤ 施工单位签署的工程质量保修书；

⑥ 法规、规章规定的其他有关文件。

7.1.3.2　竣工验收的备案

（1）国务院建设行政主管部门负责全国房屋建筑工程和市政基础设施工程的竣工验收备案管理工作。县级以上地方人民政府建设行政主管部门负责本行政区域内工程的竣工验收备案管理工作。

（2）依照《房屋建筑工程和市政基础设施工程竣工验收备案管理暂行办法》的规定，建设单位应当自工程竣工验收合格之日起15日内，向工程所在地的县级以上地方人民政府建设行政主管部门备案。

（3）建设单位办理工程竣工验收备案应当提交下列文件。

① 工程竣工验收备案表；

② 工程竣工验收报告；

③ 法律、行政法规规定应当由规划、公安消防、环保等部门出具的认可文件或准许使用文件；

④ 施工单位签署的工程质量保修书；商品住宅还应当提交《住宅质量保证书》和《住宅使用说明书》；

⑤ 法规、规章规定必须提供的其他文件。

（4）备案机关收到建设单位报送的竣工验收备案文件，验证文件齐全后，应当在工程竣工验收备案表上签署文件收讫。工程竣工验收备案表一式两份，一份由建设单位保存，一份留备案机关存档。

（5）工程质量监督机构应当在工程竣工验收之日起 5 日内，向备案机关提交工程质量监督报告。

（6）备案机关发现建设单位在竣工验收过程中有违反国家有关建设工程质量管理规定行为的，应当在收讫竣工验收备案文件 15 日内，责令停止使用，重新组织竣工验收。

7.2 竣工决算

7.2.1 建设项目竣工决算的含义

7.2.1.1 竣工决算含义

项目竣工决算是指所有项目竣工后，项目建设单位按照国家有关规定在项目竣工验收阶段编制的竣工决算报告。竣工决算是以实物数量和货币指标为计量单位，综合反映竣工建设项目全部建设费用、建设成果和财务状况的总结性文件，是竣工验收报告的重要组成部分。

7.2.1.2 竣工决算作用

① 竣工决算是正确核定新增固定资产价值，考核分析投资效果，建立健全经济责任制的依据，是反映建设项目实际造价和投资效果的文件。

② 竣工决算是建设工程经济效益的全面反映，是项目法人核定各类新增资产价值、办理其交付使用的依据。竣工决算是工程造价管理的重要组成部分，做好竣工决算是全面完成工程造价管理目标的关键性因素之一。

③ 通过竣工决算，既能够正确反映建设工程的实际造价和投资结果，又可以通过竣工决算与概算、预算的对比分析，考核投资控制的工作成效，为工程建设提供重要的技术经济方面的基础资料，提高未来工程建设的投资效益。

项目竣工时，应编制建设项目竣工决算。建设周期长、建设内容多的项目，单项工程竣工，具备交付使用条件的，可编制单项工程竣工财务决算。建设项目全部竣工后应编制竣工财务总决算。

7.2.1.3　竣工决算与竣工结算的区别

竣工结算是指在工程施工阶段，根据合同约定、工程进度、工程变更与索赔等情况，通过编制工程结算书对已完施工价款进行计算的过程，计算出来的价款称为工程结算价。结算价是该结算工程部分的实际价格，是支付工程款项的凭据。工程竣工结算是由施工单位做的，是施工单位得到工程款项的重要依据。单项工程竣工后，承包人应在提交竣工验收报告的同时，向发包人递交竣工结算报告及完整的结算资料。

竣工决算是指整个建设工程全部完工并经验收以后，通过编制竣工决算书计算整个项目从立项到竣工验收、交付使用全过程中实际支付的全部建设费用、核定新增资产和考核投资效果的过程，计算出的价格称为竣工决算价。它是整个建设工程最终实际价格。工程竣工决算是由建设单位做的，是在项目竣工以及施工单位提交竣工结算报告及结算资料后，建设单位报告全部建设费用、建设成果和财务情况的总结性文件。

由此可以看出，工程竣工决算是一个工程从无到有的所有相关费用，而工程竣工结算是一个实体工程的建筑和安装工程费用。工程竣工决算包含了工程竣工结算的内容，而工程竣工结算是工程竣工决算的一个重要组成部分。

7.2.2　竣工决算的内容

建设项目竣工决算应包括从筹集到竣工投产全过程的全部实际费用，即包括建筑工程、安装工程费、设备工器具购置费用及预备费等费用。根据财政部、国家发改委以及住房和城乡建设部的有关文件规定，竣工决算报告是由竣工财务决算说明书、竣工财务决算报表、建设工程竣工图和工程竣工造价对比分析四部分组成。其中竣工财务决算说明书和竣工财务决算报表两部分又称建设项目竣工财务决算，是竣工决算的核心内容。竣工财务决算是正确核定项目资产价值、反映竣工项目建设成果的文件，是办理资产移交和产权登记的依据。

7.2.2.1　竣工财务决算说明书

竣工财务决算说明书主要反映竣工工程建设成果和经验，是对竣工决算报表进行分析和补充说明的文件，是全面考核分析工程投资与造价的书面总结，是竣工决算报告的重要组成部分，其内容主要包括以下几点。

① 建设项目概况，对工程总的评价。
② 资金来源及运用等财务分析。
③ 概（预）算执行情况，尾工工程情况，历次审计、审核、稽查情况。
④ 主要技术经济指标的分析。
⑤ 工程建设的经验、项目管理及财务管理工作、合同履行情况。
⑥ 征地拆迁、移民安置等需要说明的其他事项。

7.2.2.2　竣工财务决算报表

建设项目竣工财务决算报表要根据大、中型建设项目和小型建设项目分别制定。根据财政部有关文件，大、中型建设项目竣工财务决算报表包括：建设项目竣工财务决算审批表，大、中型建设项目概况表，大、中型建设项目竣工财务决算表，大、中型建设项目交付使用资产总表，建设项目交付使用资产明细表。小型建设项目竣工财务决算报表包括：建设项目竣工财务决算审批表，竣工财务决算总表，建设项目交付使用资产明细表。

（1）建设项目竣工财务决算审批表　该表作为竣工决算上报有关部门审批时使用，其格式按照中央级小型项目审批要求设计，地方级项目可按审批要次做适当修改，大、中、小型项目均要按照要求填报此表。

（2）大、中型建设项目概况表　该表综合反映大、中型项目的基本概况，内容包括该项目总投资、建设起止时间、新增生产能力、主要材料消耗、建设成本、完成主要工程量和主要技术经济指标，为全面考核和分析投资效果提供依据。

（3）大、中型建设项目竣工财务决算表　竣工财务决算表是竣工财务决算报表的一种，大、中型建设项目竣工财务决算表是用来反映建设项目的全部资金来源和资金占用情况，是考核和分析投资效果的依据。该表反映竣工的大、中型建设项目从开工到竣工为止全部资金来源和资金运用的情况。它是考核和分析投资效果，落实结余资金，并作为报告上级核销基本建设支出和基本建设拨款的依据。在编制该表前，应先编制出项目竣工年度财务决算，根据编制出的竣工年度财务决算和历年财务决算编制项目的竣工财务决算。此表采用平衡表形式，即资金来源合计等于资金支出合计。

（4）大、中型建设项目交付使用资产总表　该表反映建设项目建成后新增固定资产、流动资产、无形资产和其他资产的情况和价值，作为财产交接、检查投资计划完成情况和分析投资效果的依据。小型项目不编制"交付使用资产总表"，直接编制"交付使用资产明细表"。大、中型项目在编制"交付使用资产总表"的同时，还需编制"交付使用资产明细表"。

（5）建设项目交付使用资产明细表　该表反映交付使用的固定资产、流动资产、无形资产和其他资产及其价值的明细情况，是办理资产交接和接收单位登记资产账目的依据，是使用单位建立资产明细账和登记新增资产价值的依据。大、中型和小型建设项目均需编制此表。编制时要做到完整、齐全，数字准确，各栏目价值应与会计账目中相应科目的数据保持一致。

（6）小型建设项目竣工财务决算总表　由于小型建设项目内容比较简单，因此可将工程概况与财务情况合并编制一张"竣工财务决算总表"，该表主要反映小型建设项目的全部工程和财务情况。具体编制时可参照大、中型建设项目概况表指标和大、中型建设项目竣工财务决算表相应指标内容填写。

7.2.2.3　建设工程竣工图

建设工程竣工图是真实地记录各种地上、地下建筑物和构筑物等情况的技术文件，是工程进行交工验收、维护、改建和扩建的依据，是国家的重要技术档案。全国各建设、设计、施工单位和各主管部门都要认真做好竣工图的编制工作。国家规定：各项新建、扩建、改建的基本建设工程，特别是基础、地下建筑、管线、结构、井巷、桥梁、隧道、港口、水坝以及设备安装等隐蔽部位，都要编制竣工图。为确保竣工图质量，必须在施工过程（不能在竣工后）及时做好隐蔽工程检查记录，整理好设计变更文件。编制竣工图的形式和深度，应根据不同情况区别对待，其具体要求包括以下几点。

① 凡按图竣工没有变动的，由承包人（包括总包和分包承包人，下同）在原施工图上加盖"竣工图"标志后，即作为竣工图。

② 凡在施工过程中，虽有一般性设计变更，但能将原施工图加以修改补充作为竣工图

的，可不重新绘制，由承包人负责在原施工图（必须是新蓝图）上注明修改的部分，并附以设计变更通知单和施工说明，加盖"竣工图"标志后，作为竣工图。

③ 凡结构形式改变、施工工艺改变、平面布置改变、项目改变以及有其他重大改变，不宜再在原施工图上修改、补充时，应重新绘制改变后的竣工图。由原设计原因造成的，由设计单位负责重新绘制；由施工原因造成的，由承包人负责重新绘图；由其他原因造成的，由建设单位自行绘制或委托设计单位绘制。承包人负责在新图上加盖"竣工图"标志，并附以有关记录和说明，作为竣工图。

④ 为了满足竣工验收和竣工决算需要，还应绘制反映竣工工程全部内容的工程设计平面示意图。

⑤ 重大的改建、扩建工程项目涉及原有的工程项目变更时，应将相关项目的竣工图资料统一整理归档，并在原图案卷内增补必要的说明一起归档。

7.2.2.4　工程竣工造价对比分析

对控制工程造价所采取的措施、效果及其动态的变化需要进行认真的对比，总结经验教训。批准的概算是考核建设工程造价的依据。在分析时，可先对比整个项目的总概算，然后将建筑安装工程费、设备工器具费和其他工程费用逐一与竣工决算表中所提供的实际数据和相关资料进行核查，与批准的概算、预算指标进行比对，最后与实际的工程造价进行对比分析，以此确定竣工项目总造价是节约还是超支，并在此基础上，总结先进经验，找出节约和超支的内容和原因，提出改进措施。在实际工作中，应主要分析以下内容。

(1) 考核主要实物工程量　对于实物工程量出入比较大的情况，必须查明原因。

(2) 考核主要材料消耗量　要按照竣工决算表中所列明的三大材料实际超概算的消耗量，查明是在工程的哪个环节超出量最大，再进一步查明超耗的原因。

(3) 考核建设单位管理费、措施费和间接费的取费标准　建设单位管理费、措施费和间接费的取费标准要按照国家和各地的有关规定，根据竣工决算报表中所列的建设单位管理费与概预算所列的建设单位管理费数额进行比较，依据规定查明是否多列或少列的费用项目，确定其节约超支的数额，并查明原因。

7.2.3　竣工决算的编制及审核

7.2.3.1　竣工决算编制条件

编制工程竣工决算应具备下列条件。
① 经批准的初步设计所确定的工程内容已完成；
② 单项工程或建设项目竣工结算已完成；
③ 收尾工程投资和预留费用不超过规定的比例；
④ 涉及法律诉讼、工程质量纠纷的事项已处理完毕；
⑤ 其他影响工程竣工决算编制的重大问题已解决。

7.2.3.2　竣工决算的编制步骤

① 收集、整理和分析所有技术资料、工料结算的经济文件、施工图纸和各种变更与签

证等依据资料；

② 清理建设工程从筹建到竣工投产或使用的全部费用的各项财务、债权、债务和结余物资；

③ 对照、核实工程变动情况，重新核实各单位工程、单项工程造价；

④ 编制建设工程竣工决算说明；

⑤ 填写竣工决算报表；

⑥ 做好工程造价对比分析；

⑦ 清理装订好竣工图；

⑧ 上报主管部门审查。

7.2.3.3 竣工决算的审核

根据《基本建设项目竣工财务决算管理暂行办法》（财建〔2016〕503 号）的规定，基本建设项目完工可投入使用或者试运行合格后，应当在 3 个月内编报竣工财务决算，特殊情况确需延长的，中、小型项目不得超过 2 个月，大型项目不得超过 6 个月。

财政部门和项目主管部门对项目竣工财务决算实行先审核、后批复的办法，可以委托预算评审机构或者有专业能力的社会中介机构进行审核。重点审核以下内容。

① 工程价款结算是否准确，是否按照合同约定和国家有关规定进行，有无多算和重复计算工程量、高估冒算建筑材料价格现象；

② 待摊费用支出及其分摊是否合理、正确；

③ 项目是否按照批准的概算（预）算内容实施，有无超标准、超规模、超概（预）算建设现象；

④ 项目资金是否全部到位，核算是否规范，资金使用是否合理，有无挤占、挪用现象；

⑤ 项目形成资产是否全面反映，计价是否准确，资产接收单位是否落实；

⑥ 项目在建设过程中历次检查和审计所提的重大问题是否已经整改落实；

⑦ 待核销基建支出和转出投资有无依据，是否合理；

⑧ 竣工财务决算报表所填列的数据是否完整，表间勾稽关系是否清晰、明确；

⑨ 尾工工程及预留费用是否控制在概算确定的范围内，预留的金额和比例是否合理；

⑩ 项目建设是否履行基本建设程序，是否符合国家有关建设管理制度要求等；

⑪ 决算的内容和格式是否符合国家有关规定；

⑫ 决算资料报送是否完整，决算数据间是否存在错误；

⑬ 相关主管部门或者第三方专业机构是否出具审核意见。

7.3 保修费用处理

7.3.1 缺陷责任期与保修期

7.3.1.1 缺陷责任期与保修期的概念

（1）缺陷责任期　缺陷是指建设工程质量不符合工程建设强制标准、设计文件，以及承包合同的约定。缺陷责任期是指承包人对已交付使用的合同工程承担合同约定的缺陷修复责任的期限。

（2）保修期　建设工程保修期是指在正常使用条件下，建设工程的最低保修期限。其期限长短由《建设工程质量管理条例》规定。

7.3.1.2　缺陷责任期与保修期的期限

（1）缺陷责任期的期限　缺陷责任期从工程通过竣工验收之日起计。由于承包人原因导致工程无法按规定期限进行竣工验收的，缺陷责任期从实际通过竣工验收之日起计。由于发包人原因导致工程无法按规定期限进行竣工验收的，在承包人提交竣工验收报告 90 天后，工程自动进入缺陷责任期。缺陷责任期一般为 1 年，最长不超过 2 年，由发、承包双方在合同中约定。

（2）保修期的期限　保修期自竣工验收合格之日起计算，按照国务院《建设工程质量管理条例》，建设项目保修期有如下规定。

① 基础设施工程、房屋建筑的地基基础工程和主体结构工程，为设计文件规定的该工程的合理使用年限；

② 屋面防水工程、有防水要求的卫生间、房间和外墙面的防渗漏为 5 年；

③ 供热与供冷系统，为 2 个采暖期、供冷期；

④ 电气管线、给排水管道、设备安装和装修工程为 2 年；

⑤ 其他项目的保修期限由发包方与承包方约定。

建设工程的保修期，自竣工验收合格之日起计算。

7.3.2　质量保证（保修）金的预留、使用及返还

7.3.2.1　质量保证（保修）金的预留

二维码10

根据《建设工程质量保证金管理办法》（建质［2017］138 号）的规定，建设工程质量保证金（以下简称"保证金"）是指发包人与承包人在建设工程承包合同中约定，从应付的工程款中预留，用以保证承包人在缺陷责任期内对建设工程出现的缺陷进行维修的资金。

建设工程质量保证金管理办法（2017）

发包人应按照合同约定方式预留质量保证金，质量保证金总预留比例不得高于工程价款结算总额的 3％。合同约定由承包人以银行保函替代预留质量保证金的，保函金额不得高于工程价款结算总额的 3％。在工程项目竣工前，已经缴纳履约保证金的，发包人不得同时预留工程质量保证金。采用工程质量保证担保、工程质量保险等其他方式的，发包人不得再预留质量保证金。

7.3.2.2　质量保证（保修）金的使用

缺陷责任期内，由承包人原因造成的缺陷，承包人应负责维修，并承担鉴定及维修费用。如承包人不维修也不承担费用，发包人可按合同约定从质量保证金或银行保函中扣除，费用超出质量保证金额的，发包人可按合同约定向承包人进行索赔。承包人维修并承担相应费用后，不免除对工程的损失赔偿责任。由他人及不可抗力原因造成的缺陷，发包人负责组

织维修，承包人不承担费用，且发包人不得从质量保证金中扣除费用。发承包双方就缺陷责任有争议时，可以请有资质的单位进行鉴定，责任方承担鉴定费用并承担维修费用。

关于质量保证（保修）金的处理问题，根据修理项目的性质、内容以及质量缺陷成因等多种因素的实际情况而定。

① 承包单位未按国家有关规范、标准和设计要求施工，造成的质量缺陷，由承包单位负责返修并承担经济责任。

② 由于设计方面的原因造成的质量缺陷，由设计单位承担经济责任，可由施工单位负责维修，费用由建设单位支付，建设单位可向勘察、设计单位追偿。

③ 因建筑材料、建筑构配件和设备质量不合格引起的质量缺陷，属于承包单位采购的或经其验收同意的，由承包单位承担经济责任；属于建设单位采购的，由建设单位承担经济责任。

④ 因使用单位使用不当造成的损坏问题，由使用单位自行负责。

⑤ 因地震、洪水、台风等不可抗拒原因造成的损坏问题，施工单位、设计单位不承担经济责任，由建设单位负责处理。

7.3.2.3 质量保证（保修）金的返还

缺陷责任期内，承包人认真履行合同约定的责任，到期后，承包人向发包人申请返还质量保证金。发包人在接到承包人返还质量保证金申请后，应于14天内会同承包人按照合同约定的内容进行核实。如无异议，发包人应当按照约定将质量保证金返还给承包人。对返还期限没约定或者约定不明确的，发包人应当在核实后14天内将质量保证金返还承包人，逾期未返还的，依法承担违约责任。发包人在接到承包人返还质量保证金申请后14天内不予答复，经催告后14天内仍不予答复，视同认可承包人的返还保证金申请。

缺陷责任期内，实行国库集中支付的政府投资项目，质量保证金的管理应按国库集中支付的有关规定执行。其他政府投资项目，质量保证金可以预留在财政部门或发包方。缺陷责任期内，如发包方被撤销，质量保证金随交付使用资产一并移交使用单位，由使用单位代行发包人职责。社会投资项目采用预留质量保证金方式的，发承包双方可以约定将质量保证金交由金融机构托管。

 **技能训练**

一、单项选择题

1. 建设工程在缺陷责任期内，由第三方原因造成的缺陷（　　　）。

A. 应由承包人负责维修，费用从质量保证金中扣除

B. 应由承包人负责维修，费用由发包人承担

C. 发包人委托承包人维修的，费用由第三方支付

D. 发包人委托承包人维修的，费用由发包人支付

2. 关于建设工程施工合同价款纠纷的处理，下列说法中正确的是（　　　）。

A. 竣工验收不合格，经承包人修复后合格的，承包人支付修复费用的要求应予支持

B. 竣工验收不合格，经承包人修复后合格的，修复费用应由承包人承担

C. 竣工验收不合格，多次修复后仍不合格的，发包人应酌情给予承包人部分修复费用

D. 安装后发现甲供设备存在质量问题，但承包人参与进场验收的，发包人不应支付承包人设备拆除、重新安装的费用

3. 关于建设项目竣工验收，下列说法正确的是（　　）。

A. 单位工程的验收由施工单位组织

B. 大型项目单位工程的验收由国家发改委组织

C. 小型项目的整体验收由项目主管部门组织

D. 工程保修书不属于竣工验收的条件

4. 关于缺陷责任期与保修期，下列说法正确的是（　　）。

A. 缺陷责任期就是保修期　　　　　　　　B. 屋面防水工程的保修期为 5 年

C. 结构工程的保修期为 10 年　　　　　　D. 给排水管道的保修期为 5 年

5. 某写字楼在保修期及保修范围内，由于洪水造成了质量问题，其维修费用应由（　　）承担。

A. 施工企业　　　　　B. 设计单位　　　　　C. 使用单位　　　　　D. 业主

6. 通常所说的建设项目竣工验收，是指（　　）。

A. 工程整体验收　　　　　　　　　　　　B. 单项工程验收

C. 单位工程验收　　　　　　　　　　　　D. 分部工程验收

7. 发包人应按照合同约定方式预留质量保证金，质量保证金总预留比例不得高于工程价款结算总额的（　　）。

A. 3%　　　　　　　　B. 4%　　　　　　　　C. 5%　　　　　　　　D. 3%~5%

二、多项选择题

1. 以下关于竣工决算说法正确的是（　　）。

A. 竣工决算是竣工验收报告的重要组成部分

B. 竣工决算由竣工财务决算说明书、竣工财务决算报表、工程竣工图和工程竣工造价对比分析四部分

C. 建设项目竣工结算应由建设单位编制，竣工决算由总包方编制

D. 建设工程竣工图必须在原施工图的基础上重新绘制

E. 基本建设项目完工可投入使用或者试运行合格后，应当在 3 个月内编报竣工财务决算

2. 在工程项目建设程序中，竣工验收的准备工作包括（　　）。

A. 整理技术资料　　　B. 绘制竣工图　　　　C. 编制竣工决算

D. 提出竣工验收报告的申请　　E. 编制竣工结算

3. 下列各项中属于竣工财务决算说明书内容的是（　　）。

A. 基本建设项目概况

B. 工程竣工造价对比分析

C. 资金来源及运用等财务分析

D. 工程建设的经验、项目管理及财务管理工作、合同履行情况

E. 决算与概算的差异和原因分析

4. 建设单位提出的工程竣工验收报告，其后应附的文件包括（　　）。

A. 施工许可证　　　　　　　　　　　　　B. 施工单位签署的工程质量保修书

C. 完整的施工管理资料　　　　　　　　　D. 施工图设计文件审查意见

E. 设备的进场实验报告

5. 建设项目竣工验收，按被验收的对象划分为（　　　）。

A. 单位工程验收　　　B. 单项工程验收　　　C. 工程整体验收

D. 运用验收　　　　　E. 分部验收

三、思考题

1. 试简述竣工验收的条件。

2. 请简述工业建设项目竣工验收标准。

3. 何为竣工决算？竣工决算包括哪些内容？

4. 何为缺陷责任期及保修期？它们有什么区别？

5. 请简述如何编制工程竣工图。

四、案例题

1. 某机电安装施工单位承建某钢厂一条轧钢生产线项目。机电安装工程合同造价为600万元，合同工期为5个月。

合同约定，该生产线进行负荷联动试运行时，乙方应派相关人员参加配合；工程价款按下列条款执行。

① 工程主材料费占施工产值的比重为35%，由甲方供应，其价款按比例从每次结算工程款中抵扣。

② 工程预付款为工程造价的20%，应在前四个月结算工程款中按比例抵扣清。

③ 工程进度款逐月计算。

④ 工程保修金为工程造价的3%，竣工结算月一次扣留。

该工程按施工进度计划要求，全部完成合同和设计图纸内容的安装任务后，该施工单位项目部立即组织进行竣工验收前的准备工作：进行工程预验收；整理竣工资料和绘制竣工图；收集整理工程竣工结算依据资料和逐月工程结算。

问题：

（1）在竣工验收阶段，该项目部除竣工验收前的准备工作外，还应做哪些工作？

（2）该项目部应如何绘制竣工图？

（3）工程竣工结算的前提条件是什么？

（4）该工程办理工程竣工结算，甲方应付工程结算款为多少？

2. 某工业工程项目，业主与承包单位签订的承包合同约定，要求该工程达到国家优良工程标准，该项目土建工程的施工已按设计图纸全部完成，并已经通过中间验收，因工地场地狭小，其中部分房屋承包方尚占用作为公用房，永久性生产设备安装工程也已全部安装完毕，已具备试车条件，整个工程进入竣工阶段。

问题：

（1）竣工验收前应进行哪几种试车工作？各应由谁组织？试车费用谁承担？如果由于承包方负责采购的设备原因试车达不到验收要求时如何处理？

（2）试车通过后，承包单位自验认为达到合同要求，提出申请竣工验收，经监理方审核、检验后，以工程项目部分被承包方占用和施工单位未提交经过签署的工程质量保修书为由，不同意进行竣工验收，要求整改。请问监理方的意见是否正确？

（3）竣工验收需满足哪些条件？

（4）国务院颁布的《建设工程质量管理条例》中对基础设施工程和房屋建筑的地基基础和主体工程，以及屋面防水工程和有防水要求的外墙面防渗漏的保修期要求各为多少？

（5）缺陷责任期到期后，承包人向发包人申请返还质量保证金。发包人应于（　　）天内会同承包人按照合同约定的内容进行核实。如无异议，发包人应当在核实后（　　）天内将质量保证金返还承包人。

A. 7 天　　　　　　　　B. 14 天　　　　　　　　C. 21 天　　　　　　　　D. 30 天

参 考 文 献

［1］ 谷洪雁.建筑工程计量与计价［M］.武汉：武汉大学出版社，2014.

［2］ 全国造价工程师执业资格考试培训教材编审委员会.建设工程造价管理［M］.北京：中国计划出版社，2017.

［3］ 中国建设工程造价管理协会标准.建设项目投资估算编审规程［M］.北京：中国计划出版社，2015.

［4］ 中国建设工程造价管理协会标准.建设项目设计概算编审规程［M］.北京：中国计划出版社，2015.

［5］ 国家发展改革委员会，建设部.建设项目经济评价方法与参数［M］.北京：中国计划出版社，2006.

［6］ 中华人民共和国财政部.基本建设财务管理规定［M］.北京：中国计划出版社，2002.

［7］ 中华人民共和国住房和城乡建设部.建设工程工程量清单计价规范（GB 5050—2013）［M］.北京：中国计划出版社，2013.

［8］ 全国造价工程师执业资格考试培训教材编审委员会.建设工程造价案例分析［M］.北京：中国城市出版社，2017.

［9］ 斯庆，宋显锐.工程造价控制［M］.北京：北京大学出版社，2009.

［10］ 车移鹏.工程造价管理［M］.北京：北京大学出版社，2010.

［11］ 杨会云.建筑工程工程量清单计价与投标报价［M］.北京：中国建材工业出版社，2006.

［12］ 周国恩，陈作.工程造价管理［M］.北京：北京大学出版社，2011.

［13］ 吴现立，冯占红.工程造价控制与管理［M］.武汉：武汉理工大学出版社，2008.

［14］ 马楠，张国兴，韩英爱.工程造价管理［M］.北京：机械工业出版社，2012.

［15］ 徐锡权，孙家宏，刘永坤.工程造价管理［M］.北京：北京大学出版社，2012.

［16］ 鲍学英.工程造价管理［M］.北京：中国铁道出版社，2010.

［17］ 赵秀云.工程造价管理［M］.哈尔滨：哈尔滨工业大学出版社，2013.

［18］ 马楠，韩景玮.建设工程造价管理［M］.北京：清华大学出版社，2006.

［19］ 沈炳华.清单计价模式下业主的工程造价控制研究［J］.现代商业，2008（23）：88-89.

［20］ 石振武，李雪莹.论建设工程造价计价模式的改革［J］.科技和产业，2008（1）：51-53.

［21］ 潘明琳.定额计价模式和工程量清单计价模式之比较研究［J］.建筑与预算，2007（4）：20-21.